Emotionale Kompetenz

Allen denen, die nicht als vollkommen gelten.

Wolfgang Seidel

Emotionale Kompetenz
Gehirnforschung und Lebenskunst

ELSEVIER
SPEKTRUM
AKADEMISCHER
VERLAG

Spektrum
AKADEMISCHER VERLAG

Zuschriften und Kritik an:
Elsevier GmbH, Spektrum Akademischer Verlag, Katharina Neuser-von Oettingen, Slevogtstr. 3-5, 69126 Heidelberg

www.emotionale-kompetenz-seidel.de

Wichtiger Hinweis für den Benutzer
Der Verlag und der Autor haben alle Sorgfalt walten lassen, um vollständige und akkurate Informationen in diesem Buch zu publizieren. Der Verlag übernimmt weder Garantie noch die juristische Verantwortung oder irgendeine Haftung für die Nutzung dieser Informationen, für deren Wirtschaftlichkeit oder fehlerfreie Funktion für einen bestimmten Zweck. Der Verlag übernimmt keine Gewähr dafür, dass die beschriebenen Verfahren, Programme usw. frei von Schutzrechten Dritter sind. Der Verlag hat sich bemüht, sämtliche Rechteinhaber von Abbildungen zu ermitteln. Sollte dem Verlag gegenüber dennoch der Nachweis der Rechtsinhaberschaft geführt werden, wird das branchenübliche Honorar gezahlt.

Bibliografische Information Der Deutschen Bibliothek
Die Deutsche Bibliothek verzeichnet diese Publikation in der Deutschen Nationalbibliografie; detaillierte bibliografische Daten sind im Internet über http://dnb.ddb.de abrufbar.

Planung und Lektorat: Katharina Neuser-von Oettingen, Anja Groth
Herstellung: Ute Kreutzer
Satz: Kühn & Weyh, Freiburg
Druck und Bindung: Krips b.v., Meppel
Umschlaggestaltung: WSP Design, Heidelberg
Titelfotografie: gettyimages
Gedruckt auf 90 gr. Werkdruck

Printed in The Netherlands
ISBN 3-8274-1541-1

Aktuelle Informationen finden Sie im Internet unter www.elsevier-deutschland.de

Vorwort

Jeder weiß es: Was man vor zehn Jahren in Schule, Ausbildung oder Beruf gelernt hat, genügt heute nicht mehr. Als Spezialist kann man nicht einmal bestehen, wenn einem die Neuigkeiten der letzten zwei Jahre fehlen. Die „Wissenslawine" rollt immer schneller und wird immer größer. Jeder akzeptiert inzwischen, dass *lebenslange Weiterbildung* nötig ist. Jedenfalls im Beruf muss man ständig dazulernen. Aber auch privat sollte man über neue Verkehrsvorschriften, aktuelle Angebote des Handels, Möglichkeiten der Handys oder die jüngste Änderung der Versicherungsbedingungen informiert sein.

Aber kann man dieses Weiterbildungsgebot auf die Welt des *Gefühls* ausdehnen? Gilt die Notwendigkeit einer ständigen Vervollkommnung auch für die *soziale Kompetenz*? Muss ich meine Gewohnheiten bei zwischenmenschlichen Beziehungen oder mein Verhalten am Arbeitsplatz „modernisieren"? Kann ich künftig nur noch weiterkommen, wenn ich mich differenzierteren *kommunikativen Bedingungen* anpasse? Muss ich meine emotionalen Kräfte immer stärker überwachen, um nicht *psychisch krank* zu werden? Kann ich nur dann mit konkurrierenden Kollegen mithalten, wenn ich meine *emotionale Intelligenz* stärker und präziser einsetze?

Auch vor unserem persönlichen Bereich macht der Fortschritt nicht Halt: Das Handy gibt uns zum Beispiel die Möglichkeit, Termine noch kurzfristig zu ändern. Sie können Ihre Freundin um 11.50 Uhr anrufen und ihr mitteilen, dass Sie es nicht schaffen werden, wie verabredet in zehn Minuten bei ihr zu sein, weil Sie gerade an einem Geschäft vorbeigekommen sind und Ihnen eingefallen ist, dass es doch praktisch sei, wenn Sie da schnell noch etwas besorgen. Sie schlagen vor, das Treffen auf 12.15 Uhr zu verschieben. Sie werden dann ganz gewiss pünktlich kommen.

Ihre Handlung ist im Grunde korrekt: Sie haben einen Termin geändert und werden den neuen pünktlich einhalten. Aber wenn Sie Ihrer Freundin dergleichen mehrfach bieten, wird sie Sie dennoch als *unzuverlässig* einstufen, mindestens. Die neue Technik macht uns flexibler, aber verschafft uns auch neue Gelegenheiten, andere vor den Kopf zu stoßen. Das erfordert konkret, ein Gefühl dafür zu entwickeln, welchen Termin wir kurzfristig noch ändern sollten oder nicht sollten, und welche emotionalen Auswirkungen man einkalkulieren und rücksichtsvoll managen muss.

Es geht ja um Wichtiges: um mehr Frieden in Ihrem Umfeld, vielleicht um mehr Erfolg. Letztlich geht es um die *Kunst*, richtig zu leben und *Lebensqualität* zu ernten, für sich und für die Mitmenschen.

Ein ständiges Bemühen um Vervollkommnung der Persönlichkeit haben schon viele große Denker seit Konfuzius für notwendig erachtet. Immerhin: Das Streben nach lebenslanger Persönlichkeitsentwicklung *ist also Jahrtausende alt*. Man stellte Regeln auf für ethisch korrektes Verhalten, weil man die Notwendigkeit erkannte. Man empfahl deren Befolgung und drohte mit Bestrafung, bei grobem Fehlverhalten gar bis zum jüngsten Tag.

Neue Verhaltensweisen muss sich jeder aneignen, wenn er in neue Lebenssituationen hineingestellt wird, also wenn er zum Beispiel erstmals Führungsaufgaben übernehmen soll, wenn er sich wegen einer ersten Bewerbung vorstellen muss, wenn er oder sie Eheprobleme bekommt oder Kinder erziehen möchte. Für derartige „Weiterbildungen" hinsichtlich des Verhaltens gibt es spezielle Ratgeber. Solche *Ergänzungen* des individuellen Repertoires sind nicht Gegenstand dieses Buches.

Es geht in diesem Buch um *Veränderungen* von gewohntem Verhalten. Wohl jeder Mensch hat irgendwelche Verhaltensweisen entwickelt, die ihm selbst oder den Mitmenschen mehr oder weniger missfallen. Das können schrullige Eigenheiten sein, die eine tolerante Umwelt einkalkuliert, die sie als charakteristische Marotte eines sonst liebenswerten Freundes akzeptiert. Es können aber auch Angewohnheiten sein, die als Charakterfehler eingestuft werden, die hässliche Schwierigkeiten wie Ablehnung, Streit oder Feindschaft verursachen. Es kann sogar Fehlverhalten sein, das sich gegen das Individuum selbst richtet, das zum Beispiel über Ängste zu chronischem Stress und zu schweren gesundheitlichen Schäden führen kann, wie wissenschaftlich belegt ist.

Je länger solches – geringes oder gravierendes – Fehlverhalten praktiziert wird, desto schlechter kann es korrigiert werden, zumal wenn sich der Akteur irgendwelche Vorteile daraus verspricht. Es könnte mit der Zeit intensiver, mit längerer Dauer dringlicher werden. Fehlverhalten abzulegen, gefälligere Umgangsformen zu trainieren ist *auch* eine Form der *Weiterbildung der Persönlichkeit.*

Was hat nun aber Verhalten oder Fehlverhalten mit Gefühlen oder gar mit emotionaler Intelligenz zu tun? *Gefühle* haben einen gewichtigen, prägenden Anteil an jedem Verhalten, wie gezeigt werden wird. Stimmungen, Motivationen, Wertvorstellungen, Wünsche ... es ist ein ungeheuer vielschichtiges, verwobenes Netz von emotionalen Antrieben, die Einfluss auf unsere Aktionen haben.

Sie bestimmen unser Verhalten besonders dann, wenn wir es mal mit dem Verstand *nicht* kontrollieren können, wenn er abgelenkt, anderweitig beschäftigt ist. Wir reagieren dann unbewusst, scheinbar automatisch, zum Beispiel launisch, schroff, arrogant. Aber wir reagieren dann nicht zufällig! Im Gegenteil, die Reaktion wird dann von den Mitmenschen als typisch, als *charakteristisch* empfunden. Und sie haben Recht. Wir reagieren dann auf der Basis unserer persönlichen Anlagen einerseits und unserer jahrelangen Erfahrungen andererseits.

Erfahrungen, das sind Erinnerungen an einschlägige Begebenheiten *und* die dazugehörigen damaligen emotionalen Impulse. Die zugehörigen Gefühle wurden nämlich auch in Zentren des Gehirns abgespeichert und sind untrennbar mit der entsprechenden Situation verknüpft. Wenn der Verstand gerade nicht die Einzelheiten des Verhaltens lenken und dirigieren kann, hilft die emotionale Intelligenz bei der vermutlich optimalen Auswahl aus dem Repertoire früheren Verhaltens, um auch unbewusst ein angemessenes Reagieren zu steuern. Wir reagieren so wie schon vorher, wie es sich irgendwann bewährt hat, so, wie es auch unsere Umgebung von uns gewohnt ist: charakteristisch, aber nicht unbedingt optimal.

Wenn es also um die *Veränderung* geht von gewissen tief eingeprägten Verhaltensmustern, die uns nicht gefallen, uns vielleicht Schaden zufügen, dann wird eine mal schnell verstandesmäßig eingelernte Vorschrift nicht nachhaltig nutzen können. Wir müssen vielmehr den emotional geprägten Fundus unserer Erfahrungen in langfristigem, konsequentem Bemühen umprogrammieren. Wir müssten neue Schaltungen im Gehirn für zweckmäßigere Verhaltensweisen „bahnen" und durch stetes Üben „einschleifen". Das ist viel langwieriger als das Lernen von Fachwissen. Aber es geht. Die Mechanismen und Einwirkungsmöglichkeiten lassen sich aus zahlreichen Erkenntnissen moderner Wissenschaft ableiten.

Seit wenigen Jahren wissen wir nämlich viel mehr von den emotionalen Möglichkeiten und Kräften, die unser Verhalten bestimmen, können sie besser deuten und auch beeinflussen. Mit der Entdeckung der emotionalen Intelligenz wird – gewissermaßen in letzter Minute – ein wirksames Instrumentarium erkennbar, mit dem man gegensteuern kann und sollte. Goleman hat als Erster die Erkenntnisse um die emotionale Intelligenz zusammengefasst und an seine riesige Leserschaft appelliert, entsprechende Verhaltensänderungen anzustreben.

Es wäre schade, wenn wir es bei solchen Appellen belassen würden. Ich möchte Ihnen, liebe Leserinnen und Leser, sicher gangbare Wege aufzeigen, auf denen Sie diese Erkenntnisse für die Mehrung Ihres eigenen Erfolges und Ihrer eigenen Lebensqualität nutzen können.

Eine alte Verkaufsregel besagt, dass man seinem Kunden nicht einfach einen Bohrer anpreisen und verkaufen sollte. Was der

Kunde wirklich braucht, sind Löcher. Man muss ihm aufzeigen, wie er diese möglichst fachgerecht herstellen kann, und ihn dann die Maschine wählen lassen, die ihm den meisten Nutzen bringen wird. Der ganz gute Verkäufer zeigt dem Kunden allerdings, dass er eigentlich noch viel mehr Löcher nötig hat, an die er noch gar nicht dachte.

Löcher, die man nötig hat: Im Falle dieses Buches ist das Ablegen von schlechten Angewohnheiten oder lästigen Eigenarten gemeint, vielleicht sogar von deutlichen Charakterfehlern. Bei Ihren Mitmenschen kennen Sie sie, da stören sie wirklich. Bei Ihnen selbst wird es sie auch geben, geringer natürlich. Aber vielleicht wollten Sie sie schon loswerden, hatten sich das schon mal zum Jahreswechsel vorgenommen: Nicht mehr so aufbrausend sein, sich mehr um andere kümmern, vielleicht nur mehr Selbstbeherrschung bei der Kalorienaufnahme oder mehr Ordnung und Pünktlichkeit.

Und Löcher, an die Sie noch gar nicht dachten? Vielleicht mehr Hilfsbereitschaft? Weniger rücksichtsloser Ehrgeiz? Vielleicht benötigen Sie mehr Selbstkritik? Eine psychologische Faustregel besagt, dass die Selbsteinschätzung einer Führungskraft umso schlechter ist, je höher deren Position. Das Selbstbewusstsein ist dann nämlich größer, der Chef wird selbstgefälliger, und immer weniger Mitmenschen trauen sich, ehrliches Feedback zu geben.

Es gibt da aber noch ein Problem: Ich hatte es vorher schon erklärt, dass es hier um konsequentes Umprogrammieren von Erfahrung geht. Der „Bohrer", den ich Ihnen „verkaufen" will, ist nicht ganz so einfach zu handhaben. Jedenfalls wird Ihr Bemühen um Selbstmanagement wesentlich effektiver sein, wenn Sie die psychologischen Grundlagen kennen und das Prinzip der angestrebten Veränderungen Ihres Verhaltens verstehen.

Wir könnten den Vergleich erweitern: Löcher in Holz kann fast jeder bohren. Aber es wäre schon nützlich, durch einige Werkstätten zu gehen und mal zu sehen, wie man saubere Löcher in verschiedenen anderen Materialien wie Metall,

Kunststoff, Spanplatten, Fliesen am besten hinkriegt. In diesem Sinne sollten wir der Reihe nach psychologische Konditionen wie emotionale Überreaktionen, Stimmungen, Motivationen, Stress in ihren Ursachen und Auswirkungen besprechen. Wir sollten die Rolle der emotionalen Intelligenz kennen lernen und verstehen, wie man sie benutzt, um neue Kompetenzen zu erwerben oder vorhandene zu verbessern.

Sie erkennen es selbst: Erst sollte man sich informieren, was es überhaupt so alles an Möglichkeiten gibt. Dann wäre eine gezielte Einführung in die psychologischen Grundlagen sinnvoll. Und dann kann man sich – falls überhaupt nötig – an irgendwelche „Reparaturen" machen.

Letztlich geht es bei unserer Beschäftigung mit der emotionalen Kompetenz allerdings um mehr als um das Bohren noch so wichtiger „Löcher". Versuchen Sie einmal nachzuvollziehen, wie jemand, der einen besonders guten und geeigneten Bohrer erworben hat, dann froh oder gar stolz ist, wie er irgendwie ein gehobenes Lebensgefühl hat. Er ist künftig zufriedener nicht nur beim Bohren selbst, sondern auch beim Betrachten der gelungenen Arbeit hinterher, und das immer wieder, wenn das Gerät wirklich gut ist.

Um solche Lebensgefühle geht es auch, wenn wir unser Verhalten erfolgreich optimieren. Es geht darum, durch überlegenes Verhalten manches richtiger zu machen, dadurch Erfolg zu haben und sich über die Erfolgserlebnisse zu freuen. Es geht darum, aus eigener Kraft wahre Lebenskunst zu beweisen und die Lebensqualität zu mehren. Für sich und für andere.

Also, versuchen wir zunächst zu verstehen, worauf es ankommt. Wir werden die Beschäftigung mit den wichtigsten Aspekten unseres emotionalen Systems in den Mittelpunkt des Buches stellen. Besser noch, wir unternehmen einen unterhaltsamen und doch lehrreichen Spaziergang durch die Felder der Psychologie der Emotionen.

Das Gebiet ist groß, der Spaziergang wird lang. Also müssen wir ihn einteilen. Im ersten Teil werden wir erkennen, wie wir an uns selbst arbeiten können. Im zweiten Teil besprechen wir dann *zwischenmenschliche Beziehungen*, also das Sich-Einfühlen in den anderen, das Erwecken von Sympathie, die Beeinflussung der Mitmenschen und Ähnliches. Führungsprobleme, Arbeitsklima, Teamkompetenz, Pädagogik werden wichtige Themen sein.

Wir werden dann – gewissermaßen im Vorbeigehen – auf Möglichkeiten zum *Selbstmanagement* stoßen. Dafür wird die letzte Seite von jedem Kapitel genügen. Das Nachdenken über eventuelles eigenes Fehlverhalten soll ja nicht ständig nerven. Schwerpunktmäßig werden wir jeweils kurz überlegen, ob es im Zusammenhang mit dem Besprochenen einen eigenen Bedarf geben könnte. Einen entsprechenden Vermerk können Sie in einer Liste im Anhang anbringen. Und wenn Sie das ganze Buch durchgelesen haben, können Sie sich schließlich auf ein oder zwei Schwachstellen festlegen.

Eingangs hatte ich klargestellt, dass dies kein üblicher Ratgeber ist, durch den man für einen noch ungewohnten Lebensbereich etwas dazulernt. Selbstmanagement bedeutet, sich zu verbessern, sich zu verändern. Psychologische Kenntnisse sind dafür zweckmäßig, und wir haben uns jetzt einen Weg des stufenweisen Kennenlernens von Grundlagen vorgenommen.

Daraus ergibt sich, dass in diesem Ratgeber die psychologischen Probleme und die möglichen Lösungen nicht nach Anwendungsgebieten geordnet sein werden wie zum Beispiel nach Führung – Arbeitsklima – Familie – Erziehung – Gesundheit usw. (also Bohren in Küche, Bad, Wohnzimmer ...). Wir treffen auf sie im Zusammenhang mit dem Fortschritt in der Besprechung psychologischer Konstellationen.

Wenn Sie also zum Beispiel meinen, es wäre gut, wenn Sie künftig weniger oft brummig und unfreundlich im Geschäft wären, können Sie nicht unter „Beruf" nachschlagen und eine Patentlösung finden, sondern müssen schon dieses Buch bis Kapitel 8 lesen. Wenn es Ihnen um eine grundsätzlich positivere Einstellung zu Ihrer Arbeit geht, wenn Sie also Ihre intrinsische

Motivation unzureichend finden, werden Sie das nötige Verständnis vielleicht erst im zweiten Teil in Kapitel 18 erwerben. Aber dann werden Sie finden, dass es eigentlich ganz einfach ist und wirkliche Freude und Zufriedenheit bringen kann.

Es ist ein riesiges Gebiet, die Psychologie wie auch das darauf aufbauende Selbstmanagement. Sie können einige Monate, aber auch ein Leben lang daran arbeiten.

Mein besonderer Dank gilt an dieser Stelle Frau Else Held-Röhm, die mich immer wieder mit neuer Literatur und dadurch mit neuen Denkansätzen versorgt hat. Meiner Verlagslektorin, Katharina Neuser-von Oettingen, bin ich für entscheidende Hinweise und für wichtige Hilfen in vielen Fragen sehr dankbar. Insbesondere danke ich aber meiner Familie und ganz besonders meiner Frau für das Verständnis und die Hilfe, die ich während des Entstehungsprozesses dieser Schrift erhielt.

Inhaltsverzeichnis

Teil II

13	Einführung in den zweiten Teil	169
14	Empathie bedeutet, den anderen verstehen wollen	179
15	Sympathie: Freunde gewinnen	197
16	Menschenkenntnis und andere Intelligenzleistungen	216
17	Beeinflussung: andere zum Handeln veranlassen	234
18	Leistung durch angeborene Bedürfnisse	255
19	Machttrieb oder Führungskompetenz?	278
20	Auch Führungskräfte machen Fehler	304
21	Kollegialität ist eine Teamkompetenz	333
22	Konflikte – Kritik – Streit	355
23	Schlussbemerkung	373
Anhang		377
Index		391

Liste der Textkästen „Wissenswertes – Nachdenkliches"

Teil I

An sich selber arbeiten

1 Einleitung zum ersten Teil

Liebe Leserin, lieber Leser!

Stellen Sie sich vor, Sie hätten das besondere Glück, dass nachher eine gute Fee zu Ihnen kommt und Ihnen einen Wunsch erfüllen möchte. Natürlich kann so eine zarte Fee nicht einfach einen schweren Sack voll Geld oder große Güter herbeizaubern. Aber sie könnte Ihnen zu einer besonderen Begabung verhelfen. Nur, was für eine Fähigkeit wollen Sie sich wünschen?

Ich hätte da eine Idee: Sie könnten sie bitten, Sie mit den „Tricks" auszustatten, mit denen gewisse Frohnaturen, Lebenskünstler oder Erfolgsverwöhnte offenbar viel leichter und besser in diesem Leben zurechtkommen als die meisten anderen.

Von mir werden Sie sicherlich nicht erwarten, dass ich die Kräfte einer solchen Fee vermitteln oder selber ausstrahlen kann. Immerhin: Die Wissenschaft hat viele dieser „Tricks" untersucht, hat die dafür notwendigen Fähigkeiten zu erklären gelernt.

Sofern solche Gaben bei *Ihnen* fehlen, kann man sie Ihnen nicht schenken oder verleihen, auch nicht eintrichtern oder ins Gehirn verpflanzen. Sie können sie sich aber aneignen, erarbeiten. Im Folgenden werde ich Ihnen erklären, wie das geht.

Der Weg zum Verständnis dieser Tricks erscheint Ihnen vielleicht etwas ungewöhnlich. Er führt uns durch die *Welt der Gefühle*. Es wird Ihnen klar werden, wie groß, wie vielseitig und wie mächtig diese Welt ist. Und es wird Ihnen dann auch einleuchten, dass es in dieser vielfach vernetzten Welt der Gefühle eines geschickten Managements bedarf, einer speziellen Intelligenz für Gefühle, eben einer emotionalen Intelligenz. Sie ist Ihnen angeboren. Sie werden lernen, sie besser zu nutzen.

Diese Intelligenz äußert sich z. B. in Selbstbeherrschung oder in einem adäquaten Selbstwertgefühl oder in Ausstrahlung von Sympathie, vielleicht auch in Menschenkenntnis, Kontaktfähigkeit oder Durchsetzungsvermögen. Sie verhilft Ihnen immer dann zu situationsgerechten Reaktionen, wenn Ihr Verstand gerade mit Wichtigerem beschäftigt ist, als über Ihr angepasstes Verhalten zu wachen.

Diese Intelligenz ermöglicht Ihnen aber auch, in wenigen Minuten einen treffenden „ersten Eindruck" von einem Menschen zu bekommen oder in einer schwierigen Situation „aus dem Bauch heraus" die für Sie persönlich beste Entscheidung zu treffen. Man schätzt heute, dass beruflicher Erfolg und Ansehen viermal mehr von der emotionalen Intelligenz als vom Wissen und vom Intelligenzquotienten abhängen.

Vielleicht haben Sie sich inzwischen gefragt, warum ich Sie gleich so direkt anspreche, mit „liebe Leserin" und so. Vielleicht empfinden Sie so etwas als altmodisch, hoffentlich nicht als plumpe Annäherung.

Nun, ich hatte mir überlegt, dass Sie ja bereits eine riesige *Erfahrung mit Gefühlen* haben. Sie *leben* mitten in dieser Welt der Gefühle, gerade so wie ich und alle anderen. Ein Psychologe empfindet nicht andere Gefühle als ein Laie, er hat sich nur mehr mit ihren Gesetzmäßigkeiten beschäftigt.

Da dachte ich mir, es wäre gewissermaßen kollegial, wenn ich mich immer dann direkt mit Ihnen unterhalte, wenn Sie aus eigener Erfahrung recht gut wissen, worum es geht, besonders dann, wenn Sie meine Hinweise sowieso an Ihren eigenen Erfahrungen messen, mit Ihren eigenen Einstellungen vergleichen müssen.

Jeder ist alleiniger Herr seiner psychologischen Welt. Er kennt sie, nur er kann sie beeinflussen. Er kann aber noch viele unbekannte Winkel darin entdecken, schöne und weniger schöne. Und er kann noch daran basteln.

Ich kann Ihnen *Ratschläge* zum besseren Umgang mit Gefühlen anbieten, mit Ihren eigenen und auch mit denen anderer.

Auf dem Boden Ihrer eigenen Erfahrungen werden Sie sie gut verstehen. Von denen werden wir somit immer ausgehen müssen, gemeinsam gewissermaßen.

Mit Hilfe der Erkenntnisse der Wissenschaft kann ich Ihnen auch manches *erklären*, was für Ihren Umgang mit Ihren Mitmenschen wichtig, jedenfalls interessant ist. Sie werden sie mit anderen Augen sehen lernen, kritischer wahrscheinlich, aber auch mit mehr Verständnis.

Eine alte Redensart lautet: Wenn man einen Hammer geschenkt kriegt, sieht jedes Ding wie ein Nagel aus. Sie werden erstaunt sein, wie viele Anwendungsmöglichkeiten Sie bei sich und anderen für Ihre neu gewonnenen psychologischen Einsichten finden.

Sie möchten nun wissen, was Sie da alles auf den folgenden Seiten erwartet?

Nun, zuerst möchte ich Ihnen einen Eindruck davon vermitteln, was Gefühle in Ihrem täglichen Leben überhaupt alles so bewirken. Sie werden sehen, dass ohne die Emotionen fast überhaupt nichts geht. Zum Beispiel *bewerten* Sie alles in Ihrer Umwelt mit Hilfe des Gefühls. Nur dadurch können Sie schnell und im eigenen Interesse *entscheiden*.

Gefühle sind auch die Grundlage von Spontanreaktionen, wie wir uns im nächsten Kapitel klar machen werden. Und sofort werden wir am Beispiel der *Selbstbeherrschung* lernen, wie die emotionale Intelligenz funktioniert: Sie greift zu auf die gewaltigen Datenmengen, die im Gehirn abgespeichert sind, und wählt dort unter den einschlägigen früheren Verhaltensweisen die vermutlich beste aus. Dabei bremst sie überschäumende Gefühle möglichst so, dass ein sozial angepasstes Verhalten resultiert.

Es ergibt sich die Frage, wie denn Gefühle ganz allgemein unser Verhalten beeinflussen. Wir wählen in Kapitel 4 die Wirkung der *Angst* auf unsere Leistungsfähigkeit aus. Angst ist ein wichtiger Motor für vermehrte Leistung, kann aber auch die Ursache für eine fehlerhafte Funktion des Verstandes oder gar für dessen Versagen sein. Die offensichtliche Notwendigkeit, diese vielvermögende, ambivalente Angst in den Griff zu kriegen, wird in Kapitel 5 der Anlass sein, ganz allgemein über *Intelligenz* nachzudenken. Wir werden sehen, dass besonders die intelligenten Hirnfunktionen, die unser *soziales Verhalten* steuern, schon in früher Kindheit trainiert werden müssen.

Im Erwachsenenalter braucht man sie dann, um die soziale Kompetenz auszubauen. In Kapitel 6 wird uns das schon mal auf so wichtige Themen wie Teamarbeit und ethisches Verhalten bringen. Das lässt es dann dringlich erscheinen, in Kapitel 7 endlich genauer zu besprechen, wie man seinen *Charakter* wenigstens an einigen garstigen Ecken ändern kann.

Diese Grundlagen sind wiederum nützlich, wenn wir uns der Bedeutung von *Stimmungen* – als ungerichtete *Motivation* – zuwenden wollen. Wir erkennen deren interessante Verknüpfung mit dem Verstand: Unsere Stimmungen hängen eng zusammen mit den Annahmen, die sich der Verstand über den Ausgang unserer Handlungen macht. Selbst das *Gewissen* können wir dann erklären. Die Beschäftigung damit wird uns auch zu unseren angeborenen Trieben bringen und damit an die Grenzen dessen, was man mit Unterbewusstsein bezeichnet hat. Hier spielen sich Reaktionen ab, die man in der Verbindung zwischen chronischem *Stress* und gewissen Krankheiten schon recht vielseitig untersucht hat. Nachdem wir also zum Beispiel über die „Managerkrankheit" und die Vorbeugung derselben einiges in Kapitel 10 gelernt haben, wird damit schon das Thema des letzten Abschnittes angeschnitten sein: *Selbstkritik*, *Selbstbewusstsein* und *Selbstwertgefühl*. Der erste Teil wird ausklingen in einer Besprechung des *Optimismus*.

Übrigens hat jedes Kapitel dieser Schrift am Ende nicht nur eine *Zusammenfassung* des Inhalts in wenigen Kernsätzen. Ich mache Ihnen am Schluss auch einige Vorschläge zum *Selbstmanagement*, falls Sie tatsächlich mit dem Gedanken spielen, an sich zu arbeiten, Ihr Verhalten zu optimieren. Diese Vorsätze sollen zunächst nur Gedächtnisstützen sein in einer großen Palette von Möglichkeiten. Sie passen natürlich nicht für jeden.

Jeder muss abwägen, welche der Übungen in seiner persönlichen Situation eine Hilfe sein könnten. Bei allen allerdings lohnt es sich, nachzudenken, meine ich.

Bei interessanteren können Sie sich ein Kreuz machen oder Bemerkungen notieren. Das geht am besten im Anhang. Da sind nämlich alle Vorschläge noch einmal in einer Tabelle zusammengestellt. Da können Sie später, nach Lektüre des ganzen Buches, auch auswählen. Denn mehr als zwei oder drei dieser Anregungen sollten Sie nicht auf einmal aufgreifen. Es würde nicht nur Ihre Willenskräfte überanspruchen. Und vielleicht lesen Sie dann den einen oder anderen Abschnitt in Ruhe nochmal.

Zusätzlich finden Sie ganz am Schluss von jedem Kapitel einen Vorschlag für einfache Selbstprüfungen. Ganz gleich, ob Sie später irgendeine Form des Selbstmanagements beginnen wollen oder nicht: Diese Übungen belasten Sie nicht, könnten Ihnen aber interessante Hinweise und Einblicke geben. Sie sollten sie alle nutzen.

Es gibt Hintergrundwissen, das für das Verständnis des Besprochenen nützlich sein kann, aber nicht notwendig ist. Es handelt sich um interessante Themen, die in der Diskussion nach meinen Vorträgen immer wieder angesprochen wurden. Ich habe sie so knapp wie möglich, aber dennoch umfassend abzuhandeln versucht und in gesonderten *Textkästen* („Wissenswertes – Nachdenkliches") untergebracht. Sie sind schwerer zu lesen, Sie können Sie zunächst übergehen. Wer einige von diesen später nachlesen will, findet eine Liste im Anschluss des Inhaltsverzeichnisses.

Und nun wünsche ich Ihnen und mir sehr, dass Sie an der Lektüre der Schrift Freude haben und mit Hilfe einiger dieser Anregungen künftig mehr Erfolg oder mehr Lebensqualität oder beides erzielen.

Das emotionale System und das Management des Verhaltens

Das emotionale System ist ein sehr vielseitiges Netzwerk, das man sich als das *Bindeglied* zwischen dem Körper einerseits und dem Verstand andererseits vorstellen *kann*. Allerdings geht diese Vorstellung von einem erkenntnistheoretischen Menschenbild aus, das vom Dualismus Körper–Geist geprägt ist.

Aus der Kenntnis der *Entwicklungsgeschichte* sehen wir heute alle drei, also Körper, Gefühlswelt und Verstand, als eine innig vernetzte Einheit.

Die Anfänge des emotionalen Systems finden sich schon bei sehr primitiven Tieren als deren *Alarmsystem*. Es meldet Gefahren und andere wichtige Veränderungen im Organismus selbst (z. B. Nahrungsbedürfnis) oder in der Umwelt (Temperaturschwankungen, Nahrung), und es veranlasst entsprechende *Reaktionen* (Fressen, Flucht).

Ein allererstes primitives Nervensystem reguliert schon das *Verhalten* mikroskopisch kleiner Tiere auf bestimmte Reize. Bereits hier kann man von *Mangelmotivationen* wie Hunger und Durst als Ursache für gezielte Handlungen sprechen.

Organe entwickeln sich im Laufe der Evolution in und am Tierkörper und speisen immer vielseitigere und differenziertere Informationen in das Überwachungssystem ein. Die Integration der zusammenlaufenden Daten wird irgendwann eine Art *Körpergefühl* generiert haben: Das Tier empfindet auf Grund der Informationen über seinen Körperzustand Wohlbefinden oder Missempfindungen. Sie können als *ungerichtete Motivation* zur Regulation von starker oder (bei Erschöpfung, Krankheit) geringer Aktivität herangezogen werden.

Angriffs- und Verteidigungsstrategien erfordern die generelle Kräftemobilisation. Die massive Nerven- und Hormonaktivität dürfte dem Tier als Angriffslust oder Wut oder Angst erfahrbar geworden sein.

Mit zunehmender Komplexität der Tiere im Laufe der phylogenetischen Entwicklung (also in der Entwicklungsgeschichte) wachsen auch die Aufgaben dieses Melde- und Reaktionssystems. Komplizierte Reaktionsabläufe zum Beispiel für das Paarungsverhalten oder für die Jagd *(Triebreaktionen)* entwickeln sich und müssen durch entsprechende angeborene *Appetenz- und Auslösemechanismen* überwacht werden. Wiederum wird die Vielseitigkeit der beteiligten Afferenzen (eingehende Informationen) zu deren Integration in speziellen Schaltmustern („Karten") des Zentralnervensystems (ZNS) geführt haben. Die resultierenden zentralen Repräsentationen werden als Lust, Ärger, Wut usw. erfahrbar. Ebenso wie die zugehörigen Instinkte werden sie als *„primäre Emotionen"* genetisch verankert.

Das längst als Zentralnervensystem (ZNS) ausgewachsene Wach- und Reaktionssystem speichert Informationen, speziell von erlebten Ereignissen. Neben optischen, akustischen u. a. Daten werden auch die im Gehirn generierten zugehörigen Gefühlsinformationen abgelegt, die über den aktuellen Zustand des Organismus zusammenfassende Auskunft geben. Individuelle *Erfahrung* ist daher grundsätzlich mit emotionalen Daten (*somatische Marker* nach Damasio) gekoppelt.

Letztere können fortan zur individuellen *Wertung* der Erfahrung benutzt werden und persönliche *Entscheidungen* erleichtern. Man lässt sich von den günstigen Erfahrungen leiten, lässt sich motivieren (!). Auch die Abschreckung durch ungünstige Erfahrungen kann in *bedingte Reflexe* eingehen.

Allerdings ist dann auch unter der Vielzahl von Erlebnisbildern im Erinnerungsspeicher das am besten geeignete Vergleichsbild auszuwählen, das der aktuellen Situation im Organismus wie auch in der Umwelt am besten gerecht wird. Eine erste *„emotionale" Intelligenz* hilft blitzschnell und automatisch, das Überleben in speziellen Nischen zu ermöglichen.

Mit dem Auftreten des abstrakten Denkens in noch leistungsfähigeren Gehirnen wird natürlich die durch somatische Marker ermöglichte Wertung weiter genutzt und zu Wertehierarchien für die Auswahl der besten Handlungsoption ausgebaut.

Mit differenzierten Denk- und Handlungsoptionen speziell für ein soziales Zusammenleben komplizierter Individuen werden aber auch neue Kombinationen oder Variationen der Emotionen möglich, sogar erforderlich. Unsere hochdiversifizierte *Gefühlswelt des Kulturmenschen* (Stolz, Sympathie, Taktgefühl, Ehr- und Verantwortungsgefühl) bildet sich heraus.

Der (rationale) Verstand kann jetzt für intelligente Lösungen neuer Situationen sorgen. Allerdings: Alle unsere *nicht* vom Verstand ausdrücklich geplanten und überwachten Aktionen und Verhaltensweisen werden weiterhin vom emotionalen System gesteuert, und auch der Verstand bezieht seine wesentlichen *Motivationen* daher.

Verhalten, also die Reaktion auf Reize, auf Motivationen aller Art, wird auch beim Menschen überwiegend durch das emotionale System organisiert. Folglich muss der Versuch von Optimierungen des Verhaltens hier ansetzen.

2 Ohne Emotionen geht fast nichts

Natürlich glaubt niemand im Ernst, dass wirklich eine Fee kommt, und so können wir uns ja gleich mal daran machen, wenigstens einen vorläufigen Eindruck von der Bedeutung der Gefühle zu bekommen.

Denken Sie gerade mal an die letzte Silvesternacht zurück. Vielleicht haben Sie gefeiert, vielleicht saßen Sie im Kreise von Familienangehörigen, vielleicht waren Sie sogar unterwegs oder mussten arbeiten. Sie können sich an die Räumlichkeit erinnern, erinnern sich ebenso, mit wem Sie geredet haben, was es zu essen oder zu trinken gab, ob Musik spielte und so weiter. Aus den verschiedensten Bereichen Ihres Gehirns, in dessen Zentren ja die Daten abgespeichert sind, können Sie sie ins Bewusstsein holen und oft bis in kleinste Einzelheiten verfolgen.

Eine Besonderheit sollte Ihnen nicht entgehen, auf die Sie bislang vermutlich nicht geachtet haben:

Bei jedem Detail, das Sie sich vorstellen, sei es nun ein Gegenstand, ein Begriff oder ein Erinnerungsbild, wissen Sie sofort, ob Sie es mögen oder nicht, also wie sympathisch Ihnen Ihr Gesprächspartner war, ob die Musik nicht so recht passte oder Ihnen der Wein schmeckte.

Machen Sie die Probe darauf. Versuchen Sie sich gleich weitere Dinge, Begriffe oder Menschen vorzustellen: Erdbeermarmelade, ein Flötenkonzert, Ihren obersten Chef: Den vorgestellten Daten, die aus einem der Speicher Ihres Gehirns abgerufen werden, wird immer eine *Gefühlsqualität* zugeordnet, die in Ihrem Gefühlszentrum (Mandelkern, medizinisch Nucleus amygdalae) ruhte.

• Sobald die Gedächtnisinhalte für uns irgendeine *Bedeutung* haben, können wir sie nur in Verbindung mit einer Gefühlsqualität „denken". Immer wissen wir, wie wir sie zuletzt empfunden haben, ob wir sie eher lieben oder verabscheuen, wertschätzen oder ablehnen.

Natürlich gibt es Begriffe z. B. im technischen Bereich wie „Transistor", die zwar fast jeder mal gehört, abgespeichert und vielleicht auch benutzt hat, zu denen aber kein erkennbares emotionales Verhältnis besteht. Aber wenn Sie jetzt in Ihrem *täglichen* Wortschatz auf die Suche gehen, werden Sie ganz sicher keinen Begriff finden, zu dem nicht doch irgendein „innerlicher" Bezug besteht.

So gesehen beurteilen wir die Welt um uns herum grundsätzlich *mit Bezug auf uns*, wir nehmen sie *persönlich*. Das weiß man schon lange, aber man wusste nicht, warum.

Gefühl ist immer dabei

Wenn ich Sie überzeugt habe, dass zu *jedem* rationalen (also vernunft- oder verstandesmäßigen) *Begriff* auch ein Gefühl gehört, müssen Sie zugeben, dass *rein zahlenmäßig* die Gefühlskomponenten in unserer Geistestätigkeit geradeso wichtig sind wie die Begriffe des vernunftmäßigen Denkens. Aber ihre eigentliche Bedeutung liegt in ihrer *qualitativen* Auswirkung. Zum Beispiel für unser Verhalten sind die Emotionen viel wichtiger, als man jahrhundertelang dachte.

Und noch etwas sollten wir herausstellen: Diese parallel abgespeicherte und nun aufgerufene Gefühlskomponente ist eine *ganz persönliche*, sie ist nämlich aus der eigenen Erfahrung oder Anschauung entstanden. Eine bestimmte Einstellung mag mit derjenigen eines Mitmenschen zufällig übereinstimmen. Also Ihr Freund mag auch für Pferde oder Ferraris schwärmen. Sobald Sie aber eine längere Liste der riesigen Anzahl von Bildern, Begriffen, Melodien usw., die Ihnen z. B. an einem Vor-

mittag „in den Kopf kommen", mit einer entsprechenden Liste
anderer Leute vergleichen würden, würden Sie sehr schnell feststellen, dass die eigene Zuordnung von Gefühlen wohl mit keiner irgendeines anderen Menschen übereinstimmen kann.

• Sie, liebe Leserin und lieber Leser, unterscheiden sich von allen anderen durch Ihre gefühlsmäßigen Speicherdaten, Sie
  werden dadurch zum *Individuum*! Keiner empfindet in jedem
  Punkt so wie Sie.

Genau dadurch wird unsere Gesellschaft so vielseitig und bunt!
Gehen Sie mal über einen Flohmarkt und beachten Sie bewusst,
was andere Menschen offenbar schön oder irgendwie wertvoll
finden oder fanden. Aber die Zuordnung persönlicher Gefühle
zu allem und jedem in den Hirnspeichern hat eine weitere wichtige Funktion:

• In dieser Kombination gibt der Mandelkern mit dem Gefühl
  allen Eindrücken *einen persönlichen Wert*. Er drückt nicht
  nur aus, was Sie empfunden haben, er bestimmt umgekehrt
  auch, wie wichtig gewisse Erinnerungen und Erlebnisse und
  Begriffe für Sie persönlich sind.

Damit wird festgelegt, was die Eindrücke für Ihr weiteres Ver-
halten, für Ihr *Handeln* bedeuten. Damit *beeinflussen die
Gefühle Ihr Leben ganz entscheidend*. Und das ist nur logisch.
  Umgekehrt spüren Sie Gefahr, haben Sie schlechte *Vorahnun-
gen*, wenn Sie in vergleichbaren Situationen schon mal schlechte
Erfahrungen gemacht und das in Ihrem Mandelkern abgespeichert haben. Er warnt vor Fehlern.
  Sie müssen vermutlich nicht lange überlegen, was Sie jetzt
gerade am liebsten trinken würden, wenn Sie die Wahl hätten:
Wasser, Kamillentee, Orangensaft, Bier, Wein. Sie verfügen
„gefühlsmäßig" über eine Rangliste. Meistens haben Sie sogar
mehrere zur Auswahl: Wenn Sie bei der Wanderung geschwitzt
haben, wünschen Sie Wasser oder eine Radlermaß. Zum Rehbra-
ten in einem gemütlichen Lokal ist Ihnen Rotwein am liebsten.

- Nach derartigen *Wertehierarchien* richten Sie sich immer, wenn Sie *Entscheidungen* treffen müssen. Sie machen immer das, was Ihnen am liebsten oder am wenigsten unangenehm ist.

Gefühle sind die älteste Grundlage für Entscheidungen. Primitive Tiere können überhaupt nur so entscheiden: Wenn sie Hunger haben, gehen sie auf Nahrungssuche. Und auch bei höheren Tieren und dem Menschen beruht die Wirkungsweise vieler *Instinkte* auf Emotionen. Denken Sie an die Sexualität. Diese Gefühle sind dann zusammen mit den Regeln für die zugehörige Instinkthandlung *angeboren*. Damasio spricht daher von *primären* Emotionen.

Und er vermutet ein „internes Präferenzsystem" im Gehirn, das immer das auswählt, was Lust vermuten lässt und Schmerz vermeidet.

Natürlich kann bei Ihnen der Verstand eingreifen, kann Ihnen vom Alkohol abraten, wenn Sie noch Auto fahren müssen. Und meistens werden Sie dem Verstand folgen, sofern er einleuchtende, gewichtige Gründe anzuführen weiß. Solange er gut funktioniert (!), darf er (manchmal) auch etwas allein entscheiden.

Emotionale Wertehierarchien helfen beim Entscheiden

Interpretieren wir die Skizze in Abb. 2.1. Sie sind bei der Arbeit, und es ist gerade 12 Uhr. Die Entscheidung, ob Sie noch die begonnene Aufgabe schnell fertig machen oder lieber gleich zum Essen gehen sollen, mag zugunsten der mächtigen „Mangelmotivation" Hunger ausfallen und ist dann *emotional* geprägt. Als nächsten Schritt müssen Sie in der Kantine entscheiden, was Sie essen wollen. Obst mag Ihnen Ihr Verstand empfehlen, weil Übergewicht droht. Falls Ihre Gewichtsprobleme groß sein sollten, wird der Verstand sich diesmal durchsetzen. Sie entscheiden sich – innerlich bedauernd – für Obst. Aber wenn es im dritten Schritt darum geht, nun zwischen den viel preiswerteren Äpfeln oder den teuren Weintrauben zu wählen, wird Ihre (emotionale) Lust auf Süßes gewinnen. „Äpfel sind billiger", sagt der Verstand. „Die Weintrauben lachen mich so an, und ich stehe jetzt auf Süßes", sagt zuletzt das Gefühl, und schon kaufen Sie die teuren Weintrauben. Kein Wunder, man rechnet im Marketing damit, dass 70% aller Kaufentscheidungen aus emotionalen Gründen gefällt werden.

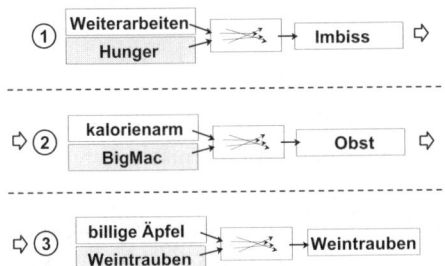

Abb. 2.1: Entscheidungen fallen oft zugunsten der Emotionen. Sie sind dann nur subjektiv (und nur für den Augenblick) richtig. Die Intelligenz entscheidet immer im Sinne des größten augenblicklichen Interesses des Individuums, also auch eines Gefühls (grau hinterlegt). So kann die Zweckmäßigkeit, weiterzuarbeiten, überstimmt werden durch die „Mangelmotivation" Hunger, und so wird die preisbedingte Entscheidung zugunsten der Äpfel durch das momentane Gelüst auf süße Weintrauben verdrängt. Marketingexperten wissen, dass bei den meisten Einkäufen letztlich emotional entschieden wird, sobald die Grundsatzentscheidung („Ein neues Auto muss gekauft werden, weil das alte defekt ist.") gefallen ist.

Nur damit keine Missverständnisse aufkommen: Die Bewertungen beziehen sich natürlich nicht nur auf Essen und Trinken, sondern auf alles, was überhaupt für Sie eine Bedeutung hat. Recht haben ist für manchen mehr wert als die Wahrheit. Mancher setzt Anerkennung vor Geld verdienen, bei anderen kommt Fitness vor der Harmonie in der Familie ...

Was immer Sie entscheiden, es ist Ihr ganz individueller Wille. Die Entscheidung ist *subjektiv, also aus Ihrer persönlichen Sicht richtig.* Und Sie haben jetzt schon gelernt, dass diese „Sicht" Ihrem persönlichen Vorteil dient.

Das gilt *für den Augenblick.* Es könnte sich wenig später herausstellen, dass die Weintrauben große Kerne haben oder sauer sind, sodass Ihnen klar wird, dass die Entscheidung *objektiv falsch* war, dass Sie besser auf Ihren Verstand gehört hätten.

Nur „richtige" Emotionen sind hilfreich

Objektiv falsche Entscheidungen können zustande kommen, weil die sachliche Information falsch ist. Das Aussehen der Trauben hatte Süße und Genuss vorgetäuscht. Natürlich könnte auch die *emotionale* Bewertung falsch sein. Man kann einen Menschen, für den man sich entscheidet, gefühlsmäßig falsch eingeschätzt haben, kann ihn lieben, sich auf ihn verlassen und dann hereinfallen, weil er seine Gefühle nur vorgetäuscht hatte.

- Für den emotionalen Anteil unserer Erfahrungen gilt daher Gleiches wie für den Verstand: Sie sollten möglichst richtig sein, wenn wir sie unseren Entscheidungen zugrunde legen.

An dieser Stelle sollten Sie innehalten und überlegen, ob diese Wertungen auf der Basis der Gefühle denn unverrückbar *festgelegt* sind: „Ich mag meinen Arbeitskollegen Kevin einfach nicht." Diese emotionale (!) Einstellung kann Ihre individuelle Überzeugung sein, aber sie muss nicht unbedingt richtig, vielleicht nicht einmal für Sie persönlich richtig sein. Vielleicht hat Kevin seine Einstellungen, sein Verhalten in letzter Zeit geändert. Ihr *Verstand* kann (und sollte möglichst oft) eingreifen und derartige Wertungen überprüfen. Dafür ist Ihr Verstand da, dass er einerseits die enorme Bedeutung der Gefühle für Wertungen und Entscheidungen, über die wir gerade gesprochen haben, erkennt und berücksichtigt, *und* dass er dann andererseits diese Wertungen *kontrolliert.*

Sie können Ihre emotionalen Bewertungen ändern. Wir werden darüber noch mehrfach sprechen. Ihr Kollege Kevin könnte, wenn Sie das einmal ganz nüchtern betrachten, privat einige liebenswerte Vorzüge haben. Und, fast noch wichtiger: Ein anderer Kollege, den Sie gerne *mögen*, könnte für Sie (unerwartet) zur Gefahr werden, wenn Sie nicht auch Ihre *Vorlieben* für Personen oder gewisse Dinge gelegentlich auf den Prüfstand stellen.

Eigentlich sind das psychologische Allgemeinplätze, Sie kennen das. In der Bekanntschaft machen Fehleinschätzungen ständig Ärger, in Romanen, in den Medien tragen sie zur Spannung bei. Sie wissen auch, dass man seine eigenen Beziehungen ständig unvoreingenommen überwachen sollte. Es gehört allerdings sehr viel Selbstkritik dazu.

- Sie können sich nicht nur im zwischenmenschlichen Bereich Ärger ersparen, wenn Sie die Bedeutung Ihrer Gefühle für Ihre Entscheidungen künftig in Ihren Alltag bewusst und möglichst regelmäßig hineinnehmen.

Vielleicht lassen Sie sich sogar auch bei trendgesteuerten, modischen Entscheidungen nicht so leicht von Werbung oder Ähnlichem zu Fehlkäufen hinreißen, vielleicht gewinnen Sie Speisen, die Sie bislang nicht mochten, einen Reiz ab, wenn Sie eine neue Zubereitungsart einmal „unvoreingenommen" probieren.

Es gibt noch eine Steigerung: Für unsere Entscheidungen sind Gefühle noch in einer viel grundsätzlicheren Dimension eine geradezu unabdingbare Voraussetzung. Von dem amerikanischen Neurologen und Psychopathologen Damasio wurden Patienten beschrieben, die sich nach einer *Hirnschädigung nicht mehr entscheiden* konnten. Zum Beispiel hatte ein Jurist in hoher Position in einer großen Firma plötzlich Probleme, einen Termin festzulegen, den Termin dann einzuhalten, eine Arbeit konsequent weiterzuführen, obgleich er noch alle Paragraphen genau kannte und hersagen konnte. Er konnte also noch klar und logisch denken, aber dennoch keine Entscheidung fällen. Wie kam das?

Ohne Gefühlszentrum keine Entscheidung

Durch eine Schädigung war ein *Teil des Mandelkernes ausgefallen*, in dem Gefühlsempfindungen abgespeichert werden, und es war die Verbindung vom Gefühlszentrum „Mandelkern" zum Frontalhirn unterbrochen (Abb. 2.2). Hierdurch war die in den vorausgegangenen Abschnitten beschriebene Verbindung zwischen verstandesmäßigen Begriffen oder Bildern einerseits und den zugehörigen Emotionen andererseits nicht mehr möglich. Den persönlichen *Wert*, den Hinweis auf die persönliche *Einstellung* konnte der Mann nicht mehr in seine Entscheidung einbringen (vgl. Abb. 2.2).

Versuchen Sie einmal, sich vorzustellen, aus wie vielen Möglichkeiten auszuwählen wäre, wenn Sie einen Termin mit einem Geschäftsfreund festlegen wollten, *ohne* Ihre Neigungen und Wünsche zu berücksichtigen. Da gibt es dann nicht nur für die Frage von Zeit und Ort sehr viele Alternativen, vermutlich müsste man ja auch noch zahlreiche andere Rahmenbedingungen vorher bedenken oder erfragen, und was könnte alles in dem einen oder anderen Falle dazwischenkommen, wenn dieses oder jenes doch auch eintreten würde usw. usw.

Jeder, der darüber einmal in Ruhe nachdenkt, kann sich ausmalen, wie viele Erinnerungs- oder *Vorstellungsbilder* einem „durch den Kopf" fahren, wenn man sich die verschiedenen Möglichkeiten einer anstehenden *Entscheidung* überlegt. Man käme vom Hundertsten zum Tausendsten, wenn man auch alle möglichen Folgen und Folgesfolgen berücksichtigen wollte. Nach Damasio sind es viel zu viele, um sie alle im Kurzzeitgedächtnis des Gehirns zu halten und gegeneinander abzuwägen. Und wegen der schieren Menge der Gedanken und ihrer verzweigten Abwege würde man den Überblick verlieren. Da trifft es sich gut, dass sie *emotionale Marker* tragen und danach sortiert werden können.

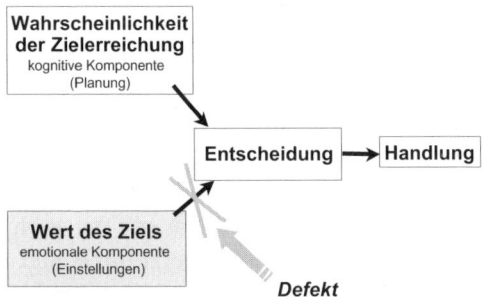

Abb. 2.2: Erwartungs-Wert-Theorie modifiziert (nach Angaben von Gottfried u. Frommer): Ohne Zugriff auf emotionale Marker sind Entscheidungen schwierig. Die „Erwartungs-Wert-Theorie" besagt im Prinzip, dass man vor jeder Handlung kalkuliert, ob sich der Einsatz lohnt. Hierzu steuert der Verstand die Berechnung bei, welche Chancen man hat, das Ziel zu erreichen. Das Gefühl (grau hinterlegt) bestimmt, ob und wie viel einem die Mühe einerseits und das Ziel andererseits die Aktion wert sind. Um unter zahlreichen Möglichkeiten zu wählen, also um eine Entscheidung zu fällen, ist es rationell, nur die Lösungen zu berücksichtigen, die dem Individuum jeweils am liebsten sind, bei denen also der subjektive Wert am höchsten ist. Bei Entscheidungen berücksichtigt die Intelligenz nur Erinnerungsbilder oder Begriffe, die mit dem entsprechenden „Marker" versehen sind. Sind die emotionalen Marker aber nicht zugänglich, weil die Verbindung oder das speichernde Zentrum zerstört ist („Defekt" in der Abbildung), wird wegen der dann zu großen Zahl infrage kommender Möglichkeiten eine Entscheidung praktisch unmöglich.

- Denn die jeweilige Gefühlskomponente dieser Vorstellungsbilder kann man sich als einen *Marker* vorstellen, der an jedes Bild angeheftet ist. Er versieht viele der Möglichkeiten mit Vermerken wie „für mich nicht akzeptabel", andere mit einem „berührt mich wenig" und nur wenige mit „wünschenswert" oder „das wäre für mich toll".

Überwiegend Letztere werden im Kurzzeitgedächtnis zur Auswahl vorgehalten. Das Zurechtfinden im weit verzweigten Gedankennetz wird nicht nur enorm erleichtert, es wird, wie die bedauernswerten Patienten erfahren mussten, so offenbar überhaupt erst möglich.

Entscheidungen ganz ohne „Gefühlsmarker" sind unglaub-
lich schwierig, das ist inzwischen bewiesene Tatsache. Sie kennen das selbst: Sie wollen mit Freunden ins Kino oder zum
Essen gehen und zählen die verschiedenen Möglichkeiten auf.
Jeder hat einen anderen Vorschlag. Jeder Vorschlag hat gewisse
Vorzüge. Es gibt ein langes Hin und Her. Aber dann kommt
Ihre temperamentvolle Freundin Jeanette zu dem Kreis. Sie
„weiß immer, was sie will". Sie will jetzt unbedingt ihren Lieb-
lingsschauspieler sehen und dann das nach ihren Vorstellungen
gemütlichste Lokal aufsuchen. Ihre starken oder ungebremsten
Emotionen setzen sich dann durch gegen alle schwächeren und
indifferenten.

Es *kann* also vorteilhaft sein, starke Gefühle zu haben, die die
eigenen Wünsche begleiten, vorteilhaft für das eigene Verhalten
und für die Durchsetzungsfähigkeit gegenüber anderen. Jeder
Trainer bemüht sich, den Siegeswillen (und das sind Emotionen!) vor einem sportlichen (oder auch dialektischen) Wettkampf zu intensivieren. Andererseits kann es auch entscheidend
sein, bei einem Gegner derartige starke Emotionen zu erkennen,
sich auf sie einzustellen und ihnen gekonnt zu begegnen.

Ihre gefühlsmäßigen („somatischen" nach Damasio) Marker
haben Sie also durch Erfahrung erworben und optimiert. Sie
beeinflussen Ihr künftiges Handeln. Auch Sie werden dieses
System der Natur „vernünftig" finden: Man macht am besten
das nochmal, woran man die beste Erinnerung hat, was einem
am meisten gefiel. Das geht gewissermaßen automatisch, jedenfalls ohne zu denken.

Das System hat sich bereits vor vielen Jahrmillionen in der
Entwicklungsgeschichte herausgebildet und bewährt. Es ermöglichte den Tieren „richtiges" Handeln lange bevor es Gehirne
mit Verstand gab. Und es funktioniert in unserem menschlichen
Gehirn auch noch.

- Wo keine Sachzwänge sind, entscheiden die Emotionen – auch wenn wir uns angewöhnt haben, dem Verstand immer einige Argumente zuzugestehen.

Die somatischen Marker sind es auch, die die *Intuition* ermöglichen. Wahrscheinlich vertrauen auch Sie gelegentlich darauf. Gerade bei wichtigen Entscheidungen haben Sie „aus dem Bauch heraus" gespürt, dass ein Verhalten oder eine Entscheidung richtig ist. Da der Sachverhalt sehr kompliziert ist, können Sie Ihr Urteil nicht beweisen. Ihre emotionale Intelligenz hat die Gewissheit dann aus unzähligen, zum Teil in Einzelheiten gar nicht mehr zugänglichen Erinnerungen, die hochgradig komprimiert und abstrahiert sein können, herausgefiltert. Der Zugriff auf diese „Lebensweisheit" geht blitzschnell, und sie ist deshalb oft richtig, weil sie Ihre gesammelte Erfahrung spiegelt.

Ähnlich funktioniert Ihr dumpfes Gefühl einer *schlechten Vorahnung*. Das emotionale System war ursprünglich überhaupt ein *Warnsystem*, indem es schon primitive Tiere an voraufgegangene ähnliche Situationen, die von Furcht oder Schmerz begleitet waren, erinnerte. Das Tier konnte sie dann meiden oder rechtzeitig fliehen.

Es werden Ihnen viele Beispiele zu diesen Themen einfallen. Vielleicht nehmen Sie für die Zukunft mit, dass es wichtig ist, dass Ihre abgespeicherten Emotionen möglichst „richtig" sind. Da das mit dem „Balken im eigenen Auge" auch auf die Richtigkeit der eigenen Gefühle zutrifft, ist die Überprüfung der höchstpersönlichen Einstellungen eigentlich eines der wichtigsten Gesprächsthemen mit Ihren Freunden oder Freundinnen. Die *möglichst richtige Information* ist immer Voraussetzung für ein gutes Management, in diesem Falle für Ihr emotionales. Die „automatische" Beherrschung dieser Kunst werden wir als Form der emotionalen Kompetenz kennen lernen.

Allerdings – machen wir uns nichts vor: Einer Meinungsumbildung unterliegen wir den ganzen Tag, beim Kaffeekränzchen oder Stammtisch, in fast jedem Gespräch, hauptsächlich auch

durch die Medien. „Alte" Einstellungen aktualisiert unser
Gehirn laufend, ohne dass uns das bewusst ist. Aufpassen müssen wir nur, dass unsere Einstellungen nicht gegen unser Interesse manipuliert werden.

Es sei mit Blick auf den nächsten Abschnitt ausdrücklich wiederholt, dass es sich hierbei um *emotionale* Wertehierarchien
handelt, die die *rationale* Beurteilung erleichtern. Verfolgen wir
diese Gedanken noch zwei Schritte weiter:

- Die Emotionen ermöglichen uns nicht nur *Entscheidungen*,
  sondern damit auch einen *Willen*.

Wir haben schon das so genannte „Präferenzsystem" im Gehirn
erwähnt, das aus den voraussichtlichen Handlungsmöglichkei-
ten immer die lustbetonten heraussucht und die schmerzhaften
vermeidet. Schmerz und Lust sind letztlich die Druckmittel, die
der Organismus einsetzt, um bestmögliche Strategien für das
Überleben durchsetzen zu können. Frei ist die „Willensbildung"
in dem Sinne, dass sie persönliche Vorteile ermöglicht. Es wäre
ja auch für jeden von uns schlecht, wenn wir nicht wenigstens
ungefähr spürten, was im Augenblick das Liebste, das Ange-
nehmste, das Beste wäre. Denken Sie bei Gelegenheit mal weiter
nach über diese Konsequenzen der Emotionen (siehe auch den
Textkasten zum freien Willen).

- Ohne persönlichen (und aus dieser Sicht „freien") Willen
  wäre *Verantwortung* nicht möglich. Nicht nur unser Rechtssystem, sondern unsere ganze Gesellschaftsordnung beruht
  aber auf der Idee einer persönlichen Verantwortung!

Mit den Psychologiekenntnissen, die wir eben besprochen
haben, könnten Sie zum Beispiel „Demokratie" neu definieren.
Demokratie ermöglicht die Durchsetzung des Willens der
Mehrheit, und zwar der Mehrheit von Menschen, die alle das
wollen, was ihnen persönlich am liebsten und am angenehm-
sten ist. Und wo bleibt in dieser Definition der Verstand? Nun,

in Abbildung 2.1 hatten wir ja schon gezeigt, dass er manchmal bei Entscheidungen auch eine Rolle spielt.

Aber jetzt sind wir vom Thema abgekommen. Erinnern wir uns: Wir hatten schon einige Strukturen und Funktionen unseres Gehirns angesprochen, mit denen Gefühle generiert und verarbeitet werden. Sicherlich dachten Sie bis heute, dass unser Gehirn eigentlich zum Denken da sei. Es ist also an der Zeit, dass ich Ihnen im nächsten Kapitel zeige, wie Denken und Fühlen im gleichen Gehirn zusammenarbeiten.

Ein gut gemeinter Rat:

Übrigens: Wenn Ihnen sinnvolle Verhaltensänderungen einfallen, die an dieser Stelle nicht aufgeführt sind, schreiben Sie sie sich gleich mal auf, am besten in der Zusammenstellung der möglichen Vorsätze im Anhang. Nichts vergisst man gründlicher als seine guten Vorsätze. Ob Sie sie dann ausführen wollen, können Sie nach Lektüre das ganzen Buches entscheiden.

Selbst gefasste Ziele sind immer besser als fremdbestimmte. Sie werden häufiger erreicht. Auch das liegt an den emotionalen Markern.

Was konnten Sie sich aus Kapitel 2 merken?

- Emotionen sind für unser Verhalten wichtiger, als man jahrhundertelang dachte.

- Die Komponenten eines Erlebnisses werden getrennt, aber hoch vernetzt gespeichert (relationale Datenbank).

- Das Gehirn verarbeitet Begriffe, Sinneswahrnehmungen und Gefühle parallel, führt sie aber im Bewusstsein zusammen.

- Die Gefühlsqualitäten und ihre Intensität kann und sollte man sich bewusst machen.

- Die Emotionen geben allem Denken und Tun einen persönlichen Sinn und Wert und bedingen die Individualität.

- Emotionale Marker an den Begriffen erleichtern das Entscheiden.

- Auch die emotionalen „Informationen" (Einstellungen, Standpunkte) müssen möglichst korrekt und daher regelmäßig hinterfragt sein.

- Starke Emotionen bestimmen das Durchsetzungsvermögen.

- Die Intuition beruht auf einer Vielzahl eigener Erfahrungen und früherer Wertungen, von denen viele nicht mehr in Einzelheiten erinnerlich sind.

Ist Ihnen schon ein persönliches Ziel eingefallen?

- Für unsere Entscheidungen ist wichtig, dass die emotionalen Marker möglichst oft auf Richtigkeit überprüft werden. Also: Vor wichtigen Entscheidungen müssen Sie nicht nur die Richtigkeit Ihrer Argumente, sondern auch die Zweckmäßigkeit Ihrer zugrunde liegenden Emotionen überprüfen und ggf. korrigieren. Dies gilt für Ihre Abneigungen und für die vielen Vorlieben gleichermaßen.

- Starke Emotionen sind für die Durchsetzung persönlicher Ziele vorteilhaft, beim Gegner entsprechend zu fürchten. Also: Überlegen Sie, wo Sie Ihre Emotionalität gezielt einsetzen können oder sollten und wo nicht. Organisieren Sie vielleicht auch einen „Heimvorteil" durch Mobilisieren der Emotionen von Mitstreitern.

Das könnten Sie schon vorab prüfen:

Da Emotionen so wichtig für Entscheidungen und Handlungen sind, können Sie zunächst einmal versuchen, sich möglichst klar darüber zu werden, wie emotional Sie überhaupt Situationen begleiten. Vergegenwärtigen Sie sich einige anstehende Probleme und achten Sie auf die Gefühle, mit denen Sie dabei sind. Versuchen Sie sich die Situation von Konfrontationen, Streitgesprächen und dergleichen vorzustellen. Empfinden Sie und andere Ihre Reaktionen als situationsgerecht?

Wie Gefühle entstehen und empfunden werden

Das Denken wurde immer in den Kopf bzw. das Gehirn verlegt. Warum wurden aber Gefühle gewissen Körperregionen zugeordnet: Liebe ins Herz, Wut in den Bauch, Angst in den Nacken?

Im Text wurde ausgeführt, dass auch die Gefühle und ihre Wirkungen im Gehirn generiert und geschaltet werden. Gefühle wie Angst werden beispielsweise beim Sehen vom Auge oder im Zusammenhang mit Erinnerungsbildern vom Präfrontalhirn abgerufen, und zwar über spezielle Nervenbahnen zum Mandelkern. Dort werden sie als Impulsmuster präsentiert. Diese lösen charakteristische Wirkungen aus, z. B. die Ausschüttung von Hormonen wie Adrenalin. Dadurch entsprechen die Emotionen ihrem lateinischen Wortstamm „emovere". Er bedeutet: aus etwas heraus, also aus einem bestimmten Grund, *etwas bewegen*.

Die Verbindungen zwischen dem Gehirn und den Organen des Körpers sind außerordentlich eng, wie in Kapitel 6 noch ausführlicher dargelegt wird. Nervenbahnen leiten Signale in beiden Richtungen sehr gezielt, während Hormone die Körperorgane über das Blutgefäßsystem eher gleichförmig erreichen. Ihre Wirkung kann allerdings auch äußerst schnell einsetzen und sehr spezifisch sein, indem einzelne Zellen sowohl des Gehirns wie der Organe spezielle Rezeptoren entwickelt haben. An ihnen müssen die Hormone „andocken", um ihre Wirkung in der jeweiligen Zelle entfalten zu können.

Die Emotionen kann man sich nun als Reaktionspläne im Mandelkern und anderen Gehirnzentren vorstellen. Nach diesen Plänen werden Gruppen von Befehlen an den Körper ausgegeben: Bei Wut z. B. solche zur Erhöhung der Muskelspannung, des Blutdrucks, der Verringerung der Darmarbeit, der Mehrdurchblutung und damit Rötung der (Gesichts-) Haut, der Schweißsekretion und andere.

Dadurch wird der Körper schnellstmöglich in die Lage versetzt, sich bei Bedarf zu wehren oder anzugreifen. Es ist die prinzipielle Mobilmachung aller Kräfte für den Fall eines notwendig werdenden Kampfes (aber noch nicht der Befehl zum Zuschlagen!).

Die durch diese Befehle im Körper erzielten Veränderungen werden sofort an das Gehirn zurückgemeldet. Sie verursachen eine Modifikation (Neukonstruktion) der Datenkarte vom speziellen und allgemeinen Körperzustand, die im Gehirn ständig auf höchster Aktualität gehalten wird. Er kann vom Bewusstsein als „Körpergefühl" wahrgenommen werden, besteht aber meist unbewusst.

Die Veränderung dieses Körperzustandes, den die emotionsbedingte Sofortreaktion auf die Wut hin verursacht hat, wird als „Gefühl" wahrgenommen, als plötzliche besondere Veränderung im Zusammenhang mit der Wut, obgleich es nur deren Folge ist. Je nach intensivstem Signal kann man diese Empfindungen gewissen Körperregionen zuordnen, also die Wut z. B. dem Bauch, weil man die dortigen Veränderungen am meisten spürt.

Was man als Gefühl *empfindet* und erlebt, ist also nur eine *Folge* der Sofortmaßnahmen, die im Körper ablaufen.

Damasio unterscheidet zwischen primären und sekundären Gefühlen. Als *primäre* bezeichnet er jene Grundemotionen, die vererbt werden. Sie sind jedenfalls im Mandelkern abgespeichert. Die viel differenzierteren, sozusagen spezifisch menschlichen *sekundären* Emotionen lernt und entwickelt der Mensch im Rahmen zunehmender Erfahrung. Er lernt, wie er seine Körperreaktion „sinngerecht" spürt und dies einzuordnen hat.

Wir glauben jedenfalls an einen freien Willen

„Der Wille ist die Fähigkeit zur Entscheidung zu Handlungen aufgrund bewusster Motive" (Brockhaus). Aber können solche Entscheidungen frei sein?

Ohne freien Willen könnten wir eigentlich keine *Verantwortung* tragen. Unser Rechtssystem beruht auf der Prämisse der Fähigkeit zur selbständigen Entscheidung. Eigenständige Entscheidungen werden für Freiheit und Demokratie vorausgesetzt, auf ihnen basiert unser ganzes Gesellschaftssystem.

Die (evangelische) Theologie hat Bedenken, ob der Mensch unabhängig von Gottes Wille entscheiden kann. Auch von bedeutenden Philosophen und Naturwissenschaftlern ist die Existenz eines freien Willens des erwachsenen Menschen immer wieder *angezweifelt* worden.

Ihre Argumentation bezeichnet man als *Determinismus:* Spätestens seit Newton übt sich die Welt in naturwissenschaftlichem Denken, und deren Grundlage ist die *Kausalität.* Wenn alles, was geschieht, lückenlos auf Ursachen zurückgeführt werden kann, ist die Abfolge von allem und jedem durch die Naturgesetze vorgegeben. Dann kann es also keinen freien Willen geben. Das gilt offenbar für das logische *Denken,* soweit es mit Gründen argumentiert.

Auch *emotionale* Marker und Eindrücke sind durch die Umwelt und durch genetische Vorgaben, also kausal bestimmt. Bei der Entscheidungsfindung bilden allerdings nahezu unzählige Erinnerungsbilder mit ihren variablen Markern und unendlich vielen Variationsmöglichkeiten „angeborener Bedürfnisse" (s. Kapitel 18) fast chaotische Szenarien. Dass *die emotionale Wertung* durch das Individuum streng kausal ablaufen muss, ist aufgrund heutiger Kenntnis elektrophysiologischer Signalprozesse nur wahrscheinlich.

Determinismus impliziert aber noch *keine Vorbestimmtheit* (durch einen Gott oder Weltgeist). Vorsehung ist naturwissenschaftlich problematisch: Zu den Naturgesetzen gehören auch Zufall und Unbestimmtheitsrelation. Diese lassen eine exakte Voraussage nicht zu. Die Chaostheorie impliziert, dass sehr kleine Einflüsse größenmäßig nicht vorherbestimmbare Folgen haben können (ein Schmetterling in Nordamerika könnte Ursache eines Sturmtiefs über dem Atlantik sein).

Menschlicher „Zufallsgenerator" könnte das freie *Denken* sein. Es kann „offline", also ohne jeden Einfluss von außen ablaufen, z. B. nachts im Bett. Da gibt es unerwartete, unerklärliche Assoziationen, wie die Gedankensprünge beim Träumen, im Fieber oder unter Drogen lehren: Träumen ist bewusstes, aber ungelenktes Denken.

Im Wachzustand kann das Bewusstsein alle oder fast alle unpassenden Assoziationen verwerfen, aber auch zu ungewöhnlichen, kreativen (!) Ergebnissen kommen. Hier gibt es eine *Richtungskompetenz*, deren Wirkungsweise noch nicht geklärt ist. Aber fraglich ist, ob durch sie *undeterminierte* Wünsche generiert werden können, die dann Ausgang einer *freien* Willensentscheidung wären. Allerdings wäre die Reduzierung der willentlichen Freiheit auf den *Zufall* keine glänzende Alternative zum Determinismus.

Positiv gesehen folgt: Naturwissenschaftliche *Beweise* für einen freien Willen gibt es (noch) nicht. Aber auch wenn er eine Illusion ist, sollten wir die Fiktion beibehalten als bewährtes und motivierendes Argument.

Freier Wille kann auch *soziologisch* definiert sein: frei gegenüber Vorgaben von anderen Individuen. Jeder Mensch kann seinen *eigenen Vorteil* mehr oder weniger rigoros wollen und auch gegenüber anderen durchsetzen.

Man kann sich auch im Verhältnis zu den Tieren „frei" fühlen, weil der Mensch den *Trieben* nicht bedingungslos unterworfen ist. Soziologische Freiheitsgrade gewinnt man auch durch *Wissen*, das der Durchschnitt nicht hat.

Dialektisch gehört ein freier Wille aus prinzipiellen Gründen verneint. Wirklich freier Wille müsste *radikal alles* können. Wir leben in einer verfassten Gesellschaft und haben daher nur

eine „formelle" Freiheit. Die Variationsbreite der (noch) möglichen Wahl wird uns von den Determinatoren der Gesellschaft
vorgegeben: Dem Individuum wird suggeriert, dass es nur das
selbst will, was von der Autorität oder von der totalitären oder
gar liberalen Macht empfohlen wird.

Eingeschränkt wird die „formelle" Freiheit in der Realität
natürlich auch durch eine Unmenge von äußeren „Attributo-
ren", nicht zuletzt durch Medien und Mitmenschen. Und lange
nicht alle dieser Bevormundungen werden uns bewusst. Selbst
wenn der Wille in dieser Hinsicht frei ist, darf also gefragt werden, ob es der eigene ist.

Willens*kraft* ist psychologisch deskriptiv definiert als die
Fähigkeit, nahe liegende Wünsche zugunsten höherwertiger
Ziele zurückzustellen.

3 Emotionen und Selbstbeherrschung – den Motor auch mal bremsen

Wir haben also gelernt, dass Gefühle unsere Wertvorstellungen vermitteln, unsere Entscheidungen und damit auch unseren Willen steuern und uns zu Individuen machen. Ehe wir uns der Frage zuwenden, wie Gefühle intelligent „gemanaged" werden, wollen wir nochmal festhalten, dass sie eine Funktion unseres *Gehirns* sind. Wie arbeiten denn dort Denken und Fühlen zusammen?

Eigentlich ist unser Gehirn organisiert wie ein üblicher Geschäftsbetrieb, also wie Ihre Firma, sofern Sie in einer solchen arbeiten (s. Abb. 3.2 im Kasten am Ende des Kapitels). Alle Informationen, auch die *emotional* bedeutsamen, werden in einem *Eingangsbereich* sortiert und dann je nach ihrer Art zwecks *Aufbereitung* den richtigen Abteilungen zugeleitet. Bilder kommen zum Beispiel in die Sehrinde des Großhirns, gefühlsrelevante Nachrichten werden dem Gefühlszentrum (Mandelkern) geschickt und dort verarbeitet. Auch die *Speicherung* der Daten wird in den zuständigen *Zentren* vorgenommen, sortiert nach ihrer Art. Dort werden sie wieder abgerufen für die *Verarbeitung* durch die Intelligenz im Präfrontalhirn und werden für das Bewusstsein wieder so zusammengestellt, wie sie zusammengehören.

Also stellen Sie sich einmal vor: Sie sitzen ganz gemütlich in Ihrem Wohnzimmer und sind in die Lektüre eines Buches vertieft. Draußen herrscht „Sauwetter". Ihr temperamentvoller Sohn stürmt ins Zimmer herein, natürlich ohne seine Dreckstiefel draußen auszuziehen oder auch nur abzuputzen, obgleich Sie ihm das schon so oft gesagt haben.

Der Anblick Ihres Sohnes reißt Sie aus Ihren Gedanken und erzeugt eine Meldung Ihrer Augen an das Gehirn, und zwar nicht nur an die Sehrinde, wo sie für den Verstand aufbereitet wird. Schon Ihr Auge, das ja genau genommen ein Teil des Gehirns ist, hat erkannt, dass der Dreck auf dem Teppich eine auch emotional wichtige, nämlich Ärger erzeugende Information ist, und teilt dies zeitgleich dem Gefühlszentrum Mandelkern mit.

Achten Sie mal darauf, *wie rasch die Wut in Ihnen aufgestiegen ist.* Im gleichen „Augenblick", könnte man sagen. Aus dem Textkasten im vorigen Kapitel wissen Sie vielleicht schon, dass dies die Wahrnehmung eines körperlichen Nebeneffektes ist, aus dem Sie ablesen können, dass Ihr Gefühlszentrum längst reagiert und Hormone ins Blut abgegeben hat.

Ihr Gehirn könnte auch schon eine „Affekthandlung" ausgelöst haben: Sie haben sofort einen Schrei losgelassen, als Sie die schmutzigen Schuhe auf dem Teppich sahen. Es war zunächst nur der Schrei, nichts Überlegtes, was Sie da herausschleuderten. Gut, dass er außer Reichweite war, der Sprössling, Ihnen wäre sonst vielleicht die Hand ausgerutscht. Man denkt ja nicht immer daran: Im Wort „Emotion" steckt drin, dass etwas *bewegt*, bewirkt werden soll (lat. movere!).

- Gefühlsreaktionen werden also erstaunlich schnell geschaltet. Kein Wunder: Es ist das gleiche Warnsystem, das auch alle Tiere alarmiert, wenn etwas Unerwartetes passiert.

Die Affektreaktion wird Ihnen schon kurz danach leid tun, weil Ihr Sohn so traurig dasteht. Er wollte Ihnen ja nur schnell etwas zeigen, das ihm so wichtig war, dass er nicht auch noch an die schmutzigen Schuhe und den Teppich denken konnte.

Leider ist Ihr *Verstand deutlich langsamer* als das Gefühl. Er rät Ihnen nun dazu, den Jungen erst einmal anzuhören und ihm dann ganz in Ruhe zu erklären, dass der Teppich doch nun ganz dreckig sei, dass das Reinigen Ihnen viel Mühe machen werde, dass er nun beim Putzen helfen müsse und nicht gleich wieder zum Spielen raus könne usw.

Spontanreaktionen sind Gefühlssache

Da Ihnen Ihr Schrei schon entfuhr, während Ihr Verstand noch arbeitete, müssen Sie Ihre Spontanreaktion nachträglich verbessern und durch den Vorschlag des vielseitiger, aber langsamer arbeitenden Verstandes ergänzen.

Da läuft sicher noch sehr viel mehr ab im Gehirn, aber wir haben auch so schon viel zu überlegen und zu erklären. Die pädagogischen Konsequenzen will ich in diesem Zusammenhang nur kurz anklingen lassen. Sie werden an Erziehungseffekte ohnehin selbst denken: Ihr Sohn wird nun die Erfahrung im Gehirn abspeichern, dass Erwachsene schreien, wenn man mit Dreckstiefeln zu ihnen kommt. Er wird dies künftig erinnern, und zwar in Verbindung mit dem Gefühl der Angst oder des Erschreckens. Hätten Sie zunächst an sich gehalten und ihm dann Ihre Erklärungen in Ruhe vorgetragen, hätte er die schmutzigen Schuhe mit einer ganzen Reihe bedeutsamer Begriffe und Erinnerungen verknüpfen können, er hätte sich besseres Verhalten für die Zukunft vorgenommen, und er hätte in Zukunft vielleicht einen Nutzen daraus ziehen können.

Vielleicht hat übrigens Ihr Partner auch *laut herausgelacht*, weil der Sprössling in all dem Dreck so süß und komisch aussah. Das wäre auch eine *Affektreaktion* gewesen, auch eine gefühlsbedingte Soforthandlung – anstatt zu schimpfen –, die Sie nachträglich aus den gleichen pädagogischen Gründen nicht gut gefunden und womöglich hart getadelt hätten.

Sie konnten nicht rechtzeitig überlegen, um auf pädagogische Lehrmeinungen Rücksicht zu nehmen, alles ging so schnell. Im geschäftlichen Leben wie in der Familie ist es unklug, sich in seinen Handlungen einfach von den Gefühlen leiten zu lassen, also die Kinder anzuschreien, bei Angst gleich wegzulaufen, bei Wut zuzuschlagen, bei unfreiwilliger Komik des Vorgesetzten gleich loszulachen etc.

- Zum Glück handeln nicht alle Menschen ständig spontan. Zum Glück haben sie ihre *Selbstbeherrschung*. Selbstbeherrschung ist eine der wichtigsten, vielleicht die wichtigste Form der emotionalen Intelligenz. Der *emotionalen*, wohlgemerkt. Beherrschen möchte man hier also Reaktionen der *Gefühlssphäre*.

Vielleicht sagen Sie jetzt, man hätte sich beim Anblick der schmutzigen Stiefel einfach zur Ruhe *zwingen* müssen. Dazu hat man doch den *Verstand*, dafür kann doch jeder ein wenig schauspielern. Das ist richtig, der Verstand kann das regeln, wenn – ja, wenn die Gefühle nicht zu stark sind, und wenn der Verstand nicht abgelenkt ist, wenn die starken Gefühle also unerwartet entstehen. Letzteres hatte ich unterstellt: Sie waren ins Buch vertieft. Wenn Sie beim Schlagen der Tür schon geahnt hätten, dass Ihr Sohn wieder mal mit den Dreckschuhen ... Ihr Verstand hätte sich darauf einrichten, die richtige Antwort überlegen und die Emotionen herunterregeln können.

Lassen Sie uns bei der Vorstellung bleiben, dass Ihr Verstand überrascht wurde, denn wir wollen ja über Gefühle reden. Sie kennen sicher Eltern, die ganz ruhig bleiben, was auch immer ihre Kinder anstellen, oder Sie kennen Kollegen, die wirklich durch nichts aus der Ruhe zu bringen sind. Diese „stoische" Ruhe kann drei Ursachen haben.

1. Entweder reagieren die Gefühlszentren dieser Menschen überhaupt schwach (also als angeborene Anlage) oder träge (Phlegmatiker). „Gefühlskälte" wäre die Steigerung dieser Eigenschaft, das Extrem ist die Athymie = „Gefühlstaubheit". Wer durch Verschmutzen seines Teppichs gar nicht richtig wütend werden *kann*, schreit natürlich deswegen auch nicht drauflos.

2. Vermutlich nur bei wenigen unserer Mitmenschen muss man annehmen, dass in früher Jugend die Gefühle zu selten und zu schwach angesprochen und damit nicht genug *geübt* wurden. Bei Kindern in Waisenhäusern hat man eine derartige emotionale Unterentwicklung nachgewiesen.

3. Oder aber die disziplinierten Menschen haben sich „gut im Griff", bleiben immer ausgeglichen, können ihre Gefühle besser *managen* als andere. Das ist dann eine Frage der Selbstbeherrschung. Das ist unser Thema.

Emotionale Intelligenz ermöglicht Selbstbeherrschung

Das Gefühlszentrum „Mandelkern", von dem wir jetzt schon wissen, dass es die Sofortreaktion veranlasst, hat auch direkte Verbindungen mit dem so genannten *Präfrontalhirn*, wo die Intelligenz sitzt. Dort muss über das weitere Vorgehen entschieden werden, dort sitzt sozusagen die Direktion („Ausgangskontrolle" in Abb. 3.2 im Textkasten). Wir können uns vorstellen, dass dort alle ähnlichen Vorkommnisse der jüngeren Vergangenheit und alles, was sonst mit dem angeschnittenen Thema in Zusammenhang steht, also zum Beispiel frühere Szenen mit Dreckschuhen oder Reinigungsaktionen von Teppichen, blitzschnell durchgegangen und gegeneinander abgewogen werden. Man will sich ja für die *erfahrungsgemäß* beste Lösung entscheiden.

- Der Philosoph sagt hierzu: Wir handeln auf der Basis unserer persönlichen Geschichte.

Die *emotionale* Intelligenz wird bei diesem Abwägungsprozess besonders auf die emotionalen *Marker* der Gedanken achten: Bei welcher Reaktion auf schmutzige Kinderschuhe hatte ich mir gemerkt, dass sie sinnvoll und nachahmenswert war? Diese Auswahl trifft die emotionale Intelligenz offenbar auch dann, wenn der Verstand abgelenkt ist, also noch auf andere Dinge achten muss. Sie sucht also nach den Vorbildern in der Vergangenheit, die als besonders günstige Reaktionen markiert sind.

- Wenn die Intelligenz also auf ein gut markiertes Erinnerungsbild mit dem Vermerk „zuerst überlegen ist am besten" stößt, wird sie die Affektreaktion so lange aufhalten, werden Sie sich automatisch so verhalten, wie es sich in der Vergangenheit als optimal erwiesen hat, bis der Verstand die beste Lösung gefunden hat.

Man hat tatsächlich hemmende Nervenfasern gefunden, die vom Präfrontalhirn zum Mandelkern verlaufen und dort Emotionen zügeln können. Sie können für Gleichmut sorgen, ihr Versagen kann zu Impulsivität führen. Es könnte das rote Telefon der emotionalen Intelligenz in Bezug auf die Selbstbeherrschung sein.

Wenn Sie also durch die schmutzigen Stiefel erschreckt und wütend wurden, hätte Ihr Präfrontalhirn bei gut gebahnten Erinnnerungsbildern das Schimpfen so lange *zurückgehalten*, bis Ihr Großhirn Zeit hatte, die beste Strategie zu überlegen. Die kann dann immer noch ein Anschnauzer sein, könnte aber auch in einer belehrenden Erklärung oder einem versöhnenden Scherz liegen. Wenn die *emotionale* Intelligenz das Gefühl ausreichend im Griff hat, kann sich die *rationale* Intelligenz auf die beste Antwort konzentrieren.

Die Basis jedes zivilisierten Umganges ist also *Selbstbeherrschung*, und damit meinen wir eigentlich „Gefühlsbeherrschung" auf der Basis unserer Erfahrung (nicht Beherrschung der Gedanken: Die gehen den Gegenüber nichts an). Sie setzt voraus, dass man einerseits seine *Gefühle kennt*, mehr noch: rechtzeitig erkennt, und dass man andererseits die Beherrschung derselben *übt*.

- Allerdings nochmal: Nicht das ganze Gefühl können wir beherrschen oder gar verhindern. Die „Sofortreaktion" ist schon gelaufen (unterste Zeile in Abb. 3.1), das Gefühl können wir deshalb schon *empfinden*.

Das ist wichtig, denn Sie müssen sich ja mit Ihrer spontanen Empfindung auseinander setzen und die (korrigierte) Emotion zusammen mit dem zugehörigen Situationsbild abspeichern!

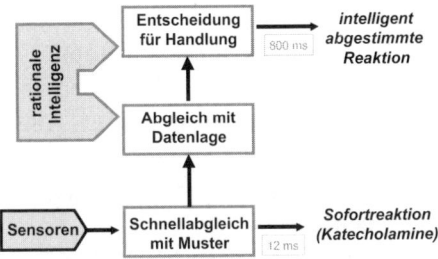

Abb. 3.1: Aktionsformen des emotionalen Systems: Wenn von den *Sensoren* (links unten, z. B. von den Augen) Informationen gesendet werden, die eine emotionale Reaktion notwendig erscheinen lassen, werden im Rahmen einer *Sofortreaktion* Hormone ausgeschüttet, die in Sekundenbruchteilen ihre periphere Wirkung entfalten (unten rechts). Diese Folgen der Verarbeitung im emotionalen Zentrum (Anstieg von Blutdruck und Puls, Änderung des Tonus von Darm und Muskeln etc.) werden z. B. als „aufsteigende Wut" *gefühlt*. Parallel dazu wird im *Präfrontalhirn* unter Mithilfe der Intelligenz mit Erinnerungsbildern abgeglichen und die erfahrungsgemäß beste Reaktion ausgewählt. Dies kann zum Beispiel ein verzeihendes Lächeln anstelle einer aggressiven Handlung sein.

Man lernt auch gefühlsmäßig aus jeder Situation

Sie erkennen nun auch wichtige Prinzipien, die Sie in Zukunft vermehrt beachten sollten:

• Je mehr optimale Vorlagen in Ihren Gehirnspeichern abgelegt sind, desto größer ist die Wahrscheinlichkeit, dass Sie künftig im entscheidenden Moment auch optimal reagieren. Es könnte viel davon abhängen! Der Aufwand lohnt sich bestimmt.

Ich will die Sache nicht zu kompliziert machen. Aber ich will an dieser Stelle doch anmerken, dass die Hirnforschung heute bereits den grundsätzlichen Mechanismen auf der Spur ist, mit denen das Gehirn arbeitet und insbesondere lernt. Bei den Denkprozessen weiß man schon, dass es sich seine Oberbegriffe und Regeln selbst bildet. Man muss ihm nicht beibringen, was alles als „Tisch" bezeichnet werden kann oder wo man in einem

Satz das Verb oder das Substantiv einfügt oder findet (Spitzer 1996). Es findet das schrittweise selbst heraus.

Entsprechend dürfte das emotionale Lernen von angepasstem Verhalten in einer Gesellschaft oder auf Äußerungen einer Respektperson vor sich gehen: *Schrittweise* durch *Abstraktion des Wesentlichen* aus vielen Einzelfällen erkennt und lernt man die Regeln des Benehmens.

Damit haben Sie nun eine ganz brauchbare, wenn auch vereinfachte Vorstellung davon, was man unter emotionaler Intelligenz versteht und wie sie ungefähr funktioniert. Aus diesem Blickwinkel wollen wir die Psychologie der Gefühle im Folgenden sehen. Von dieser Warte aus werden wir uns im nächsten Kapitel zwei Gefühle einmal näher ansehen, die für sehr viele Reaktionen, mehr noch für viele Fehlreaktionen bis hin zu Krankheiten verantwortlich sind: Ärger und Angst.

Ein gut gemeinter Rat:

Liebe Leserinnen und Leser, wahrscheinlich haben Sie den Text bis hierher in einem Zuge durchgelesen. Es freut mich ja, dass Sie den Stoff so interessant fanden, aber – ich bin sicher, dass Sie jetzt aus dem Gedächtnis heraus höchstens die Hälfte der Feststellungen wiederholen können, die in der Zusammenfassung des zweiten Kapitels stehen.

Wenn Sie so weiterlesen, werden Sie am Schluss eher verwirrt als klüger sein. Das Gebiet der Psychologie ist groß und vielseitig, man kann es nicht an einem Tage durchsprechen. Wer es studieren will, braucht Jahre. Wer wenigstens einiges lernen will, sollte gelegentlich innehalten.

Ich mache Ihnen einen Vorschlag: Lesen Sie jetzt noch schnell die Zusammenfassungen der übrigen Kapitel („Was konnten Sie sich aus Kapitel ... merken?"). Dann wissen Sie, was Sie in diesem Büchlein noch erwartet. Und dann sollten Sie sich für jedes Mal nur ein oder zwei weitere Kapitel vornehmen und bei genügend Zeit und Energie lieber nochmal zu dem schon Gelesenen zurückblättern.

Was konnten Sie sich aus Kapitel 3 merken?

- Gefühle werden im Gehirn geschaltet und gespeichert. Die Zentren der emotionalen Intelligenz liegen im Präfrontallappen.

- Er steuert sozial angepasstes Verhalten, verhindert übereilte Reaktionen.

- Gefühlsprozesse sind schneller, Denkprozesse sind exakter.

- Emotionen weisen auf Gefahren oder sonstige Sonderbedingungen und können Instinktreaktionen auslösen.

- Selbstbeherrschung betrifft die emotionalen Reaktionen.

- Konzentrationsfähigkeit ist auch eine Form der emotionalen Intelligenz und Voraussetzung nicht nur für schulische Leistungen.

Ist Ihnen schon ein persönliches Ziel eingefallen?

- Die Emotionen neigen zur Überreaktion. Mangelnde Anpassung führt im sozialen Zusammenleben zu Problemen.
  Also: Wer zum Aufbrausen neigt, muss durch konsequentes Training versuchen, seine Gefühlsreaktionen rechtzeitig vorauszusehen oder zu erkennen. Nur dann kann man Gegenstrategien lernen und einsetzen.

- Die emotionale Intelligenz orientiert sich an den zahllosen Erlebnisbildern früherer vergleichbarer Ereignisse. Es ist wichtig, künftig die Erlebnisbilder mit Markern auszustatten, die den eigenen Vorstellungen entsprechen. Also: Nach jedem Ereignis sollten Sie die rationalen und die emotionalen Umstände darauf überprüfen, ob Sie richtig entschieden haben oder sich von Gefühlen treiben ließen, und sollten sich das optimale Resultat genau einprägen.

Darüber sollten Sie einmal kurz, aber ernsthaft nachdenken:

Überlegen Sie, ob Ihre emotionalen Reaktionen nicht doch gelegentlich stärker sind, als Sie immer dachten. Überprüfen Sie dafür auch stressige Zeiten, die schon länger zurückliegen.

Prozessschema des Gehirns

Es verarbeitet Daten wie ein Produktionsbetrieb

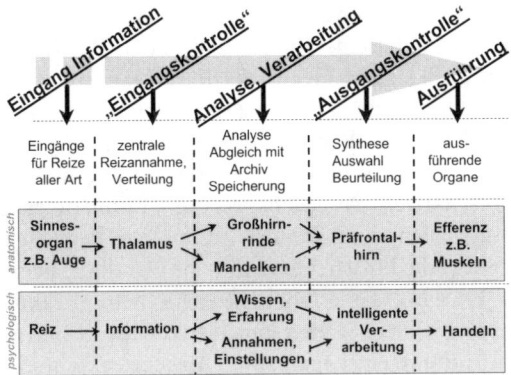

Abb. 3.2: Prozessschema des Gehirns mit Vergleich von anatomischen und psychologischen Gesichtspunkten (horizontale Rubriken), grobe Vereinfachung: Jeder Sinnesreiz wird zum Zentralnervensystem geleitet und dort schrittweise verarbeitet. Dieses geschieht „parallel": Schon von den Augen werden die vorverarbeiteten Einzelheiten des Bildes auf etwa zwei Millionen Nervenfasern gleichzeitig gesendet. Die Verarbeitung geschieht dann getrennt, z. B. nach reiner Bildinformation, Bewegungsanteilen, aber auch nach emotionaler Qualität. Ebenfalls getrennt wird abgespeichert (relationale Datenbank). Die emotionale Komponente wird dann aber für die intelligente und bewusste Behandlung in der „Ausgangskontrolle" wieder mit jedem Begriff, jeder Szene, jedem Ereignis kombiniert. Hier, im Präfrontalhirn, sind die intelligenten Funktionen lokalisiert. Hier ist der Sitz des „Direktoriums", das entscheidet, wie der Organismus letztlich reagiert.

Gefühlszentrum und Großhirnrinde speichern nicht nur unabhängig voneinander in verschiedenen Hirnbereichen ab, sie arbeiten auch parallel: Registriert das Auge eine Information, sieht es z. B. eine Schlange, so wird diese Nachricht bereits im Sinnesorgan Auge ein erstes Mal aufbereitet und wird dann

über den Thalamus als erste Schaltstation sowohl zum Gefühlszentrum wie zur Sehrinde weitergeleitet. Beide vergleichen mit
früheren Erfahrungen, veranlassen eine Reaktion.

Nur ist das Gefühlszentrum deutlich schneller: Bei Angst
wird zum Beispiel das Hormon Adrenalin schon nach 12 ms
ausgeschüttet und steigert dann Blutdruck, Herzfrequenz und
überhaupt die Reaktionsfähigkeit des Körpers. Es schlägt nicht
nur Alarm, es leitet eine Sofortreaktion ein. Der Körper wäre
so für eine auch längere Fluchtreaktion gewappnet.

Das Großhirn benötigt mehr Zeit für seine Arbeit (jedenfalls
einige hundert Millisekunden), ist dann aber auch genauer. Der
Verstand erarbeitet in zusätzlichen Verarbeitungsschritten zahlreiche Alternativen, vergleicht sie mit „Erinnerungsbildern",
die in Bruchteilen von Sekunden an unserem Bewusstsein vor-
beiziehen und die Entscheidung für eine Handlung beeinflussen
können. Es wird die erfahrungsgemäß beste Reaktion ausgewählt, die in einem Streitgespräch zum Beispiel ein verzeihendes Lächeln anstatt einer aggressiven Abwehrreaktion sein kann.

Wissenswertes – Nachdenkliches

Architektur des Gehirns

Nach hinten im Seiten- und Hinterhauptlappen befinden sich die
Hör- und Sehzentren. Ganz vorn hinter der Stirn bis auf die Unter-
seite ziehend liegt der Präfrontallappen mit den intelligenten
Funktionen. Direkt über der Nase ist das Riechhirn lokalisiert.

Das Corpus callosum (Balken) mit dicht gepackten quer ver-
laufenden Nervenbahnen ist die Hauptverbindung zwischen
beiden Hirnhälften (s. auch Querschnitt Abb. 3.4). Der Thalamus weiter zentral ist eine Art Kontrollstation. Viele eingehenden Informationen werden von hier in die zuständigen Zentren
weitergeleitet.

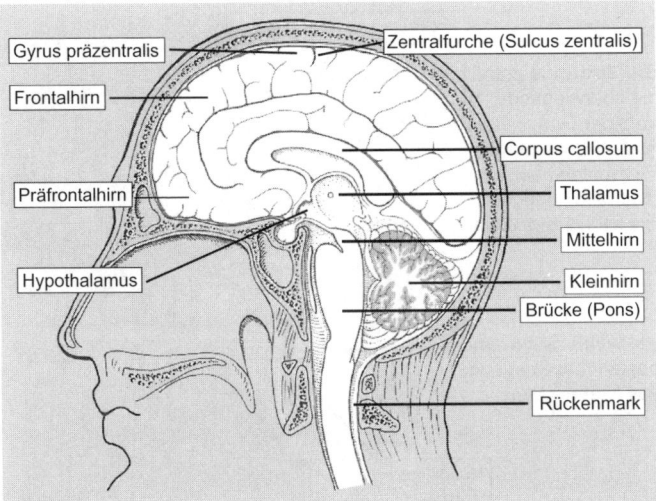

Abb. 3.3: Längsschnitt durch den Schädel. Man blickt auf die Innenansicht der rechten Hirnhälfte. Die Hirnwindungen des Großhirns (Hirnrinde) sind angedeutet (s. „Frontalhirn"), die eine Vergrößerung der Oberfläche ermöglichen. Bis zur Zentralfurche reicht das Stirn- oder Frontalhirn. Auf der Hirnwindung direkt vor ihr (Gyrus präzentralis) liegen die Schaltzentren für die Muskelbewegungen, auf der Windung dahinter diejenigen für den Tastsinn (Sensibilität). Die ganze linke Körperhälfte ist auf diesem „Gyrus postzentralis" repräsentiert, beginnend auf der hier sichtbaren Innenseite mit den Füßen.

Im Hypothalamus und Hirnstamm (Pons) liegen die lebenswichtigen vegetativen Zentren, die Funktionen des Stoffwechsels, Hunger, Schlaf-Wachrhythmus, Aufmerksamkeit u. Ä. schalten.

Das sehr eng gefaltete Kleinhirn schließlich mit seiner riesigen Zahl von Nervenzellen ist für die Koordination der Muskelbewegungen verantwortlich. Im Rückenmark finden sich die meisten Nervenverbindungen mit dem Körper in beiden Richtungen.

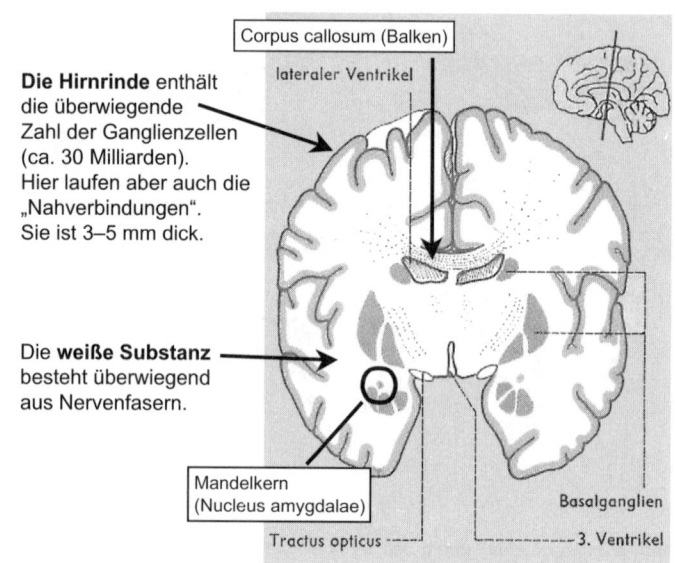

Die **Hirnrinde** enthält die überwiegende Zahl der Ganglienzellen (ca. 30 Milliarden). Hier laufen aber auch die „Nahverbindungen". Sie ist 3–5 mm dick.

Corpus callosum (Balken)

lateraler Ventrikel

Die **weiße Substanz** besteht überwiegend aus Nervenfasern.

Mandelkern (Nucleus amygdalae)

Tractus opticus

Basalganglien

3. Ventrikel

Abb. 3.4: Querschnitt durch das Gehirn. Die Lage des Gefühlszentrums (Mandelkern) ist zu erkennen. In der Hirnrinde sind meistens etwa 1.000 Zellen zu Modulen zusammengefasst. Eine einzelne Zelle kann mit bis zu 10.000 anderen Verbindung aufnehmen. Man hat geschätzt, dass die Gesamtlänge aller Nervenbahnen im Gehirn, hintereinander gelegt, etwa 100 Millionen Kilometer beträgt.

Etwa auf der Höhe des Hypothalamus, aber auf der mittleren Schnittebene des Längsschnittes nicht zu sehen, liegt das Gefühlszentrum Mandelkern (Nucleus amygdalae). Seine Lage ist im Querschnitt angezeigt.

4 Stau und Ambivalenz von Gefühlen – aus Angst leistet man manchmal mehr, manchmal weniger

Ihr Gehirn hat manchmal ein bedenkenswertes Problem mit emotionalen Reaktionen: Diese haben nicht nur die „Aufgaben", schnell auf eine Gefahr hinzuweisen, die notwendige Energie zu liefern (Motivation) bzw. bereitzustellen (Alarmreaktion im Körper) und eine bewährte Gegenreaktion auszulösen (z. B. Selbstbeherrschung). Es kommt nicht nur auf diese *Reaktion* mit Hilfe des Gehirns an. Der Organismus, speziell unsere komplizierte Psyche, ist *auch* darauf ausgelegt, dass die ganze Angelegenheit *zu einem befriedigenden Ende gebracht wird.*

Sie kennen das auch: Sie hatten einen Streit, wurden vielleicht beleidigt, wurden ärgerlich. Dann geben Sie eine schlagfertige Antwort und sind irgendwie erleichtert. Sie haben es dem anderen zurückgegeben. Nach einer treffenden Gegenreaktion hat die aufgebaute Spannung ihren Zweck erfüllt, ist als Abwehrmaßnahme erfolgreich eingesetzt und kann nun abgehakt werden, sie ist damit beendet.

Wenn Ihnen die treffende Antwort, die eigentlich fällig gewesen wäre, *nicht* eingefallen ist, oder wenn Sie sie nicht sagen konnten, machen Sie noch stundenlang in Gedanken daran herum, was Sie am besten hätten sagen sollen. Der Streit belastet Sie weiter. Wer also *an der Abreaktion gehindert* wird, empfindet weiterhin Ärger oder Unsicherheit. Jeder kennt auch das.

Ihrem Gehirn bleibt nichts anderes übrig, als den Ärger aufzubewahren, abzuspeichern. Bei entsprechender Gelegenheit, in einer vergleichbaren Situation, vielleicht gegenüber der gleichen Person, wird er dann automatisch wieder abgerufen werden. Wenn an diesem wunden Punkt wieder gerührt wird und Ihr Verstand nicht regulierend eingreift, werden Sie plötzlich unerwartet stark reagieren, Ihre Reaktion wird vielleicht *unangemessen* heftig ausfallen, vielleicht zu Ihrem eigenen Erstaunen. Es war noch eine Abrechnung offen. – Bei anderen beobachten Sie so was natürlich noch öfter.

Wut im Bauch ist ein schlechter Ratgeber

In unserer Zivilisation passiert es dem Gehirn oft, dass sich im Unterbewusstsein Emotionen anstauen, weil man sich fast *nie so richtig abreagieren* darf, sondern *angepasst handeln* muss: Viel Ärger kann sich ansammeln („Gefühlsstau"), kann dann unter Umständen explosionsartig, aber ohne adäquaten Grund ausbrechen. Wenn es dann den Falschen trifft, muss man sich entschuldigen.

Oder der angehäufte, aber konsequent unterdrückte Ärger erzeugt ein *Gefühl der Ohnmacht*: Das Selbstbewusstsein wird beeinträchtigt. Nach Ansicht mancher Psychologen leiden ganze Generationen Jugendlicher darunter. Vielleicht werden sogar krankhafte Reaktionen ausgelöst, die ständige Bedrohung wird zum chronischen *Stress*, über den wir noch in Kapitel 10 sprechen werden.

Sie können versuchen, Ihrem Gemüt Erleichterung zu verschaffen. Es wird oft empfohlen, starken Emotionen zur Abreaktion ihren Lauf zu lassen, also ein „reinigendes Gewitter" zu inszenieren. Als „selektive Authentizität" wird Ausleben der Gefühle praktiziert (Rut Cohn 1979). Man ist heute mehrheitlich der Ansicht, dass im Alltag zwar Affektausbrüche die Durchsetzung egoistischer Ziele fördern und bei entsprechend veranlagten Persönlichkeiten das Selbstwertgefühl steigern können, dass sie sich aber letztlich eher nachteilig auswirken.

- Die Lebenserfahrung lehrt, dass man sich im Streit fast immer irgendwie ins Unrecht manövriert, und dass Nachdenken und eine geordnete Aussprache nahezu immer richtiger gewesen wären. Ausbrüche lassen meist ein „ungutes Gefühl" zurück und wirken somit ihrerseits nach:

„Man ist nie ohne Grund wütend, aber selten aus einem guten Grund", sagte Benjamin Franklin. Ein klärendes Gespräch und Aufarbeitung des Problems in Ruhe: Das läuft wieder auf Selbstbeherrschung hinaus. Wenn Sie es aber schaffen, sich zu beherrschen, dann meine ich, dass die schriftliche Abreaktion des Ärgers im stillen Kämmerlein deutlich besser ist – und offenbar auch gesünder. Wir werden das im Kapitel 10 im Abschnitt „Sie können die Managerkrankheit vermeiden" genau besprechen.

Vielleicht wollen Sie jetzt zurückblättern und nachsehen, ob Sie da etwas falsch in Erinnerung haben? Hatten wir nicht im ersten Kapitel festgestellt, dass man gerade mit *starken* Emotionen ein erfolgreiches Durchsetzungsvermögen entwickeln kann, und jetzt soll *Zügelung* richtig sein?

Das ist schon richtig, ist kein Widerspruch. Wir werden dem Phänomen noch mehrfach begegnen: Stärke oder Schwäche, Antrieb oder Abbremsen: Emotionen können je nach ihrer Intensität unterschiedliche Wirkung zeigen. Dadurch wird das Leben so vielseitig, interessant oder auch schwierig, je nachdem, wie man es betrachtet.

Sie sind nicht überzeugt? Nehmen wir doch gleich mal die Angst als Beispiel dafür, dass eine Emotion je nach ihrer Stärke unterschiedliche Wirkungen hat. Beim Stichwort „ganz große Angst" wird Ihnen zuerst das sprichwörtliche Kaninchen einfallen, das vor Angst gelähmt vor der Schlange sitzt. Von da ist es nicht weit zum Examenskandidaten, der einen „Block" hat und vor lauter Angst keinen vernünftigen Gedanken zusammenbringt. Sie werden vielleicht selbst die Erfahrung gemacht haben, dass *Angst* einschüchtern kann, entmutigt, und Sie dadurch in Ihrer Aktivität behindert.

Angst mobilisiert andererseits letzte Kräfte: Flucht mit äußerster Kraft ist die natürliche Reaktion. Und wenn Tiere innerhalb ihrer „Fluchtdistanz" in Angst geraten, greifen die meisten rabiat an, aus letzter Verzweiflung, würden wir sagen. Das ist wiederum Mobilisierung aller Kräfte. Das Zentrum für Gefühle, also der Mandelkern, ist maximal alarmiert und funktioniert entsprechend.

Angst kann die Leistung gewaltig steigern

Wenn Sie sich aber an Ihre Leistungen in der Schule, vielleicht speziell in Prüfungen erinnern, werden Sie zugeben müssen, dass Sie in vielen Fächern erst angefangen haben, ernsthaft zu lernen, *wenn Sie etwas Angst hatten.* Aus – zugegeben geringfügiger – Angst, sich zu blamieren, aus Angst, geschimpft zu werden, das Klassenziel nicht zu erreichen oder Ähnlichem waren Sie zu *größerer Leistung* bereit, haben Sie *mehr* geleistet als ohne diese „Angst im Nacken".

Überlegen Sie mal kurz, was Sie oder Ihre Freunde alles zusätzlich auf sich nehmen aus Angst, dass ihren Kindern etwas zustoßen könnte oder dass sie sonst Nachteile hätten.

Oder denken Sie an Arbeitnehmer. Wahrscheinlich sind Sie selbst in einen Arbeitsprozess eingegliedert. Ihr Arbeitgeber wendet das gleiche einfache Prinzip zur Leistungssteigerung an: gezielt oder unbewusst verbreitet er Angst. Angst, den Arbeitsplatz zu verlieren, nicht befördert zu werden, nicht die Lohnsteigerung zu erreichen, den Liebesentzug des Vorarbeiters zu riskieren – die Palette der unterschwelligen Motivationen ist groß.

Sein Risiko bei dieser Methode liegt in der variablen Grenze zwischen *leichter* (motivierender) und *stärkerer* (behindernder) Angst. Bei *stärkerer Angst* stellen sich bei seinen Angestellten *Fehler* ein, die Leistung wird dadurch wieder schlechter! Betrachten Sie dazu die Abbildung 4.1.

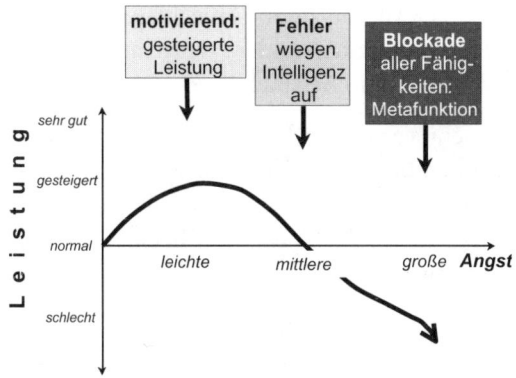

Abb. 4.1: Emotionen haben erheblichen Einfluss auf die Leistung eines Individuums: Leichte Angst erhöht die Aktivität und damit auch die Leistungsfähigkeit. Beispiel: Angst vor Imageverlust oder Strafe steigert die Leistung von Schülern oder Arbeitern. Übersteigt die Angst allerdings eine gewisse Schwelle, nimmt die Zahl von Fehlern zu. Die Form der Kurve ist individuell sehr verschieden. Bei sehr großer Angst kommt es z. B. im Examen zum „Block". Grund ist eine affektive Denksperre: Wenn Emotionen stärker werden, beeinträchtigen sie die Funktion des Verstandes. Das gilt nicht nur für die Angst. Auch starke Wut oder Liebe machen „blind". Man nennt das die Metafunktion der Gefühle.

Bei stärkerer Angst macht man Fehler

Vielleicht ging es Ihnen mit Ihren Kindern schon so in der Schule: Beim Üben und Abfragen zu Hause beherrschten sie den Stoff doch so gut, wussten alles. Aber in der Klassenarbeit machten sie dann viele „Flüchtigkeitsfehler". Vielleicht lag das an mangelnder Konzentration. Aber *warum* waren sie unkonzentriert?

● Wer große Angst hat, dem nützt sein Verstand also wenig. Ausnahme: Er verfügt auch über eine hohe *emotionale* Intelligenz, mit der er seine Angst in den Griff kriegen kann.

Entsprechend wäre es grundfalsch, wenn Sie als Vorgesetzter in schwierigen Situationen toben und schimpfen und dadurch Ihre Leute verängstigen, einschüchtern würden. Jedenfalls die emotional sensibleren werden dann schlechtere Leistungen erbringen. Und jene „Flüchtigkeitsfehler" der Kinder könnten ein Zeichen für Angst sein, zum Beispiel Angst vor der Lehrerin.

● Wer sich leicht verwirren lässt durch starke Gefühle, kriegt Schwierigkeiten im Leben. Überwältigt durch heftige Emotionen, trifft man leicht falsche, übereilte Entscheidungen: im Alltag, im Beruf, bei der Wahl des Ehepartners und bei vielen anderen Gelegenheiten.

Liebe und Wut machen blind, Angst lähmt (nicht nur den Verstand). Ohne *Kontrolle der Affekte* fällt man quasi zurück auf das „Stadium des Reptiliengehirns", das nämlich noch nicht denken, sondern nur Gefühle haben kann und aus denen heraus handelt.

● Wenn aber die Emotionen sehr stark sind, ermöglicht die Selbstbeherrschung die Rettung, ist die entscheidende Regulationsmöglichkeit. Durch das *Herunterregeln* (!) der zu starken Emotionen kann das Präfrontalhirn die Chancen gewaltig verbessern.

Wenn Ihre emotionale Intelligenz das aber automatisch machen soll, muss sie entsprechende Anweisungen in den Speichern vorfinden, das haben wir schon besprochen. Daher müssen Sie wenigstens im Nachhinein alles mehrfach durchdenken: „Die Situation war eigentlich eine so große Gefühlsaktivität nicht wert, ich will künftig cooler bleiben."

Und wieder ist es so: Mancher Kollege von Ihnen führt dieses erfolgreiche „Gefühlsmanagement" ganz *„automatisch"* durch, bleibt einfach ruhig. Er hat vielleicht die größere emotionale Intelligenz. Aber Sie können ihn einholen, wenn Sie Ihre Reaktion erst einmal genau kennen, richtig beurteilen und dann bei jeder Gelegenheit aktiv beeinflussen. Ihre Kompetenz wird zunehmen. Wir besprechen das gleich noch.

Vorbereitung für Angriff oder Flucht: Daher ist man bei Angst erregt

Unabhängig von der „Gefühlsautomatik" der emotionalen Intelligenz hat Ihr Verstand in solchen Situationen immerhin auch eine Chance. Gefühle müssen ja nicht gleich zu Beginn sehr stark sein. Hier kann er nun einsetzen und denken und Gegenmaßnahmen ergreifen. Oder er kann bereits im Voraus erkennen, dass ein Gefühlssturm losgehen *könnte*.

● Man müsste sich gut genug kennen, um rechtzeitig an vorbeugende Maßnahmen zu *denken*! Auch das kann man lernen.

Das gilt sogar dann, wenn der Verstand selbst die Angst erzeugt. In solchen Fällen bezieht sich die *Angst* auf sehr unwahrscheinliche *Risiken*, z. B. darauf, dass der verreiste Partner mit dem Flugzeug abstürzen könnte. Aus Angst (z. B. in einer schlaflosen Nacht) spinnt Ihr Gehirn das dann weiter, hängt eine immer länger werdende Reihe weiterer beunruhigender Gedanken an, „was dann alles noch passieren könnte, und welche Folgen das noch haben könnte ... Lebensversicherung ... Kinder ... Alltag". Es gibt eigentlich kein Ende. Man steigert sich in seine Ängste immer mehr hinein. Die Angst beflügelt die Phantasie, aber verwirrt den klaren Verstand. Diffuse, irrationale Angst tendiert zur *Eskalation*, kann Krankheitswert erreichen.

● Hier helfen – wie auch bei der Wut – *entspannende* Maßnahmen, weil der Körper in der *Angst* erregt (!) ist. Entspannen können autogenes Training oder Meditation, aber notfalls auch beruhigende Medikamente.

Übrigens: möglichst nicht zum Alkohol greifen! Alkohol ist zwar eines der besten Mittel, um das Angstgefühl zu betäuben. Aber er kann die Ursache nicht ändern. Und: Chronische Angst ist nachweislich die häufigste Ursache von Alkoholismus.

Man könnte in diesem Zusammenhang noch vieles über Gefühle und ihre Wirkungen sagen. Und man wird dann immer wieder Ansatzpunkte für die emotionale Intelligenz finden. Sie managed eben die Gefühlsreaktionen im Hintergrund.

Was ist das überhaupt, Intelligenz? Im nächsten Kapitel werden wir das erörtern. Man muss ja wissen, worüber man da redet. Wenigstens im Prinzip.

Wir werden unser Ziel, die lebenslange Weiterbildung in emotionaler Kompetenz, nicht aus den Augen verlieren. Wir werden sehen, welche Aufgabe in diesem Prozess der Intelligenz zukommt. Und wir werden dann auch besprechen müssen, wann und wie man sie selbst verändern kann.

Was konnten Sie sich aus Kapitel 4 merken?

- Leichte Angst erhöht die Leistung, starke blockiert den Verstand.

- Auch andere Emotionen wie Liebe und Wut können die Denkfunktion empfindlich beeinträchtigen.

- Durch Verstärkung der Angst (bei Schülern, Mitarbeitern) erhöht man die Fehlerquote.

- Emotionen vermindern das Konzentrationsvermögen und sind oft Ursache von schlechten (z. B. schulischen) Leistungen.

- Emotionen sollten am Ende einer Aktion abreagiert sein.

- Gefühlsstau bedeutet Stress und kann zu Fehlreaktionen Anlass geben.

- Rechtzeitiges Erkennen der eigenen Gefühlsausbrüche bietet die beste Möglichkeit, Probleme zu vermeiden.

- Angst ist ein Erregungszustand und erfordert entspannende Maßnahmen.

Ist Ihnen schon ein persönliches Ziel eingefallen?

- Stärkere Emotionen beeinträchtigen die Leistung durch Fehler oder Blockaden. Also: Sie müssen vermeiden, bei Freunden, Kollegen, Mitarbeitern störende Emotionen auszulösen.

- Angst ist wie Wut mit Erregung verbunden.
  Also: Bei Angstzuständen gerade so wie bei Zorn oder Verärgerung sollten Sie versuchen, sich zu entspannen. Tief durchatmen. Kurzmeditation.

- Die beste Gegenmaßnahme ist immer die Vorbeugung.
  Also: Versuchen Sie, das Entstehen stärkerer Emotionen im Vorfeld zu erkennen.

Das sollten Sie vorab prüfen:

Konzentrieren Sie sich doch überhaupt erst einmal darauf, Ihre Gefühle bei verschiedenen Gelegenheiten zu spüren. Überlegen Sie, wann sich im Laufe des kommenden Tages stärkere Gefühle einstellen könnten. Achten Sie dann gezielt auf Ihr Empfinden. Machen Sie es sich bewusst.

Die Kooperation von Gefühl und Verstand ergibt sich aus der Phylogenese

Warum sind Denken und Fühlen so eng und unzertrennlich verbunden? Und warum haben Emotionen, wenn sie wirklich stark werden, in Form der „affektiven Denksperre" die Oberhand? Die phylogenetische Entwicklung des Gehirns im Laufe der Jahrmillionen liefert Hinweise zum Verständnis.

Das ganze Zentralnervensystem hat sich aus einem kleinen *Stammhirn* entwickelt. Es entstanden dann zwar zusätzliche Zentren mit neuen Fähigkeiten, aber alle neuen Errungenschaften der Hirnentwicklung blieben verbunden in einem Organ. Die Entwicklung zeigt unter anderem, dass das Gefühl „zuerst" da war, erklärt, dass es in mancher Hinsicht „stärker" ist als der viel jüngere Verstand.

- Bei ganz primitiven Tieren, z. B. Würmern, vermittelt der Hirnstamm nur „primäre" Gefühle (Bedürfnisse) wie Hunger, Durst und Sensibilität. Die Rezeptoren für Hunger und Durst liegen im Zwischenhirn. Sie lösen im Zusammenhang mit der entsprechenden Gefühlsqualität Aktionen aus, die den entstandenen und festgestellten Bedarf decken sollen. Diese *Mangelmotivationen* haben Vorrang vor weniger lebenswichtigen Triebreaktionen wie der Sexualität. Es gibt also schon auf dieser Stufe eine klare Hierarchie zugunsten des Überlebens.

- Etwas höhere Tiere wie die Reptilien haben einen Mandelkern: Angst bei Auftauchen einer Gefahr löst nun den Fluchtreflex aus, Wut oder Zorn bei direkter Reizung bewirkt Gegenwehr, also Aggression. Sättigung oder Sexualität verursacht Wohlbefinden, Freude.

- Bei noch höheren Tierarten wie den Vögeln hinzukommende Hirnbereiche wie der Hippocampus gestatten die Speicherung von erlebten Sinneseindrücken (also z. B. gesehenen Bildern) als Spezifizierung von Gefühlseindrücken, aber mit ihnen fest verbunden. Dadurch kann Erfahrung, also der Vergleich mit früheren Ereignissen, eingesetzt werden. Das ist phylogenetisch der Beginn einer gewissen „Freiheit von den Genen", nämlich die Möglichkeit, sich im Bedarfsfalle auch gegen die Instinkte zu entscheiden, neue Reaktionen zu „erfinden".

- Die zusätzliche Entwicklung einer Hirnrinde bei den Säugetieren ermöglicht ein gedankliches Abwägen zwischen verschiedenen Erfahrungen und schließlich die vorausschauende Planung von Aktionen des Körpers. Mit der Fähigkeit, in die Zukunft vorauszudenken, ergibt sich die Freiheit, falsch oder richtig zu denken und zu entscheiden. Da Tieren aber ein abstraktes Denken und Abwägen nicht möglich ist, bilden auch hier die mit Erinnerungen verbundenen *Gefühle* die Basis aller Entscheidungen. Wenn beispielsweise ein Hund an einem bestimmten Hauseingang durch einen anderen Hund erschreckt worden ist, wird er in Zukunft einen möglichst großen Bogen um diesen Eingang machen. Diese auch für Tiere schon notwendigen Gefühlskomponenten der Erinnerung sind im Mandelkern gespeichert.

- Selbst bei der Weiterentwicklung dieser Hirnrinde zum Großhirn des Menschen mit der Fähigkeit zum Sprechen und zum abstrakten Denken wird die enge Verbindung zur Gefühlssphäre beibehalten. Die Vielfalt von Gefühlen musste dafür massiv erweitert werden. Resultat: Nicht nur das Großhirn, sondern auch der Nucleus amygdalae, also das Zentrum des Fühlens, ist beim Menschen viel größer als bei den Primaten.

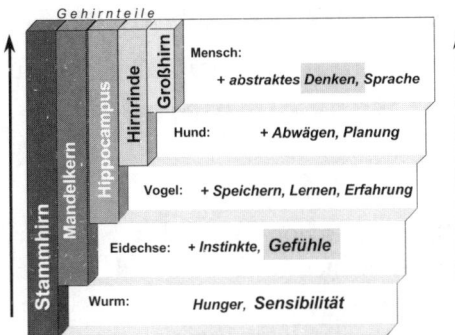

Abb. 4.2: Mit Fortschreiten der Entwicklungsgeschichte (von unten nach oben) wird aus primitiven Anfängen ein immer komplexeres Zentralnervensystem. Neue Hirnfunktionen werden möglich. Einige wichtige Stufen sind herausgegriffen. Der Mandelkern (N. amygdalae), der Sitz der Gefühle, entsteht schon bei den Reptilien. Hieraus kann man seine dominierende Stellung unter den Hirnfunktionen zu erklären versuchen. Im Laufe der Entwicklung kommt es aber auch zu einer Weiterentwicklung und Differenzierung. Dem Menschen stehen prinzipiell alle Qualitäten zur Verfügung.

5 Intelligenz und Emotion: Was Hänschen nicht lernt, lernt Hans nimmermehr

Vielleicht ist Ihnen das schon aufgefallen: Nach der herkömmlichen Definition ist der neu gebildete Begriff „emotionale Intelligenz" eigentlich in sich selbst so widersprüchlich wie „Feuerwasser". Intelligenz war bisher immer klar bezogen auf das *Denken* und den *Verstand*. Und Denken war nun mal ein Gegensatz zum Fühlen, also zu den Emotionen. Also wäre eine Intelligenz für das Fühlen unlogisch.

Glauben Sie nicht, dass Salovay, der US-amerikanische Schöpfer dieses Begriffes, nicht exakt nachgedacht hat. Seine Wortschöpfung „emotionale Intelligenz" ist korrekt, weil man neues Wissen über die Intelligenz gesammelt hat. Wie Intelligenz genau funktioniert, wie das Gehirn das im Einzelnen macht, weiß man zwar immer noch nicht. Aber man kann „Intelligenz" *definieren*. Die kürzeste und zugleich beste Formel scheint mir:

● Intelligenz ist die Fähigkeit, unbekannte Probleme zu lösen.

Und wenn man so festlegt, worum es geht, kann man es auch untersuchen und sogar testen. Das hat man vielfach getan.

Ein „unbekanntes Problem" ist schon ein einfacher *Satz*, den Ihr Gesprächspartner zu Ihnen spricht. Ihr Gehirn muss dann nicht nur herausfinden, welche Bedeutung die einzelnen Worte in diesem speziellen Satzgefüge haben und wie sie grammatikalisch aufeinander bezogen sind. Es muss den Sinn des ganzen Satzes in seinem Sinnzusammenhang, in den er vermutlich gehört, erkennen, und versucht möglichst auch gleich, Ihre intelligente Antwort darauf zu überlegen (Abb. 5.1). Und wenn die Intelligenz Ihres Gehirns groß ist, wird diese Antwort nicht nur logisch zum behandelten Thema passen, sondern vielleicht auch schlagfertig oder witzig sein. Das alles schafft also Ihr Gehirn fast augenblicklich, nachdem eine bestimmte Folge von Worten über die Ohren in die Zentren des Gehirns übermittelt wurde.

- Erkennen der Wörter
- Dekodieren der Bedeutung der Wörter
- Wortfolgen in grammatikalische Bestandteile einteilen
- Auf Verbindungen zwischen Aussagen schließen
- Frühere Konzepte im Kurzzeitgedächtnis behalten
- Auf die Absichten des Redners schließen
- Das Wesentliche erfassen
- Relevante Gedächtnisinhalte abrufen
- Konstruktion einer mentalen Repräsentation der Situation

Abb. 5.1: Sprachverständnis erfordert hohe Intelligenz. Schritte der Verarbeitung einer Information: Das Verstehen eines Satzes erfordert mehr Einzelschritte, als man gemeinhin annimmt. Sie werden vom Gehirn parallel durchgeführt und erfordern zum Teil Intelligenz (nach Brower und Morrow 1990).

Intelligenz ist auf vielen Ebenen nötig. Wenn Sie *an der Supermarktkasse bezahlen*, den Preis mit früheren Einkäufen vergleichen und das Wechselgeld überprüfen, löst Ihr Gehirn ebenfalls Probleme, die in vielen Einzelheiten unbekannt sind. Oder wenn Sie morgens im Hotel *ein Brötchen schmieren* wollen und nicht wissen können, wie hart die Butter, wie zäh der Schinken und wie stumpf das Messer ist, wie Sie also am besten die Muskeln Ihrer Arme und Hände einsetzen. Mancher stellt sich da geschickt an, mancher hat keine „Begabung" für das Meistern solcher (motorischer, kinästhetischer) Probleme. Tatsächlich sind die Leistungen des Gehirns ja auch gewaltig. Haben Sie sich schon mal klar gemacht, dass Sie beim Essen praktisch in der Spitze der Gabel und des Messers „fühlen" und denken, nicht in den Fingern, mit denen Sie das Werkzeug in Wirklichkeit führen?

Unbekannte Probleme stellen sich jedem Menschen darüber hinaus ständig im *Gefühlsbereich*. Sie müssen zum Beispiel spüren, wie Ihrem Freund gerade zumute ist, wenn Sie ihn nach irgendeinem Ereignis wiedersehen, sagen wir, nach einem Gespräch, zu dem sein Arbeitgeber gebeten hat. In Sekundenschnelle und ohne viele Worte von ihm werden Sie seine Stimmung erfasst haben und dann vielleicht verstehend auf ihn eingehen können. Selbst Ihr bester Freund bietet Ihnen also immer wieder neue zu lösende Probleme. Offensichtlich auch emotionale. Dass Sie Ihre eigenen Gefühle dann auf die seinen einstellen, werden wir im zweiten Teil besprechen. Sie haben dafür jedenfalls die nötigen Werkzeuge, nämlich Ihre emotionale Intelligenz.

Wir sind sehr vielseitig intelligent

Das und vieles mehr wird von einem Bereich in Ihrem Gehirn geleistet, der vorne hinter der Stirn liegt und den man *Präfrontalhirn* nennt. Aus den angeführten Beispielen erkennen Sie schon, dass es dort offenbar viele Arten intelligenter Prozesse im Gehirn geben muss. Das sieht die Wissenschaft erst seit wenigen Jahren so. Wir dürfen gespannt sein, was sie dort noch alles findet.

Nach Gardener (1993) kann man *acht Hauptkategorien* der Intelligenz unterscheiden, wie die Abbildung 5.1 auflistet. In diesem System ist das, was man bislang unter „der" Intelligenz verstand und heute noch für den Intelligenzquotienten (IQ) prüft, in die drei Felder sprachlich, mathematisch-logisch und räumlich-technisch unterteilt. Diese drei Bereiche werden in der Schule gelehrt. Man schätzt, dass sie etwa 20% unserer gesamten Intelligenz repräsentieren.

Aber sie alleine genügen folglich nicht für ein erfolgreiches Leben. Untersuchungen haben ergeben: Menschen, die einen sehr hohen IQ haben, erweisen sich durchaus nicht auch im täglichen Leben als überdurchschnittlich erfolgreich.

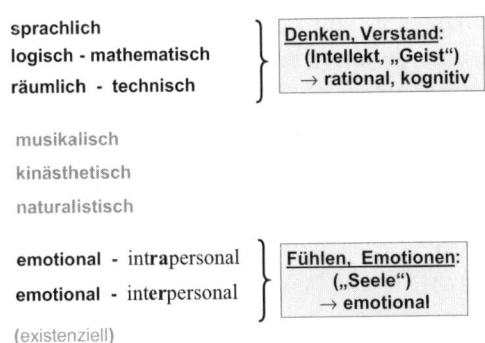

Abb. 5.2: Felder der multiplen Intelligenz: Die klassische Definition der Intelligenz als der Fähigkeit zur Problemlösung und zum Umgang mit komplexen Zusammenhängen bezog sich ausschließlich auf den sprachlichen und mathematischen, allenfalls auch auf den Bereich des räumlichen Denkens (obere Hälfte der Abb.).
Es ist vor allem das Verdienst Gardeners, intelligente Handhabung auch bei anderen Fähigkeiten des Menschen aufgezeigt zu haben. Längsschnittuntersuchungen zu Ergebnissen mittels des IQ (Intelligenzquotient) wiesen ihm den Weg. Vielfältige Befunde zum Beispiel aus der Pathologie stützen heute die Theorie von einer multiplen Intelligenz (MI). Zu ihren acht Feldern zählt auch die emotionale Intelligenz in zwei Formen.

Im *emotionalen* Bereich wird eine *intra*personale Intelligenz, die die eigenen Gefühle im Individuum managed (intra = innerhalb), von einer *inter*personalen (inter = zwischen Individuen) unterschieden. Und beide gliedert man wiederum für praktische Belange in je mehr als zehn Unterformen auf (Aufzählung der Felder im Textkasten), die sich teilweise beeinflussen, überschneiden oder auch ausschließen. Die intrapersonale emotionale Intelligenz ist Gegenstand des ersten Teils dieses Buches, die interpersonale werden wir in Teil 2 besprechen.

Damit Sie ein Gefühl für ihre Bedeutung bekommen: Manche Forscher schätzen, dass der schulische Erfolg bis zu 90% von der *emotionalen* Intelligenz abhängt: Konzentrationsvermögen, Selbstbeherrschung, Selbstwertgefühl, Selbstkritik, soziale Kompetenz usw. Wir werden immer wieder darauf zurückkommen.

So, damit haben Sie eine gewisse Vorstellung davon, wie man heute Intelligenz definiert und einteilt, und wie man sich ihre Funktion wenigstens im Prinzip vorstellen kann.

- Wenn die *Intelligenz* das *Werkzeug* ist, um Probleme zu lösen, ist die im Gedächtnis gespeicherte *Information* das *Material*, das mit dieser Intelligenz bearbeitet werden kann. Ohne diesen „Werkstoff" wäre die Intelligenz sinnlos. Und Werkstoff gibt es auch im Gefühlsbereich.

Auch lernen müssen wir in vielen Bereichen

Wie im sprachlichen oder mathematischen Bereich muss Ihr Gehirn auch im Gefühlsbereich sehr viele Informationen *lernen*, die Zuordnung der eigenen Gefühle zu Begriffen, Situationen, Reaktionen und das Erkennen derjenigen des Mitmenschen aufgrund von Mimik, Körpersprache, Tonfall.

Nach Ihrer Geburt hatte Ihr Gehirn nicht nur kein Wort und keine einzige Zahl gespeichert, es musste von Ihrer Umwelt auch das komplizierte Geflecht menschlicher Gefühlsreaktionen lernen, musste insbesondere erlernen, Gefühlsäußerungen bei Ihren Mitmenschen zu erkennen, musste Ihre eigenen Einstellungen bilden.

Vielleicht werden Sie mir diese Behauptung, dass man auch im Bereich der Gefühle lernen muss, nicht ohne weiteres abnehmen wollen. Aber überlegen Sie Folgendes: Die chinesische Sprache haben Sie vermutlich nicht gelernt. Deshalb verstehen Sie sie nicht. Aber auch ihr Gesichtsausdruck wirkt „maskenhaft" starr. Das kommt Ihnen nur so vor, weil Sie noch nicht gelernt haben, deren *Mimik* zu interpretieren. Das korrekte Erkennen und Zuordnen der eigenen Gefühle wie auch der des Gegenübers erfordert viele Jahre unbewusstes Lernen.

Wir haben gleich in Kapitel 2 von angeborenen Gefühlen gehört. Damasio nennt sie „primär", weil sie schon mit Instinkten, also angeborenen Handlungsanweisungen, gekoppelt sind.

Neue, „sekundäre" Zuordnungen von Gefühlen müssen wir überall dort lernen, wo dies unser kompliziertes zivilisiertes Leben erfordert.

- Die Mühe des Lernens wird uns von der Natur nicht ohne „Grund" zugemutet: Sie kommt so mit weniger Erbmaterial aus, und wir bleiben flexibler. Vererbt wird nur die *Fähigkeit*, überhaupt zu lernen, also die *Funktion*. Für den Rest sind wir dann selber zuständig, können das lernen, was wir gerade in unserer Umwelt brauchen.

Das kann auch nicht anders sein. Die Informationsmenge, die wir von unseren Eltern mit den Genen mitbekommen, passt größenordnungsmäßig auf eine einzige CD. Das ist für einen so komplizierten Organismus wie einen vollständigen Menschen nicht sehr viel Speicherkapazität. Da kann man nicht verlangen, dass die Eltern einem auch noch ihr ganzes Wissen vererben, oder dass man gar das ganze Wissen erbt, das man als Mensch irgendwo in der Welt benötigen könnte.

Es sind gewissermaßen nur die *Programme* auf dieser CD. Mit ihnen kann man z. B. ein leeres Gehirn wachsen lassen. Mitgeliefert werden Organisationspläne und Funktionsabläufe. Was dann alles später in die riesigen Archive dieses Gehirns hineingestellt wird, würde nie auf die CD passen. Man muss es später lernen.

Im emotionalen Bereich gibt es *Ausnahmen*. Vieles, was schon bei den Tieren an Verhaltensnormen entwickelt wurde und als Instinkt bzw. *Trieb* weitervererbt wird, weil es sich als überlebenswichtig herausgestellt hat, hat auch der Mensch geerbt. Und bei den Trieben gehören Emotionen zum Programm, zum Beispiel das Erkennen oder Ausdrücken von Drohgebärden beim Dominanzverhalten oder von Gefühlsreaktionen im Zusammenhang mit dem Sexualtrieb.

- Eines müssen Sie jedenfalls lernen, die Verknüpfung von Gefühlen, die Sie, wie schon besprochen, zusammen mit den verschiedensten Begriffen und Erinnerungsbildern empfinden. Das ist andererseits Ihre Chance, ein durch diese emotionalen Wertungen definiertes, einzigartiges *Individuum* zu werden!

In der Jugend kann man seine Intelligenz verbessern

Nun wollten wir ja eigentlich in diesem Kapitel nicht über Lernen, sondern über *Intelligenz* reden, von der die Abb. 5.4 sagt, sie sei *angeboren*. Ist sie auch. Sie ist sozusagen auch auf der CD unserer Gene. Man kann das zum Beispiel daraus folgern, dass sich der Intelligenzquotient (IQ), mit dem man einen wichtigen Teil der Intelligenz misst, nach dem 25. Lebensjahr nicht mehr wesentlich ändert, obgleich man doch das Gefühl hat, mit dem Alter schlauer zu werden. Was zunimmt, ist die *Kompetenz*, über die wir im nächsten Kapitel sprechen.

Aber in der Jugend gibt es eine interessante Besonderheit. Die Intelligenz in den verschiedenen Bereichen ist uns nämlich nicht fertig vererbt. *Vererbt* wird:

1. die grundsätzliche Größenordnung der Begabung; sie wächst und entwickelt sich im Gehirn bis zum Niveau der elterlichen Vorgaben, und
2. die Möglichkeit, sie zusätzlich mehr oder weniger effizient bis zu einer gewissen Obergrenze zu *trainieren*, und das in jedem Intelligenzbereich unterschiedlich.

Das ist nicht so kompliziert, wie es klingt: Wie intelligent Ihr Kind einmal sein wird, hängt einmal davon ab, wie leistungsstark die intelligenten Funktionen sind, die es von seinen Eltern, also von Ihnen *geerbt* hat. Seine spätere Intelligenz hängt aber auch davon ab, wie gut es diese Fähigkeiten bis zum Ende der Jugendzeit *zusätzlich geübt* hat. Das Training hilft bis etwa zum 18. Lebensjahr. Danach findet man beim Intelligenztest gleich bleibende Werte. Daraus ergibt sich nun für den Alltag eine gewaltige praktische Konsequenz, die Sie natürlich grundsätzlich kennen, aber vielleicht nicht so groß eingeschätzt haben:

● Sie können Ihren Kindern oder Enkeln gar nicht genug „unbekannte Probleme" zu lösen geben, damit sie ihre Intelligenz bis zu ihrer persönlichen Obergrenze trainieren.

Das können Geschichten sein, die Sie vorlesen und nacherzählen lassen (in der PISA-Studie war das eine der Kategorien, in der deutsche Kinder schlecht abschnitten), das können angewandte Rechenaufgaben sein, Fingerfertigkeiten (Mädchen üben nicht mehr Häkeln und Stricken und haben heute als Teenager Probleme, schnell auf der Tastatur des PC zu schreiben), Ball- und andere Geschicklichkeitsspiele, in rechtem Maße auch Computerspiele.

● Und üben müssen Sie insbesondere das Konzentrieren auf eine Aufgabe, das Einfügen in eine Gemeinschaft, das Kommunizieren mit anderen, Selbstbeherrschung, also die *emotionale* Intelligenz, deren Facetten wir im Folgenden noch besprechen werden.

Hier haben viele heutige Grundschüler besonders große Lücken. Von der Konzentrationsfähigkeit hängt aber der Lernerfolg stärker ab als von der vernunftbezogenen, rationalen Intelligenz. Diese Fähigkeiten zu trainieren, darin liegt also die eigentliche Erziehungsaufgabe. Konzentration ist gewissermaßen die psychische Energie, die man beim Lernen aufwenden muss. Jedenfalls beim Lernen von Dingen, die das Gehirn nicht angeborenermaßen von selbst aufnimmt. Und zu denen zählt das Beachten von Regeln einer Gemeinschaft.

Nicht nur Ihren Kindern oder Enkeln nützt dann die möglichst weitgehende Ausschöpfung der intelligenten Kapazität ein Leben lang. Größere Intelligenz Ihres Nachwuchses kann auch vielfältig zu Ihrer eigenen Lebensqualität beitragen: Gut erzogene Kinder strapazieren nicht die Nerven, sie machen Freude.

Früh biegt sich, was ein Haken werden will

Stopp! Nehmen Sie sich Zeit! Malen Sie sich die Bedeutung dieser Konsequenzen für Ihre Familie, für Ihr soziales Umfeld und letztlich für die ganze Menschheit aus. Falls Sie meinen sollten, diese Zeit nicht zu haben, dann sollten Sie wenigstens die Abbildung 5.3 aufmerksam ansehen.

Das Kind soll bei der Einschulung ...
- **selbstsicher und aufgeweckt sein,**
- **Verhaltensregeln befolgen können,**
- **Impulse zu schlechtem Betragen zügeln können,**
- **fähig sein, zu warten und Anweisungen zu folgen,**
- **fähig sein, Bedürfnisse zu äußern,**
- **fähig sein, mit anderen Kindern auszukommen ...**

und natürlich Lesefähigkeit besitzen!

Abb. 5.3: Emotional geprägtes Verhalten als Zeichen der Schulreife, soziale Integration als Voraussetzung für die Teilnahme am Unterricht: Im Kindergarten werden Fähigkeiten wie Basteln, Singen und Malen geübt, manchmal sogar eine Fremdsprache. Dass spätestens bis zum Ende des 5. Lebensjahres aber auch lebenswichtige Fähigkeiten der emotionalen Intelligenz eintrainiert werden müssen, wird offenbar, wenn man die zu Beginn der nächsten Lebensphase gestellten Bedingungen betrachtet. Nachweislich reifen diese emotionalen Funktionen früher als die des Verstandes. Nachweislich finden sich auch hier riesige Defizite bei heutigen Grundschülern. Bedenken Sie, dass diese Fähigkeiten die Voraussetzung sind für kompliziertere, die dann im Schulalter gelernt werden sollen (Nat. Center for Clinical Infant Programs 1992), die in einem Textkasten am Ende des Kapitels 5 skizziert sind.

Machen Sie sich Zeile für Zeile klar, was von einem Kind im Alter von sechs Jahren (mit Recht) schon alles im Bereich der emotionalen Intelligenz erwartet wird und was es nur allzu oft nicht ausreichend beherrscht! Überlegen Sie, wer ihm das überhaupt beibringt, und ob diejenige Person dafür wohl gut genug ist, zum Beispiel genug Interesse hat. Denn für das ganze Leben dieser jungen Menschen werden in dieser Phase die wichtigsten Weichen gestellt. Auch wenn es nur eine Phase von vielen ist.

Es gibt ein uraltes Sprichwort, das ich in meiner Jugend nur zu oft hören musste: „Was Hänschen nicht lernt, lernt Hans nimmermehr." Ich habe mich darüber geärgert. Warum sollte ein älterer Mensch nimmermehr lateinische Vokabeln oder mathematische Formeln lernen können? Heute weiß ich, dass man diese beachtliche Lebensweisheit in falschem Zusammenhang zitiert: Gemeint ist die *Intelligenz*, die schon der kleine Hans trainieren muss, und da besonders die *emotionale*! Die Intelligenz ist beim Erwachsenen im Wesentlichen ausgereift, haben wir schon gelernt.

Wie schafft man es aber, mit zunehmendem Alter immer noch besser zu werden, wenn der Grad der Intelligenz gleich bleibt? Wieso kann aus einem unerzogenen, speziell alle sozialen Grenzen missachtenden Kind immer noch ein umgänglicher Erwachsener werden? Wir müssen im nächsten Kapitel unbedingt noch einen neuen Begriff besprechen, der mit Intelligenz nur zu oft verwechselt oder vermengt wird: die *Kompetenz*. Sie ermöglicht uns nicht nur, mit der Zeit zu gehen, sondern auch im Alter noch in den Bereichen immer „kompetenter" zu werden, in denen es uns darauf ankommt.

Was konnten Sie sich aus Kapitel 5 merken?

- Ein hoher Intelligenzquotient garantiert nicht großen Erfolg im Leben, weil bisher nur ein Teil der Intelligenzen gemessen wurde.

- Intelligenz ist die Fähigkeit zum Lösen unbekannter Probleme.

- Die multiple Intelligenz umfasst auch die Gefühlsspäre. Ihre Zentren liegen im Präfrontalhirn.

- Intelligenz ist eine angeborene Funktion, muss aber in der Jugend trainiert werden.

- Man muss nicht nur alle Worte seiner Sprache lernen, sondern auch das Erkennen und die Zuordnung seiner eigenen Gefühle sowie derjenigen der Mitmenschen.

- Die intrapersonale emotionale Intelligenz managed viele Affektreaktionen.

- Die Grundlagen für sozial angepasstes Verhalten und damit für den Lebenserfolg werden in frühester Jugend geschaffen.

Ist Ihnen schon ein persönliches Ziel eingefallen?

- Intelligenz kann man in der Kindheit und Jugend durch Training verbessern. Also: Nehmen Sie sich vor, Kindern (spielerisch) so viele unbekannte, aber lösbare Probleme anzubieten wie möglich, bei denen auch Konzentrationsfähigkeit, Selbstbeherrschung, Kooperation oder Selbstbewusstsein nötig sind.

- Die Funktionen der emotionalen Intelligenz reifen in der Kindheit auffallend früh. Also: Vor und während der Kindergartenzeit müssen Sie sich schon mühen mit liebevollem Erklären einerseits und mit Konsequenz andererseits.

Das könnten Sie schon mal probieren:

Machen Sie mal Kinder bei jeder Form sozialen Fehlverhaltens ganz in Ruhe auf die Umstände aufmerksam, machen Sie sie ihnen verständlich und zeigen Sie geduldig Alternativen auf, anstatt einfach „Lass das!" oder gar nichts zu sagen.

Intrapersonale emotionale Intelligenz

Die emotionale Intelligenz ist vorrangig die Fähigkeit, Gefühls-
impulsen zu widerstehen und sie zu *managen*. Sie ermöglicht es
uns, die primitive Reihenfolge (Wut – Angriff) zu unterbrechen,
ermöglicht also, vor dem Handeln noch schnell zu überlegen.

Selbstbeherrschung ist die emotional intelligent gesteuerte
Fähigkeit, Affekthandlungen zu bremsen. Natürlich ist das
umso schwieriger, je stärker die Gefühlsregung ist.

Angeborenes Versagen bezeichnet der Psychologe als Borderline-Störungen. Diese Menschen reagieren übermäßig, unangemessen, unbeherrscht schon bei unscheinbaren Anlässen. Das
bringt ihnen im Alltag gewaltige Probleme.

Die emotionale Intelligenz moderiert auch Fähigkeiten, ein
zutreffendes, wahrheitsgemäßes *Modell von sich selbst zu bilden* und mit dieser Hilfe erfolgreicher im Leben anzutreten
(Gardener). Selbstsicherheit und *Selbstbewusstsein* sind Voraussetzung für ein überzeugendes und erfolgreiches Selbstwertgefühl. Wenn hier die emotionale Intelligenz versagt, spricht
man von Narzismus, einer kritiklosen Eigenliebe, die Vorzüge
massiv überschätzt und Fehler nicht sieht. (Narzissmus hat
allerdings im Kontakt mit anderen auch massive egozentrische
Züge = zusätzliches Versagen der Empathie.)

Die intrapersonale Intelligenz betrifft drittens Möglichkeiten,
sich selbst zu beeinflussen und zu verändern, Angst, Gereizt-
heit, Wut etc. abzuschütteln, bedrückende Gefühle zu bekämpfen, um sich von Aufregungen und Rückschlägen des Lebens zu
erholen (positives Denken, Belohnungsstrategien, Optimismus). Ein extremes, krankhaftes Gegenteil ist z. B. die Hysterie
bzw. histrionische Persönlichkeitsstörung, bei der keine Krank-
heitseinsicht besteht.

Kein Mensch kann übrigens in allen Feldern gleichzeitig
besonders gut sein. Jeder hat Stärken und Schwächen. Und
einige Kombinationen schließen sich mehr oder weniger aus.

So ist Gewissenhaftigkeit ein Erfolgskonzept in unteren Positionen. Begleitende Zuverlässigkeit garantiert überdurchschnittliche Leistungen. Gewissenhaftigkeit kann in gewissen Positionen aber in „Rosinenpickerei" ausarten, und sie schließt jedenfalls Spontaneität und Kreativität aus. Künstlertypen sind andererseits vom Prinzip her selten ordentlich.

Eine entsprechende Aufteilung der interpersonalen emotionalen Intelligenz finden Sie am Ende von Kapitel 17.

Felder der intrapersonalen emotionalen Kompetenz:

1.   Selbstwahrnehmung:
1.1   Die eigenen Stärken und Grenzen bewusster sehen und entwickeln ...
1.2   Die eigenen Emotionen und ihre Wirkungen genauer erkennen und richtiger einsetzen ...
1.3   Mehr Vertrauen in das eigene Können erleben und ausstrahlen ...

2.   Selbstkontrolle:
2.1   Gefühl und Impulsivität situationsgerechter am Zügel haben ...
2.2   Gewissenhaftigkeit und Vertrauenswürdigkeit vorleben und durchsetzen ...
2.3   Sich aktiver und geschickter an den Wandel und Fortschritt anpassen können ...

3.   Motivationsfähigkeit:
3.1   Zielgerechter nach Leistung und Wettbewerb streben ...
3.2   Sich engagierter und selbstverständlicher für die Ziele der Gruppe einsetzen können ...
3.3   Alle Chancen origineller und mit natürlichem Optimismus anpacken ...

Einige Begriffe sollten wir definieren und miteinander verbinden

Talent und Begabung (Säule in Abb. 5.4) bedeuten etwa das Gleiche. Man könnte sie sich als einen Schrank für das Gedächtnis im Gehirn vorstellen mit vielen Fächern oder Schubladen. Jeder weiß, dass diese individuell unterschiedlich leicht zu füllen sind: Der eine kann sich gut Zahlen merken, der andere Namen, ein Dritter Melodien oder Geschicklichkeitsübungen. Vermutlich sind sie auch unterschiedlich groß angelegt. Aber dank enormer Plastizität vermag sich das Gehirn an spätere Bedürfnisse zu adaptieren.

Diese individuell unterschiedlich große *Fähigkeit zum Lernen* ist angeboren. Schon der Regenwurm kann (sensorische Fähigkeiten) lernen. Vererbt wird auch die Fähigkeit, in den „Schubladen" eine gewisse Ordnung zu halten.

Auch im Emotionalen kann man mehr oder weniger talentiert sein, also gefühlsbetont oder eher gefühlskalt. Man kann dann dazulernen, wenn man will, aber es fällt schwerer, ist nicht selbstverständlich. Damit können wir schon jetzt die allgemeine Lebenserfahrung erklären, dass kluge Leute nicht auch besonders einfühlsam sein müssen. Sie können über geringe zwischenmenschliche Kompetenz verfügen, arrogant oder gefühlsarm sein.

Das *Wissen* (zweite Säule in Abb. 5.4), also die Gedächtnisinhalte, muss man im Laufe des Lebens in seine Speicher hineinlernen. Ein Neugeborenes kann kein einziges Wort, kennt keine Zahl, beherrscht keine koordinierte Bewegung. Wissen und Können wird also erworben. Das gilt auch für die meisten Emotionen! Das Gefühl „Angst" ist angeboren. Aber Angst vor der heißen Herdplatte, vor Spinnen, vor dem Lehrer oder Chef lernt man. Das gilt auch für Gefühle wie Ehrgefühl, Vaterlandsliebe, Fremdenhass usw.

Mit dem gelernten Wissen arbeitet dann die (angeborene) *Intelligenz (dritte Säule in Abb. 5.4)*. Schon das Formulieren oder Verstehen eines gescheiten Satzes ist intelligent, wie man spätestens weiß, seit man sich bemüht, Computern Sprachverständnis beizubringen („künstliche Intelligenz", vgl. Abb. 5.1). Viel mehr ist es noch eine schlagfertige Antwort. Mancher hat den Dreisatz eingepaukt, aber erst dessen Anwendung auf Probleme des Alltags ist intelligent. Hohe Intelligenz ist folglich wichtig in Berufen mit häufig wechselnden Konditionen, auf die man dann Lösungen finden muss. Das kann sich auch auf handwerkliches „Geschick" beziehen. Mancher scheint zehn Daumen zu haben.

Begabung Talent	Wissen	Intelligenz	Erfahrung
Sprache	Worte	Schlagfertigkeit	Diskussion
Mathematik	Einmaleins	Dreisatz	Prüfer
Technik	Lehre	Erfinder	Meister
Musikalität	Singen	Improvisation	Dirigent
Bewegung	Gehen	Klettern	Profi
intrapersonal	Emotionen	Selbstbeherrschung	Selbstbewusstsein
interpersonal	Empathie	Teamarbeit	Führung
angeboren	erlernt	„angeboren"	erworben
„Warenlager"	„Baumaterial"	„Werkzeug"	„Fertigteile"

Abb. 5.4: Wichtige Begriffe und ihr Bezug zur Intelligenz. Funktionen und Speicher im Gehirn: Horizontale Zeilen: Zuständigkeiten der Intelligenzfelder. Die Begabung (auch „Talent") ist angeboren. Es sind Speicher für verschiedene Bereiche, die unterschiedlich groß und unterschiedlich gut zugänglich sind. Wissen, also Zahlen und Formeln, muss man in die „Speicher" der Begabung hineinlernen, aber auch das Zuordnen und Erkennen von Gefühlsregungen. Die optimale Anwendung der Speicherinhalte in neuen Situationen erfordert Intelligenz. Erst durch das Erwerben von Erfahrung (die auch als ein Teil des Wissens abgespeichert wird) wird man zum Meister. Festzuhalten ist besonders, dass man Wissen und Erfahrung lebenslang praktisch unbegrenzt hinzulernen kann. Im unteren Teil wird ein – stark hinkender – Vergleich mit dem Baugewerbe versucht.

Erfahrung (vierte Säule) ist schließlich die Erinnerung schon gefundener intelligenter Lösungen. Auf ihnen kann man aufbauen. Sie ermöglichen meisterhafte Leistungen. Man hat gewisse Vorstellungen davon, wie das Gehirn eines Erfahrenen arbeitet (Damasio). Wer sehr erfahren ist und das im Leben auch anwenden kann, hat vermutlich seine Erinnerungen stark schematisiert und hoch rationell und auf das Wesentliche reduziert abgespeichert. Wenn er für eine spezielle Aufgabe nun Lösungen in seinem Gedächtnis sucht, zeigen die Erinnerungsbilder auch nur das Wichtige und sind damit leichter „durchzumustern".

Wissenswertes – Nachdenkliches

Stichworte zur sozialen und emotionalen Entwicklung des Kindes

Kindergarten:
Einübung grundlegender sozialer Emotionen:
  Kommunikationsfähigkeit, Kooperationsbereitschaft,
  Selbstwahrnehmung, Selbstvertrauen.
                                          (>>> Schulreife!)
Grundschule:
sozialer Vergleich:
  Impulskontrolle: Selbstdisziplin, Selbstwertgefühl,
  soziale Anpassung: Beliebtheit und Attraktivität.
Pubertät:
soziale Integration und Phase der Versuchungen:
  Freundschaften, Verantwortung, Konfliktlösung,
  Vorzeigeregeln; Sexualität, Rauchen, Alkohol, Drogen.

Abb. 5.5: Phasen der sozialen Entwicklung: Die soziale Entwicklung von Kindern und Jugendlichen ist fast gleichzusetzen mit derjenigen ihrer emotionalen Intelligenz. Die Abb. zeigt nur einige Schwerpunkte eines langfristigen Prozesses. Größten Einfluss auf diese Entwicklung haben zunächst die Mutter und die Geschwister, dann Kindergärtnerinnen und, schon eingeschränkt, Lehrer. Ab dem 12. Lebensjahr kommt der „Peer-Group", also gleichaltrigen Freunden, mit Abstand die größte Bedeutung beim sozialen Lernen zu. Die Weichenstellung für Fehlentwicklungen findet sehr häufig schon in den ersten Lebensjahren statt (nach D. Hamburg).

Richtige Erziehung muss Schwerpunkte setzen, wie sie in Abb. 5.5 angedeutet sind. Sie darf aber das Kind auch nicht überfordern. Dazu hier ein Hinweis, der hinsichtlich der Hirnentwicklung interessant ist.

Es gibt im Gehirn ein *Belohnungs- und Motivationssystem* (s. Kap. 2), das die Reaktionen auswählen hilft, die dem Individuum am liebsten und am meisten förderlich sind. Das System schließt Funktionen der emotionalen Intelligenz mit ein. Es reift langsam, etwa bis zum 14. Lebensjahr.

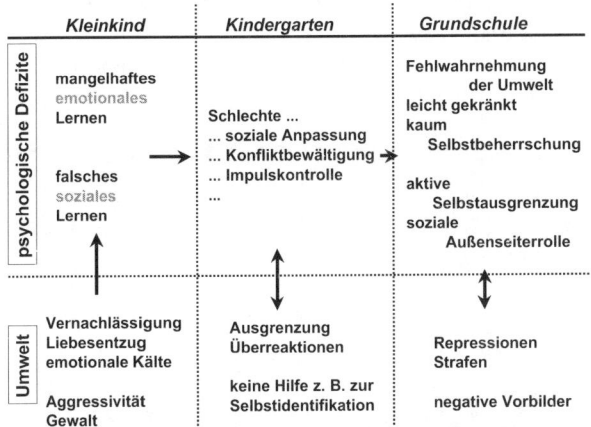

Abb. 5.6: Der Weg in die Aggressivität (Kriminalität). Rekonstruktion „typischer" Entwicklungen: Abgleiten in ein antisoziales Verhalten wird in vielen Fällen vermutlich sehr früh programmiert, und zwar interessiert hier die Beeinflussung durch die Umwelt (linke untere Ecke). Wenn es schlecht vorbereitet ist, wird das Kind schon im Kindergarten Probleme bekommen. Es verhält sich unangepasst und provoziert Fehlreaktionen der Umwelt. Hier hat es vermutlich die letzte Chance, durch verständige Erzieherinnen auf den rechten Weg gebracht zu werden, denn andernfalls befördern die Spielkameraden eine Eskalation. Im Schulalter findet der Außenseiter zu Gleichgesinnten und beginnt, sich aktiv ins Abseits zu stellen. Obere Hälfte: Lernen und Verhalten. Untere Hälfte: Nachteilige Einflüsse verstärken die Fehlentwicklung (in Anlehnung an Raines et al. 1994).

Frühestens dann können wir von ihm Höchstleistungen erwarten. Zu denen gehört, dass man kurzfristige Ziele hintanstellen kann, um *höherwertige* zu erreichen. Aber schon im Kindergarten kann die Hälfte der Kinder auf eine verlockende Süßigkeit verzichten, um dadurch etwas später eine zusätzliche Belohnung zu erhalten.

Erst etwa mit der Pubertät kann das System das leisten, was man unter *Altruismus* versteht: das Zurückstellen eigener Vorteile zugunsten derjenigen eines anderen Menschen. Und erst dann ist Verantwortung möglich (s. Abb. 5.5), und frühestens dann Schuldfähigkeit.

Man hat Altruismus als die höchste zu erlernende Kulturleistung des Menschen bezeichnet.

6 Kompetenz und Ethik – ein Leben lang immer besser werden

Vermutlich wird Ihnen der Einwand schon lange auf der Zunge liegen, dass man doch schon im Studium und der Ausbildung, mehr noch in seiner ganzen Berufszeit immer besser, immer gescheiter, immer geschickter, immer weiser wird. Wie passt das zusammen mit der Erkenntnis, dass der Intelligenzquotient nach dem 18. Lebensjahr nicht oder kaum mehr zunimmt?

Wir wollen nicht den Intelligenzquotienten diskutieren. In unserem Zusammenhang ist interessant, dass wir den *Unterschied zwischen Intelligenz und Kompetenz* klären.

Kompetenzen kann man lebenslang erwerben

Kompetenz ist der wesentlich weitere Begriff, Kompetenz *umfasst* die Intelligenz *und* das Gelernte. *Intelligenz* hatten wir im Textkasten mit dem Werkzeug verglichen, mit dem man das in den Gehirnzentren abgespeicherte Wissen bearbeiten kann. *Kompetenz* ist nun das, was Sie mit Hilfe Ihrer Intelligenz aus Ihrem Wissen tatsächlich machen, ist ein Spektrum von möglichen Resultaten, von Chancen. Die Abbildung 6.1 soll das verdeutlichen und zeigen, dass zur Kompetenz natürlich auch Wertvorstellungen gehören. Die Einstellung zu den Dingen ist ja oft das Entscheidende.

- Kompetenz baut auf Ihrem Wissen und Ihren damit verbundenen Einstellungen und Wertvorstellungen auf. Wissen und zugehörige Emotionen sind aber erworben. Sie können mehr davon erwerben, Sie können ein Leben lang dazulernen.

Das mag im Alter etwas mühseliger werden. Aber Sie können beruhigt sein: Man hat noch nie nachgewiesen, dass ein Gehirn

voll gewesen wäre, man kann sich auch nicht vorstellen, dass
das passieren könnte (sofern keine Krankheit die Hirnfunktion
beeinträchtigt).

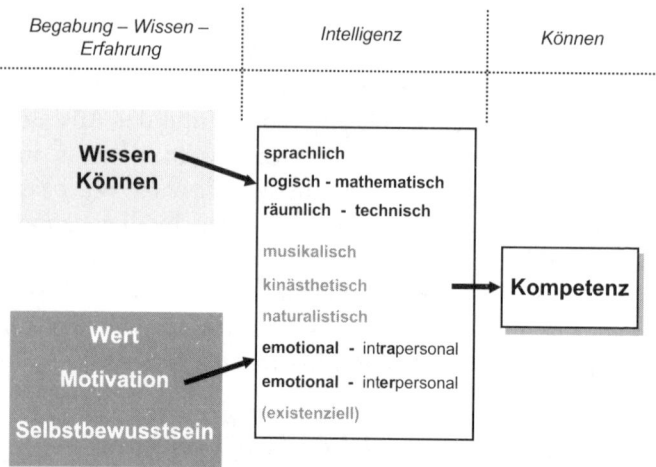

Abb. 6.1: Intelligenz ist ein essentieller Teil der Kompetenz (Modifikation der Abb.
2.2): Die Kompetenz ist projektorientiert: Sprache lernen, Computer programmieren,
Blumen züchten, Figuren schnitzen. Sie erwächst aus einer Kombination von speziel-
lem Wissen und/oder Können einerseits und Leistungen des emotionalen Systems wie
Motivation, Selbstbewusstsein andererseits. Auch die persönliche Wertung und Erfahrung gehen mit ein. Je nach Aufgabenbereich werden ein oder mehrere Intelligenz-
funktionen bei der Planung und der Ausführung aktiv. Kompetenz bezeichnet die Fähigkeit, mit diesem „Material und Handwerkszeug" intelligent umgehen zu können.
Wissen und Einstellungen können ein Leben lang vermehrt und verbessert werden, damit auch die Kompetenzen.

Wir könnten auch den Vergleich in Abb. 5.4 ausbauen: Wissen entspricht dem Material im Handwerk, und Intelligenz entspricht dem Werkzeug. Die Natur ist ein sparsam kalkulieren-
der Investor. Sie „weiß", dass es wenig nützen würde, immer
schönere und neuere *Werkzeuge* anzuschaffen, die dann unge-
nutzt herumliegen. Die Investition in das Werkzeug muss arbeiten, ausgenützt werden, Werte erzeugen. Dafür braucht man

eher viel *Material*, eine möglichst große Auswahl, immer besse-res. Also brauchen wir Wissen! Nach dem 18. Lebensjahr hilft nur noch, *dazuzulernen*, um Besseres zu erreichen. Die Mög-lichkeiten, die in der vorhandenen Intelligenz für die Bearbei-tung von wachsendem und immer wertvollerem Wissen liegen, nennt man *Kompetenz*.

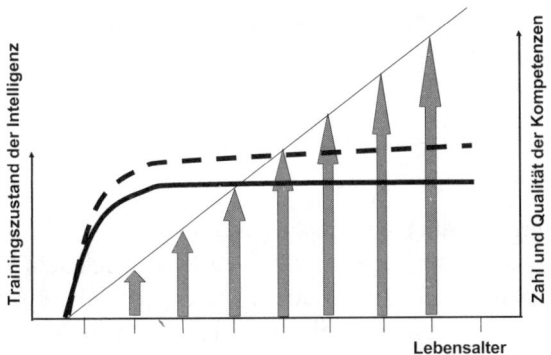

Abb. 6.2: Intelligenz ist uns überwiegend gegeben, Kompetenz müssen wir uns erar-beiten. Die Intelligenzen sind Funktionen, mit denen man sich an Bedürfnisse der Um-welt anpassen und beabsichtigte Aktionen durchführen kann. Sie sind angeboren und entwickeln sich in Abhängigkeit vom „Training" bis etwa zum 18. Lebensjahr. Nur viel-seitiges Üben (gestrichelte obere Kurve) führt zu optimalen Voraussetzungen für die spätere Lebenstüchtigkeit. Das relativ einfache „Erbe" der Gene erhält dadurch eine bemerkenswerte Flexibilität. In Form der Kompetenzen kann man aus dem Erbe viel machen, mit ihm „wuchern".
Die Kompetenzen (Pfeile) beruhen auf der Eignung der „Werkzeuge", hängen aber von Wissen, Erfahrung, Geschick, Ausdauer und anderen Faktoren, auch von den äußeren Umständen, ab. Kompetenz wird erworben und ist nicht altersabhängig begrenzt.

Folglich können Sie Ihre Kompetenzen ein Leben lang ver-mehren, im beruflichen wie im privaten Bereich, im fachlichen wie im sozialen, auch wenn Ihre Intelligenz, mit der Sie dieses Wissen *bearbeiten*, immer gleich bleibt. In wie vielen Bereichen Sie schließlich kompetent sind, hängt ab davon, wie viel Energie

Sie investieren, um das zugehörige Wissen auf dem Laufenden zu halten und zusätzliche Erfahrungen zu sammeln.

In dieser Beziehung hat übrigens die Industrie dazugelernt. Man entlässt bei Arbeitsmangel nicht mehr einfach zuerst die alten Mitarbeiter, weil die jungen schneller denken können und kreativer sind. Wer viel Wissen angehäuft hat, ist oft von größtem Nutzen. Bedingung: Er muss es flexibel handhaben können. Altes Wissen kann nämlich auch Barrieren aufbauen *gegen* den Erwerb von neuem.

Führungskompetenz, Teamkompetenz, soziale Kompetenz...

Wir sollten nun aber wieder zu unserem Thema zurückkehren: „Emotionale Kompetenz". Jetzt wird Ihnen vielleicht erst auffallen, dass im Titel dieses Buches von emotionaler *Kompetenz* und nicht von *Intelligenz* die Rede ist. Auch im Emotionalen gibt es Kompetenzen, und diese kann man im Erwachsenenalter vermehren. Man kann sich durch hervorragende *soziale oder emotionale Kompetenz* auszeichnen (z. B. Führungsaufgaben, Teamfähigkeit, Menschenkenntnis, Lehren, Betreuung Suchtgefährdeter).

Eine solche Kompetenz hatten wir schon angesprochen: die Fähigkeit, sich an eine soziale Gemeinschaft (Betrieb, Familie) in verschiedensten Situationen anzupassen. *Anpassung* mit Hilfe der *Selbstbeherrschung*, und die hatten wir als besonders wichtige Form der emotionalen Intelligenz, also als wichtiges „Werkzeug", charakterisiert.

Selbstbeherrschung erschöpft sich aber nicht in der Anpassung an Etikette und Ähnliches. Vielleicht fällt es Ihnen jetzt gerade auch ein: Beherrschen kann man sich ja auch gegenüber *Verlockungen*! Sie hatten das ganz am Anfang schon überlegt, als Sie sich in der Kantine für Obst anstatt für einen fetten Big-Mac entschieden hatten.

- Nun könnten Sie ja auch noch anderen Verlockungen ausgesetzt sein: Wer einer Verlockung nicht widerstehen kann, ist gegen *Bestechlichkeit* nicht gefeit! Er könnte unzuverlässig sein, ja, vielleicht unterliegt er der Versuchung, zu *stehlen* und zu *betrügen*!

Ethische Gebote werden gegen Egoismen und Verlockungen aufgebaut

Damit kommen wir auf die Ethik zu sprechen (Definition siehe Kasten). Ethisches Verhalten ist die höchste Form menschlicher Kompetenz. Stete Übung und Vervollkommnung derselben wäre ein wichtiger Vorsatz auch hier in unserem Selbstmanagement. Er sollte natürlich der wichtigste Inhalt aller Pädagogik sein.

Alle ethischen Gebote oder Gesetze dienen als Grenzen, die von der Gemeinschaft aufgestellt werden gegen natürliche Beweggründe des Individuums. Das beginnt mit den zehn Geboten. Diese Egoismen würden der Gruppe schaden. Du darfst dem anderen nicht sein Eigentum wegnehmen, auch wenn Du es gut gebrauchen kannst oder Du es Dir sehr wünschst. Diese „niederen" persönlichen Gründe muss das Individuum *unterdrücken*, um den „moralischen", höheren Zielen zu genügen. Wer also Selbstbeherrschung hat, kann nicht nur gut angepasst an seine Gesellschaft handeln, sondern er handelt *auch moralisch gut*.

- Wir sollten eine *positive* Sicht auf die Selbstbeherrschung versuchen. Man muss sie nämlich *nicht* als Unterordnung unter Gesetze verstehen und dann gar im Rahmen antiautoritärer Erziehung verdammen. Man kann sie auch gleichsetzen mit dem *Willen*, ein gutes Mitglied der Gemeinschaft zu sein.

„Tue Gutes, dann fühlst Du Dich besser"

Die Gebote, Gesetze usw. appellieren ja an unsere *Vernunft*. „Du sollst dem Schwachen helfen." Da wir vernünftig sind, verstehen wir diese Appelle und halten sie für richtig. Also haben wir sie ja wohl auch mit dem emotionalen Marker versehen: „Dies ist mir besonders wichtig!" Folglich werden wir bei unseren Entscheidungen gemäß dieser emotionalen Einstellung unsere *Willenskraft* einsetzen – solange nicht stärkere Argumente dagegen zu sprechen scheinen.

- Als Willenskraft definiert man die Fähigkeit, auf einfach zu erreichende Ziele zu verzichten, um stattdessen fernere, aber höhere und lohnendere Ziele anzustreben.

Setzen wir nun unsere Willenskraft nur ein, weil wir moralisches Verhalten *verstandesmäßig* als wichtig erkannt haben? Sicher nicht nur. Unsere Gefühle und deren Management spielen auch mit. Entscheidend sogar.

Kein Mensch unterdrückt nämlich Affekthandlungen oder gar persönliche Wünsche ohne Sinn und ohne *persönlichen Vorteil*! – Du entscheidest Dich zur guten Tat, weil Du weißt, dass sie gelobt, vielleicht eines Tages sogar vergolten wird, hauptsächlich aber, weil Du Dich danach gut fühlst. (Wir werden über das gute Gewissen und das Gefühl dabei in Kapitel 9 nachdenken.) – Mancher Moralist hört das nicht gerne. Aber das hatten wir ja schon festgestellt: Jeder macht möglichst das, was die eigenen emotionalen Marker als das Liebste oder als (relativ) geringste Last bezeichnen. Die Natur hat uns das in die Gene gelegt.

Und dann ist es klüger und ehrlicher, liebe Leserin, lieber Leser, wenn Sie sich ganz nüchtern klar machen, dass Sie selbst letztendlich nur ethisch richtig *handeln wollen*, weil das in dieser Welt langfristig mit größerer Wahrscheinlichkeit *Vorteile bringt* und wir uns dann besser *fühlen*. Vorteile für die Gemeinschaft und ein gutes Gefühl für Sie selbst. Das ist kein schlechter

Standpunkt. Wenn *alle* so denken und dann auch *handeln* würden, wäre die Welt schon fast in Ordnung.

Ich muss nicht auch noch auf die Pfadfinderregel hinweisen, dass man *täglich eine gute Tat* tun sollte. Das fordern viele als Uneigennützigkeit. Aber warum sollte man nicht das Gute tun, weil man sich nachher besser fühlt? Ich spreche die Hoffnung aus, dass Sie jetzt in Erwägung ziehen, vielleicht sogar mehrere tägliche gute Taten ganz bewusst zu *erleben*, sich darauf zu konzentrieren – der *guten Stimmung* oder gar Freude wegen. Sie müssen ja nicht darüber reden.

Nach diesem eher philosophischen Ausflug sollten wir uns noch einmal auf die psychologische Theorie zurückbesinnen. Nehmen wir das Schema der Erwartungs-Wert-Theorie in Abbildung 2.2. Ethisches Handeln ist eine Sonderform des Prinzips Handeln. Wir erkennen die Bedeutung der emotionalen Komponente auch in diesem Spezialfall.

- Zum *ethisch korrekten Handeln* brauchen Sie beides:

1. *im Rationalen die Kenntnis* der ethischen Vorgaben (Gebote) und ihren Geltungsbereich sowie die Überzeugung von deren Notwendigkeit,
2. *im Emotionalen den Marker,* dass Sie diese Regel als besonders gut und wichtig empfinden, dass sie Ihnen Freude bereitet.

Erfolgreiche Handlungen werden Sie mit dem emotionalen Marker „Das war schön" versehen. Erinnerungen an Zuwiderhandlungen werden Sie andererseits mit Markern wie „Angst vor Strafe" charakterisieren. Unter vielen Möglichkeiten werden Ihre Intelligenzen dann bei der nächsten Gelegenheit die gute Handlungsmöglichkeit auswählen können. Es lohnt sich, bewusst darauf hinzuarbeiten.

Damit befinden wir uns im Zentrum dessen, was uns an einem Menschen wichtig ist, bei seinem *Charakter.* Denn wenn Sie jetzt mal eben den Charakter eines bestimmten Kollegen beschreiben sollen, werden Sie vermutlich zuerst überlegen, wie ehrlich und gerecht er zum Beispiel ist, ob er als hilfsbereit oder zuverlässig gilt, und Ähnliches. Ethische Verhaltensweisen bestimmen maßgeblich das, was wir unter Charakter verstehen.

Aber wir haben soeben angedeutet, dass man künftig öfter ethisch richtig handeln sollte, zum Beispiel, weil man sich dann besser fühlt. Wenn man das so einfach kann, nämlich *öfter* als bisher als guter Mensch handeln, dann unterstellen wir, dass man seinen Charakter *verbessern*, dass man sich z. B. ändern kann, falls man vorher egoistisch war. Sie trauen sich selbst diese Entwicklungsmöglichkeit vermutlich eher zu als Ihrem Kollegen.

Sie können das beide. Im nächsten Kapitel wollen wir überlegen, wie das funktionieren kann, den Charakter zu ändern.

Was konnten Sie sich aus Kapitel 6 merken?

- Schon im Kindergarten müssen soziale Kompetenzen geübt werden.

- Selbstbeherrschung steuert durch Widerstehen gegenüber Versuchungen das moralisch korrekte Verhalten.

- Ethik gibt die Richtschnur für unser tägliches Verhalten vor.

- Auf emotionaler Intelligenz beruht Verantwortungsgefühl, soziales Engagement und ethisches Verhalten.

- Kompetenz ist die intelligente Anwendung von Wissen in einem Spezialbereich.

- Kompetenzen kann man ein ganzes Leben lang erwerben und vertiefen.

- Gefühle helfen bei der Entscheidung zu ethisch korrektem Verhalten.

Ist Ihnen schon ein persönliches Ziel eingefallen?

- Selbstbeherrschung bezieht sich nicht nur auf Anpassung an die Gesellschaft, sondern auch auf Verlockungen. Also: Trainieren Sie Ihre Fähigkeit bewusst gegenüber den Verlockungen, die Ihnen die größten Schwierigkeiten machen.

- Über die Einhaltung der Regeln der sozialen Gemeinschaft wacht das Gewissen. Das Befolgen wird mit guter Stimmung belohnt. Also: Schon wegen des Nahziels einer guten Stimmung könnten Sie sich eine tägliche gute Tat angewöhnen, um dann Ihr gutes Gewissen zu genießen. Tue Gutes und ... freue Dich darüber.

Das könnten Sie schon mal prüfen:

Überlegen Sie mal, wie oft am Tag Sie nach ethischen Kriterien handeln und welche Gefühle Sie dabei und danach haben.

Ein gut gemeinter Rat:

Achtung! Noch ein wichtiger Hinweis!

Da Sie diese Seite lesen, gehören Sie offenbar zu denjenigen, die ein gewisses Interesse an den Vorschlägen für gute Vorsätze haben, vielleicht sogar deren Umsetzung versuchen wollen.

Es sind viel zu viele solche Tipps. Sie schaffen letztlich nur einen oder wenige im nächsten halben Jahr. Aber markieren Sie sich alle, die vielleicht infrage kommen, auf der Übersichtsliste im Anhang. Später wählen Sie dann den besten Vorschlag aus!

Ethik – Moral – Sittlichkeit

Die Beschäftigung mit *Ethik* ist keine Domäne der Philosophen. *Moral* ist nicht nur den Predigern zu überlassen. *Sittlichkeit* ist kein Problem von gestern.

Die drei Begriffe stehen etwa für den gleichen Sachverhalt. Die internationale Fachwelt hat sich nicht auf klare Unterscheidungen einigen können. Wir können sie also getrost gleichsinnig gebrauchen.

Aber alle drei Worte stehen für einen der wichtigsten Begriffe *in unserem Alltag*. Das *soziale Zusammenleben* der Menschen, aber natürlich auch unsere individuelle *soziale Kompetenz* ist von Ethik geprägt, beruht auf ihr.

Ethik setzt *Normen für unser Verhalten*. Am bekanntesten und besonders treffend ist die Definition von Kant: „Handle immer so, dass Dein Handeln als Richtschnur für alle anderen gelten könnte." In die Sprache des Volksmunds übersetzt: „Was Du nicht willst, das man Dir tu', das füg' auch keinem andern zu!"

Grundsätzlich mag es darum gehen, sich nach den anderen Menschen zu richten. Schließlich kann der Mensch nur in der Gemeinschaft existieren.

Aber aus der Sicht dieser Schrift, aus unserem persönlichen psychologischen Anliegen, geht es um die Frage, nach welchen *Werten* wir unser Leben ausrichten sollen, welche Zwecke und *Ziele* wir verfolgen wollen. Die Ethik gibt die Antwort.

Ethik kann die klügsten Köpfe beschäftigen. Es gibt sehr schwierige ethische Probleme, etwa ob das Töten von Menschen durch Todesstrafe oder ob Abtreibung nötig oder zu rechtfertigen ist, oder ob man Menschen klonen darf. Lassen Sie sich dadurch nicht einschüchtern.

Im Alltag haben wir alle ständig über ethische Werte, die jedem verständlich sind, wie *Ehrlichkeit* oder *Verlässlichkeit*, ja über banale Grundsätze wie Sauberkeit und Ordnung, zu entscheiden, bevor wir handeln. Ob wir *aufrichtig* sind, *taktvoll*, *hilfsbereit*, das sind alles Fragen der Moral.

Wir beurteilen andere danach, und wir werden danach beurteilt, ob diese *Gesetze* (oder besser *Regeln*, weil es Ausnahmen für besondere Umstände gibt) mehr oder weniger gut eingehalten werden, täglich und stündlich. Ethik gibt die *Richtschnur für unseren Alltag* vor.

Es ist eine Glaubensfrage, ob diese Gebote und Regeln von Gott oder anderen Mächten gegeben oder von Menschen erdacht sind. Die rasche Entwicklung unserer Welt erfordert offenbar Anpassungen an die zunehmende Komplexität unserer Zivilisation. Aber in jedem Falle ist die Befolgung nötig.

Jedenfalls können wir nicht ausweichen, über Moral oder Ethik nachzudenken, wenn wir über soziale Kompetenz im Allgemeinen und über die Verbesserung unserer persönlichen Verhaltensweisen im Speziellen nachdenken wollen.

Man hat natürlich versucht, die Zentren für diese Höchstleistungen im menschlichen Hirn zu finden. Wenn gewisse Bereiche des *Stirnhirns* („orbitofrontal") zerstört werden, kann der Mensch weiterhin gut leben und denken. Aber er ist dann halt- und hemmungslos, rücksichtslos gegenüber Mitmenschen, sozial unangepasst, nicht mehr tragbar.

In diesem Zentrum sind offenbar jene hochwertigen Regeln gespeichert, die im Laufe des Lebens als „soziale Kompetenz" gelernt werden. Hier vergleichen die verschiedenen Intelligenzen den „Istwert" eines aktuellen Vorhabens mit dem „Sollwert" eines korrekten Verhaltens.

Hier wird gut und böse unterschieden, hier werden ferner die Umstände gewertet, die die gegenwärtige Umwelt bietet, denn ihretwegen macht man ja oft nicht das, was man eigentlich als moralisch optimal ansieht. Das fertige Handlungskonzept wird dann offensichtlich wieder mit dem Sollwert verglichen und erzeugt dann schon mal ein Gefühl im Sinne des *Gewissens*, das dann nach der Handlung endgültig drückt oder erfreut.

Siehe dazu auch Kapitel 9.

7 Wer will an seinem Charakter arbeiten?

Da wir ja eingangs die Erinnerung an die letzte Silvesternacht heraufbeschworen hatten, möchte ich noch schnell fragen, ob Sie auch einen guten Vorsatz fürs Neue Jahr hatten. Jeder hat ja irgendeine Unart, von der er eigentlich lassen sollte, oder er weiß, dass ihm eine gewisse vorteilhafte Eigenschaft gut tun würde. Der Jahreswechsel ist dann eine willkommene Zäsur, endlich etwas wirklich zu wollen, das man bislang nicht so recht durchsetzen konnte.

Vielleicht sind Sie aber aus dem Alter der guten Vorsätze schon heraus, haben längst die Erfahrung gemacht, dass es gewöhnlich beim Vorsatz bleibt, dass man damit dann doch nicht wirklich ernst macht – oder jedenfalls nur gelegentlich. Woran liegt das? Am schwachen Willen? An der falschen Taktik? Oder ist man nun mal so, wie man ist, und da hat das alles keinen Sinn?

Sicher hat das Sinn. Wenn man will, kann man sich ändern. So grundlegend sogar, dass andere es als Persönlichkeitsveränderung anerkennen müssen.

Erlebnisse können uns verändern

Sehr viel häufiger allerdings werden wir durch äußere Umstände, vielleicht sogar durch Sachzwänge verändert. Es gibt da mehrere Wege.

Änderungen gewisser Charakterzüge können *plötzlich*, nämlich durch *Schlüsselerlebnisse* zustande kommen. Stellen Sie sich vor, Sie hätten eine Nachbarin, die Sie nicht mögen und kaum beachten, weil sie immer brummig ist und, wenn überhaupt, kaum zurückgrüßt. Durch Zufall kommen Sie mit ihr ins

Gespräch und erfahren, dass sie wegen einer Augenkrankheit fast nicht sehen kann, dass sie Sie also über die Straße hinweg nicht erkennt, und dass das mit einem sehr schweren Schicksal zu tun hat. Die neue Information ändert nicht nur Ihre *rationale* Einschätzung. Sie werden Ihre *emotionale* Einstellung zu dieser Frau und damit auch Ihr künftiges Verhalten ihr gegenüber ändern. Auf ähnliche Weise wird jeder gelegentlich – wenigstens in kleinen Dingen – schon „vom Saulus zum Paulus" geworden sein.

Viele Einstellungen ändern sich andererseits gleichsam schleichend mit *neuen Erfahrungen*. Durch steten Kontakt kann man zum Beispiel einen Mitmenschen schrittweise verstehen und achten lernen, oder man kann einen Gebrauchsgegenstand zunehmend lieber haben, eine Speise mehr mögen oder auch ihrer langsam überdrüssig werden. Man passt sich immer besser an, man wird vielleicht immer gelassener, weil Aufregung doch nichts nützt, und nennt das schließlich „Weisheit des Alters".

● Wenn sich nun eine Änderung des Verhaltens und gewisser Charaktermerkmale ohnehin ständig vollzieht, leuchtet Ihnen sicher ein, dass es auch möglich sein müsste, auf diese Entwicklung aktiv Einfluss zu nehmen.

Man muss ja nur bewusst und gezielt an den gleichen Mechanismen ansetzen, an denen auch die ungewollten Persönlichkeitsveränderungen wirken. Und die werden wir besprechen.

Wie war das bei der Nachbarin? Eine wichtige neue Information haben Sie erhalten, nämlich dass sie Sie ja auf größere Entfernung gar nicht erkennen kann, und Sie haben diese Information mit einer neuen *Emotion*, nämlich Mitleid wegen des schweren Schicksals der Frau, verknüpft.

Man beurteilt Ihren Charakter nach Ihrem Verhalten

Auf diesen *Informationen* und dem, was Ihre Intelligenz daraus macht, basiert Ihr *Verhalten*. Und nach Ihren Taten werden Sie beurteilt, weniger nach Plänen und Versprechungen. Die Abbildung 7.1 zeigt grundsätzlich zwei Möglichkeiten, Ihr „charakteristisches" Handeln zu ändern.

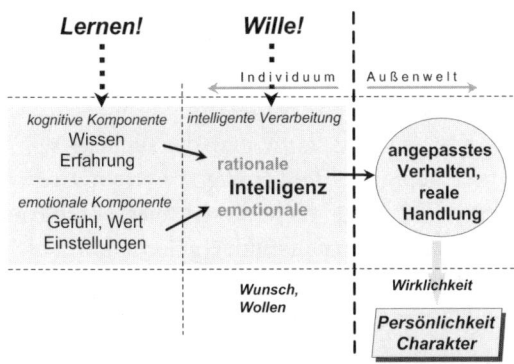

Abb. 7.1: Durch Lernen kann man den Charakter verändern. Ausschnitt aus Abb. 3.2, dem Prozessschema des Gehirns. Mit dem Willen, also mit der verstandesmäßigen Intelligenz, kann ich mein Verhalten beeinflussen, solange der Verstand „nichts anderes zu tun hat": Ich kann schauspielern. Die Methode versagt im Stress des Alltags. Sicherer und nachhaltiger ist daher der Versuch, besseres Verhalten von Grund auf zu lernen. Da man Wissen und Einstellungen, auf denen das Verhalten letztlich basiert, ohnehin gelernt hat, kann man hier Veränderungen anstreben. Aber die Methode erfordert Willen und Geduld.

Der eine Weg zur Verhaltensänderung führt über den *Verstand*. Jeder versucht ja mehr oder weniger oft, sich wie ein *Schauspieler* anders darzustellen, als er ist. In der Schauspielkunst gibt es dafür zwei Methoden. Erstens kann der Charakterdarsteller sich mit seinem *Verstand* überlegen, wie die Rolle gespielt werden soll, und dann mit seinem Verstand auch jede Gebärde steuern. Zweitens kann er aber auch versuchen, sich *gefühlsmäßig* in die Rolle hineinzuversetzen und dann *aus dem Nachfühlen heraus* die Rolle zu spielen.

Den zweiten, „emotionalen" Weg schlagen gute Schauspieler nach Möglichkeit ein. Es ist der bessere, wie sogar anatomische Untersuchungen zeigen. Es gibt zum Beispiel zwei Gesichtsmus-

keln, die beim Lachen für die Veränderung des Lidspaltes verantwortlich sind: Musculus zygomaticus major und Musculus
orbicularis oculi. Den zweiten kann man *nicht* willentlich betä-
tigen. Ein *gewolltes* Lächeln oder Lachen wird daher immer
anders aussehen als eines, das „von Herzen" kommt. Fotogra-
fen können ein Lied davon singen. Und ein Schauspieler, der aus
dem Gefühl heraus seine Rolle spielt, wird deshalb überzeugen-
der wirken.

Als ganz anderen Weg kann man versuchen, sein Verhalten
durch bewusst geplantes *langfristiges Lernen* zu beeinflussen.
Die Abbildung 7.1 zeigt auch diesen Weg. Er basiert darauf,
dass man ja alle Erinnerungsbilder *gelernt* hat, mit denen die
Intelligenz bisher gearbeitet hat.

● Man muss nur *neue Bausteine* mit anderen Gefühlsmarkern
  hinzulernen. Irgendwann sind diese dann in der Überzahl.
  Dann handelt man automatisch anders.

Allerdings: In Anbetracht der enormen Zahl und Vielfalt von
Erinnerungen und Eindrücken wird es lange dauern, bis ausreichend viele Erinnerungsbilder mit einer neueren, besseren Einstellung zur Verfügung stehen. In wie viel verschiedenen Situationen könnten Sie zum Beispiel zu launisch oder zu ehrgeizig
sein? Für alle sollte Ihre emotionale Intelligenz irgendwie geeignete Vorlagen im Gedächtnis vorfinden, falls Sie gerade an
etwas anderes denken (müssen). Vor den Erfolg haben die Göt-
ter den Schweiß gesetzt, sagt man: in diesem Falle eher das
Beharrungsvermögen.

Verhalten beruht auf Wissen und Einstellungen

Denken Sie daran, wie viele Jahre es dauert, bis ein Kind gelernt
hat, immer „danke" zu sagen. Man kann natürlich das Wort
einfach als „bedingten Reflex" konditionieren. Dann sagt das
Kind immer automatisch „danke", wenn es irgendetwas kriegt.
Diese Form des Bedankens meine ich hier nicht.

Man kann sich auch bemühen, jedes Mal ein *Gefühl* der Dankbarkeit zu *empfinden*. Der andere gibt ja nicht selbstverständlich. Dies muss man sich (oder seinem Kind) jedes Mal klar machen, bis es sitzt, vermutlich hundertmal und mehr.

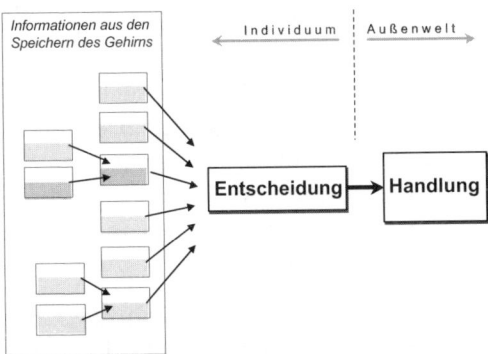

Abb. 7.2: Erwartungs-Wert-Theorie (s. Abb. 2.2), modifiziert: Entscheidung für eine Handlung. Der Sinn der Handlung wird zuerst abgewogen. Die Intelligenz (vgl. Abb. 7.1) wählt unter sehr vielen voraufgegangenen Erinnerungsbildern und sonstigen Daten die offenbar geeigneten Vorbilder aus. Hierbei wird natürlich auf die aktuelle, auslösende Situation Bezug genommen. Entscheidend bei der Auswahl sind emotionale Marker, die das emotionale Zentrum anfügt (jeweils untere graue Hälfte der kleinen Kästchen). Will man für künftige einschlägige, aber natürlich in Einzelheiten immer variierende Situationen neue Verhaltensnormen einführen, muss man offensichtlich sehr viele frühere Beispiele verändern oder sehr viele neue erleben und abspeichern. Beides kostet viel Zeit und natürlich Konsequenz bezüglich der korrekten neuen Zuordnung.

Übrigens nehmen Sie gerade an einem Massenexperiment zur Umpolung von Gefühlsmarkern teil: Die Umstellung auf den Euro. Sie hatten in all den Jahren ein sicheres „Gefühl" entwickelt, wie viel wert Ihnen z. B. 100 DM sind oder wie hoch wohl ein Trinkgeld von 5 DM geachtet wird. Sie hatten solche Zahlen sogar für spezielle Situationen gewichtet, als Trinkgeld für den Friseur oder den Handwerker. Jetzt hat die Zahl 100 im Zusammenhang mit dem Euro einen neuen Wert bekommen, auch die 5 und andere markante Eckdaten, die Sie häufig benutzen. Sie müssen sie nun alle mit den für Euro passenden Gefühlsmarkern versehen. Bis das „in Fleisch und Blut" übergegangen ist, werden Sie immer wieder „zu viel" Trinkgeld geben.

Gut, emotionale Marker kann man anpassen. Allerdings fällt es offenbar schwer, wenn man sie jahrzehntelang in gleicher Weise eingesetzt hat. Aber kehren wir zum Problem der Verbesserung des Charakters zurück. Vielleicht sagen Sie sich jetzt: „Ich komme mit mir ganz gut zurecht. Die anderen müssen mich halt nehmen, wie ich bin. Wozu soll ich denn meinen Charakter überhaupt ändern?" Natürlich ginge es auch ohne Veränderung. Aber vielleicht denken Sie über gewisse kleine Fehler Ihrer Arbeitskollegen nicht ganz so großzügig? Und durch die Korrektur von *deren* Macken könnte das *Arbeitsklima* doch sicher deutlich verbessert werden, oder?

- Und vielleicht sollten Sie anstelle des Wortes „Charakter" mal „*Image*" setzen. Inhaltlich umfassen beide Begriffe etwa das Gleiche, „Image" lenkt den Sinn nur mehr auf die Außenwirkung. Sicherlich wollen Sie so vorteilhaft auftreten wie möglich. Wenn Sie erst mal besser *wären*, müssten Sie sich weniger anstrengen, so zu *scheinen*.

Der ehrliche Lernprozess ist wenigstens nur vorübergehend anstrengend. Denn leider verbessert man sein Verhalten nicht so leicht, wie man umgekehrt schlechte Angewohnheiten erwirbt. Der Psychologe sagt, man lernt sie „implizit" und meint damit automatisch und unbewusst. Denn jedes Mal, wenn Sie sich wieder so gehen lassen und damit ungeschoren davonkommen oder gar Beifall ernten, läuft in Ihrem Gehirn automatisch ein Lernprozess ab. Das Verhalten wird tiefer eingeschliffen.

Ich habe nun schon wiederholt darauf hingewiesen: Es genügt nicht, wenn Sie sich nach einem Verweis von Ihrem Vorgesetzten oder zum Jahreswechsel oder nach einem Vortrag über Verhaltensoptimierung fest vornehmen, in Zukunft selbstbewusster aufzutreten. Einige *Monate* lang müssen Sie sich bei oder nach *jeder* Gelegenheit den Vorsatz klar machen und einprägen, wenn Sie es wieder mal nicht richtig geschafft haben.

Dass echte Image-Änderungen so mühevoll sein würden, haben Sie wohl nicht gedacht. Da wäre es doch erfreulich, wenn jene kleine Fee helfen würde, von der ich eingangs scherzweise sprach. Nun, diese kleine Fee könnte nicht alle Ihre Gene ändern, um Ihre (angeborenen) Intelligenzen zu verbessern. Aber sie könnte Sie vielleicht ständig ganz unauffällig begleiten und immer dafür sorgen, dass Sie Ihre Erinnerungsbilder mit den richtigen Markern versehen. Sollten Sie sich also vorgenommen haben, künftig zu allen Menschen Ihrer Umgebung freundlicher und weniger arrogant zu sein, weil Ihnen das jemand geraten hat, würde sie nach jeder Begegnung zum Beispiel „Ich war in diesem Falle wieder sehr freundlich, weil ich das gut finde" als emotionalen Marker anfügen. Oder Sie könnten sich eine Art Frühwarnsystem zurechtlegen, um die nahende Problemsituation im Voraus zu erkennen.

Überlegen Sie mal, ob Sie nicht jemanden kennen, der diese Funktionen wenigstens stellenweise übernehmen könnte. *Vielleicht ist in Ihrer Nähe ein Vertrauter,* mit dem Sie viel zusammen sind, ein Freund oder eine Freundin, die Feedback geben mit viel Verständnis und Geduld. Wie oft werden Sie im Geschäft des Alltags *nicht* an Ihren Vorsatz denken, und dann sollte möglichst immer jemand da sein, der oder die taktvoll daran erinnert: „Hör' mal, Du wolltest doch eigentlich ...". Vielleicht gibt es sogar jemanden, der seinerseits auch einen Wunsch offen hat, bei dem Sie sich mit ähnlicher Münze revanchieren können.

- Betrachten wir es mal realistisch: Ohne einen *Helfer,* ohne einen „Coach", werden Sie zu selten daran denken. Ohne einen *Mitwisser,* der Ihnen gut zuredet oder auch hämisch lacht, wenn Sie aufgeben wollen, werden Sie kaum durchhalten. Und eine riesige Erfahrung lehrt, dass derartige Lernprozesse in der *Gruppe* besser gelingen, auch wenn sie nur klein ist.

Nur sehr viele Einzelschritte führen zum Erfolg

Wir haben uns schon klar gemacht, dass die Intelligenz offenbar
wie eine Suchfunktion im Internet unter den gewaltig vielen
Daten in Ihren Gedächtnisspeichern auswählt und mit den
aktuellen Gegebenheiten der Umwelt vergleicht, um die beste
Lösung zu finden.

• Jetzt muss Ihnen klar werden, dass Sie natürlich auch gewaltig
  viele Erinnerungsbilder *ändern* müssen, wenn Ihre (emotionale) Intelligenz künftig für die vielen Situationen des Lebens
  die richtige Lösung aussuchen soll. Und das geht eben nicht
  mit einem *einmaligen* guten Vorsatz. Das bedarf sehr zahlreicher Um- oder Neukodierungen Ihrer emotionalen Marker.
  Aber es funktioniert.

In dem Krankenhaus, in dem ich früher arbeitete, haben wir
von Zeit zu Zeit die MitarbeiterInnen, besonders die Schwe-
sternschülerinnen, gebeten, doch einfach jeden, dem Sie im
Hause begegnen, zu grüßen, egal, ob sie ihn kennen oder nicht,
und dabei freundlich zu lächeln. Es erzeugt einen freundlichen
Eindruck der Klinik. Ich habe mir einmal vorgenommen, selbst
in dieser Richtung etwas zu unternehmen. Warum sollte ich
nicht wenigstens im Aufzug mit den Mitarbeitern reden, zum
Beispiel mit unseren Damen des Reinigungspersonals, die man
da häufig trifft?
  Eigentlich liegt mir das gar nicht. Ich bereite mich im Lift lieber innerlich vor auf das, was mich auf dem nächsten Stock-
werk erwartet. Aber ich habe mich zum freundlichen Smalltalk
zu erziehen versucht. – Heute komme ich mir komisch vor,
wenn ich mit den Leuten im Aufzug *nicht* rede. Es ist mir „in
Fleisch und Blut" übergegangen. Wenn Sie nachdenken: Sie
haben sich auch schon vielerlei angewöhnt.

Selbstwertgefühl und Wollen zählen nicht in der Charakterbeurteilung

Vielleicht sind Sie tatsächlich überzeugt, dass Sie sich gar nicht ändern müssen, weil Sie ja mit allen Mitmenschen gut zurechtkommen. Blättern Sie trotzdem nicht gleich weiter. Ich möchte nämlich noch das Problem *Selbstkritik* anschneiden. Selbstkritik ist eine wichtige Sparte der emotionalen Intelligenz. Wer die nicht ausreichend besitzt, sollte sich um eine entsprechende Kompetenz bemühen.

Kein Mensch ist perfekt, also können Sie es auch nicht sein. Natürlich können Sie Anpassungen an andere eventuell *nicht nötig* haben, weil Sie eine sehr starke Persönlichkeit sind, die die Spielregeln für die Umwelt bestimmt. Alle müssen machen, was Sie wollen, und Kritik an Ihnen sagt Ihnen keiner ins Gesicht.

Bedenken Sie, dass wir uns selbst nach dem beurteilen, was wir *anstreben*. „Ich will das Richtige, und deshalb halte ich mich für einen guten Charakter." Sie entwickeln ein entsprechendes Gefühl, das *Selbstwertgefühl*. Es kann uns bei unzureichender Selbst*kritik* gewaltig täuschen. Ich wiederhole, weil es wichtig ist:

- Was wir zu tun *beabsichtigen*, ist leider oft viel besser als das, was wir dann wirklich machen (können). Das *tatsächliche* Tun ist aber die Basis für die Beurteilung durch alle anderen Menschen, kann sozusagen der „Balken im eigenen Auge" sein, den wir eben nicht so sehen.

Warum sollten wir uns auch noch „von außen" beurteilen, wenn wir uns doch schon „von innen" zu kennen glauben? Nicht nur im Interesse Ihres Images lohnt es sich, die andere Seite auch mal anzuhören. Es könnte ja sein, dass Sie Ihre Mitmenschen ärgern, verängstigen, beleidigen oder nerven, ohne es zu merken. Vielleicht haben die Menschen Ihrer Umgebung selbst eine so große soziale Kompetenz, dass Sie Ihnen Ihre Fehler nachsehen: Der Klügere gibt nach. Vielleicht haben sie auch Angst vor Ihnen? Vielleicht ist es schon höchste Zeit, latente

Probleme einmal anzusprechen, ehe das Maß ganz voll ist, ehe es zum Eklat kommt?

Das Erlernen von mehr Selbstkritk gehört zum Schwersten in dieser Welt. Wer dem Problem aufgeschlossen gegenübersteht, also möglichst vorurteilsfrei auf andere hört, kann profitieren im Laufe der Jahre. Über die Vorurteilsfreiheit könnten Sie sich vielleicht mal Gedanken machen.

Wenn Sie eine Image-Verbesserung aber wirklich nicht selbst nötig haben, sollten Sie die Erkenntnisse über die Möglichkeit von Charakteränderungen nutzen, um einem anderen ein einfühlsamer Coach zu werden. Vielleicht können Sie einem Schwächeren helfen, das umzusetzen, was er sich mit gutem Grund an Silvester vorgenommen hat und alleine wohl nicht fertig kriegen wird.

Vielleicht habe ich nun in diesem Kapitel das Thema Charakteränderung überstrapaziert. Immerhin hoffe ich, dass Sie mir abnehmen, *dass* so was geht. Und Sie wissen künftig auch, *wie* es gehen könnte. Aber vielleicht gehören Sie zu denen, die sich mit Recht fragen: „Warum sollte ich mir die Mühe machen?"

Für jedes Handeln braucht man einen oder mehrere Gründe. Der Psychologe spricht etwas vornehmer von *Motivation*. Das Wort kommt auch aus dem Lateinischen: „movere" bedeutet „bewegen". Er unterscheidet zwischen *extrinsischer* Motivation, wenn der Grund von außen kommt, also Argumente anderer bis hin zu Sachzwängen, und *intrinsischer* Motivation, wenn die Ursachen im eigenen Gehirn erzeugt werden. Letztere sind im Prinzip wirksamer, und die stärksten ihrer Art sind die „Mangelmotivationen" wie Hunger, dessen Wirkung wir schon in Abb. 2.1 bedacht haben. Andere entstehen aus angeborenen Instinkten oder Trieben.

Also wenn Sie schon überlegt haben, „warum sollte ich meinen Charakter ändern?", könnten wir im nächsten Kapitel erst einmal fragen: „*Warum tue ich überhaupt etwas?*" Ihre Leistung hängt schließlich davon ab, nämlich von der ungerichteten Motivation und damit sehr häufig von Ihrer Stimmung. Und da das auch ein Gefühl ist, bleiben wir beim Thema.

Was konnten Sie sich aus Kapitel 7 merken?

- Änderungen einzelner Charakterzüge kommen durch plötzliche Schlüsselerlebnisse oder im Sinne einer Anpassung an Erfahrungen zustande.

- Die psychologische Definition des Charakters basiert auf dem Verhalten, dieses wiederum auf der persönlichen Erfahrung und der sie verarbeitenden Intelligenz.

- Die eigene Persönlichkeit empfindet man selbst als die Summe des eigenen Wollens.

- Die Umwelt schließt aus den ihr bekannten tatsächlichen Handlungen und Äußerungen auf den Charakter.

- Ungewünschte Charakterzüge bzw. sein Image kann man durch Schauspielern oder durch Lernen ändern.

- Langfristige und nachhaltige Persönlichkeitsänderungen erfordern die Neujustierung sehr zahlreicher Erinnerungsbilder und Einstellungen.

- Die Selbstkritik ist eine Form der emotionalen Intelligenz. Ihre Qualität ist angeboren, in ihrer Anwendung kann man entsprechende Kompetenzen anstreben.

- Das Selbstwertgefühl beruht auf äußerem Feedback und Selbstkritik und ist daher oft nicht korrekt, oft zu positiv.

Ist Ihnen schon ein persönliches Ziel eingefallen?

- Die Umwelt schließt aus dem Verhalten eines Menschen auf dessen Charakter. Das Verhalten seinerseits basiert auf erlerntem Wissen und auf zugehörigen emotionalen Einstellungen.
Also: In welchem Charakterfeld wollen Sie Ihrer (emotionalen) Intelligenz neue Erinnerungsbilder zur Verfügung stellen?

- Erinnerungsbilder müssen zahlreich sein, um allen zu erwartenden, variierenden Situationen beispielhaft genügen zu können. Also: Vielleicht können Sie sich mit einem Ihnen ausreichend vertrauten Menschen zusammentun, der Ihnen hilft. Vielleicht hat er auch einen guten Vorsatz. Dann unterstützen Sie sich gegenseitig.

Das könnten Sie schon mal untersuchen:

Welches persönliche Manko würden Sie in einem ersten Änderungsversuch angehen wollen? Fragen Sie doch mal in Ihrer Umgebung ganz vorsichtig und unverbildlich, vielleicht diplomatisch „hinten herum" oder im Scherz, was andere in jüngster Zeit an Ihnen auszusetzen haben.

Nicht nur die Anlagen bestimmen den Charakter

Unter dem „Charakter" eines Buches, einer Landschaft, auch eines Menschen versteht man grundsätzlich die entscheidenden *Eigenarten*. Man nennt diesen Ansatz „phänomenal" im Gegensatz zu vielen anderen, die der Begriff auch hat.

Oft wird der Begriff *wertend* gebraucht als Summe moralisch wünschenswerter Eigenschaften. In diesem „normativen" Sinne ist dann „charakterlos" jemand, der den *moralischen* Erwartungen der Gesellschaft nicht entspricht.

Nach der *psychologischen* Definition von Ferguson (1970) ist der „objektive" Charakter eines Menschen „die Summe charakteristischer Verhaltensweisen", die das soziale Umfeld registriert und der Psychologe testet. Hier wird also auf das tatsächliche *Verhalten* abgehoben.

Eine größere Zahl messbarer Aktionen einer Person ermöglicht ein besseres Urteil. Damit geht die *Vergangenheit* in mehr oder weniger großem Umfang in die Beurteilung mit ein, aber auch die persönliche Wertung der Mitmenschen. Im Alltag hat die Beurteilung verschiedene Versionen: die der Mutter oder der Ehefrau, die des Berufskollegen oder des Skatbruders zum Beispiel, von etwaigen Verstellungskünsten einmal abgesehen.

Aus der Sicht der Persönlichkeit bestimmen die ererbten „Anlagen" einerseits und die abgespeicherten Erinnerungs- und Erfahrungsinformationen andererseits zunächst das *Wollen* (Abb. 7.3). Sie werden meist ausgelöst und entscheidend mitbestimmt durch aktuelle „Motivationen" und Situationen aus der Umwelt. Die Informationen wiederum kann man einteilen in rationale und emotionale, entsprechend dem Prozessschema des Gehirns nach Abb. 3.2. In ihnen spiegelt sich die historische Entwicklung der Erfahrung des Individuums und deren subjektive Wertung.

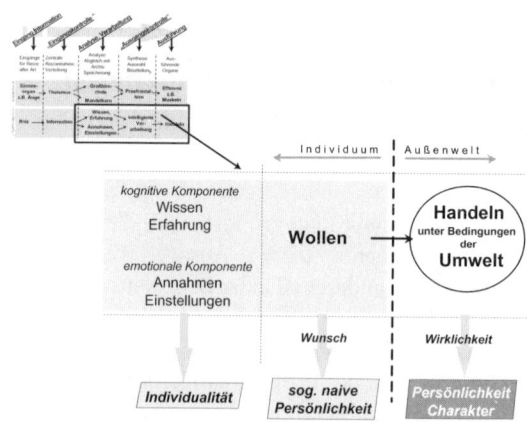

Abb. 7.3: Talente und soziokulturelle Umwelt formen die Persönlichkeit, auf dem von der Umwelt erfahrbaren Verhalten beruht das, was man als Charakter eines Menschen begreift. Ausschnitt aus Abb. 3.2. Das zur Verfügung stehende Wissen mit allen Erinnerungsinhalten sowie Gefühl, Einstellungen, Wertvorstellungen definieren die einmalige, „charakteristische" Individualität (s. Kapitel 2). Aber erst die intelligente Verarbeitung dieser Speicherinhalte macht die Persönlichkeit aus. „In meinem Wollen bin ich." Definitionsgemäß bewerten die Mitmenschen (und Psychologen) den Charakter aus den tatsächlichen Handlungen und Äußerungen, die sie erlebt oder erfahren haben. Die vermeintliche Objektivität dieser Beurteilung beruht aber nur auf den (wenigen) Informationen, die ihnen zur Verfügung stehen.

Die aus den Gedächtnisspeichern abrufbaren Informationen und Erinnerungsbilder mit ihren emotionalen „Markern" werden durch die *Intelligenz* gesichtet und gewertet. Die verschiedenen Intelligenzfelder können individuell mehr oder weniger stark ausgeprägt sein (Beharrungsvermögen, Selbstsicherheit, Vertrauenswürdigkeit usw.), überwiegend auf ererbter Basis. Sicher sind aber auf dem Wege von Training und Beeinflussung auch Umwelteinflüsse wirksam.

Der Mensch erlebt diese intelligente Verarbeitung der eigenen Erfahrungen als *Wollen*. Das ist *für ihn* wichtig. Der *von außen* urteilende Psychologe nennt dies allerdings die „naive" oder *subjektive* Persönlichkeit. Denn die Mitmenschen interessiert selten, was eine Person vielleicht wollte, sondern wie sie unter den Bedingungen der Umwelt dann *wirklich handelt*.

8 Stimmung und Motivation: Gute Laune schafft Energie für Aktivitäten

Warum handeln Sie? Warum reden Sie, gehen Sie, arbeiten Sie? Natürlich, weil Sie sich das überlegt haben, weil Ihr Verstand das will. Allerdings wissen Sie ja schon, dass der *Verstand* für seine Entscheidungen immerhin die *emotionalen* Marker an den Argumenten benötigt. Also sind die Gefühle beteiligt. Nicht nur so eben beteiligt, muss ich da ergänzen.

- Die Gefühle bestimmen über Ihre Aktivitäten, und zwar grundsätzlich, als *„ungerichtete Motivation"*.

Sie kennen das natürlich sehr gut, wenn ich Sie daran erinnere: Es gibt Tage, da sind Sie „gut drauf", da schaffen Sie viel weg, vielleicht sogar mehrere Aufgaben gleichzeitig, und es gibt Tage, an denen Ihre *Stimmung mies* ist und Sie herumhängen, nichts anpacken mögen, nur das tun, was gefordert wird, Tage, an denen Sie die Zeit vertrödeln. Es fehlt einfach der Antrieb.

- Ihre *Stimmung* gehört in die Zuständigkeit der Emotionen. Und offenbar werden Sie von guter Stimmung *motiviert*, etwas zu tun. Irgendetwas, überhaupt etwas, und deshalb spricht man von *ungerichteter* Motivation.

Gerichtete Motivation wäre im Gegensatz dazu, wenn Sie Sandwiches für Ihren Kollegen holen, weil er Ihnen versprochen hat, Ihnen eins davon abzugeben. Er hat Sie dann zu einer *bestimmten* Tätigkeit motiviert.

Gute Stimmung motiviert zur Leistung

Gute Stimmung sorgt offenbar für häufigere, eventuell *bessere Leistung, für Erfolg.* Nicht nur das: Sie ist überhaupt anzustreben, weil sie die *Lebensqualität* steigert. Egal, ob Sie nun Arbeitgeber sind oder Arbeitnehmer: Jetzt werden Sie sicher hellhörig. Wer wäre da nicht für gute Stimmung! Und wer wüsste dann nicht gerne, wie man sie nachhaltig erzeugt und aufrechterhält?

Ganz neu ist Ihnen das ja nicht. Jeder hat da so seine persönlichen Tricks, gewisse „Belohnungsstrategien". Vielleicht können Sie die Ihren verbessern, wenn wir versuchen, einige prinzipielle Zusammenhänge herauszuarbeiten.

Da ist zum Beispiel das bemerkenswerte Phänomen mit den „*Annahmen*". Stellen Sie sich vor, Sie haben von Ihrem Chef eine Aufgabe gestellt bekommen, Sie sollten vielleicht einen besseren Plan für Urlaubszeiten der Abteilung aufstellen. Das ist anerkannt schwierig, weil jeder Kollege eine Extrawurst kriegen möchte. Sie haben sich Mühe gegeben und eine gute Idee gehabt, sind stolz auf Ihr Werk und machen nun, während Sie zum Chef gehen, die *Annahme*, dass er Sie loben wird.

Ich habe das in einer Grafik in Abb. 8.1 skizziert. Sie sehen in der Abbildung ganz rechts eine Skala, auf der Ihre Stimmung aufgetragen werden soll, die Sie haben, wenn Sie vom Chef zurückkommen und dessen Urteil erfahren haben. Wenn er Sie wirklich gelobt hat, wurde Ihre Stimmung gehoben. Je nach Größe des Lobs sind Sie vielleicht sogar glücklich. War er (entgegen Ihrer Erwartung) dagegen nicht zufrieden, weil vielleicht eine liebe Kollegin schon hinten herum beim Chef ihre Sonderwünsche durchgesetzt hat, ist Ihre Stimmung gedämpft bis schlecht.

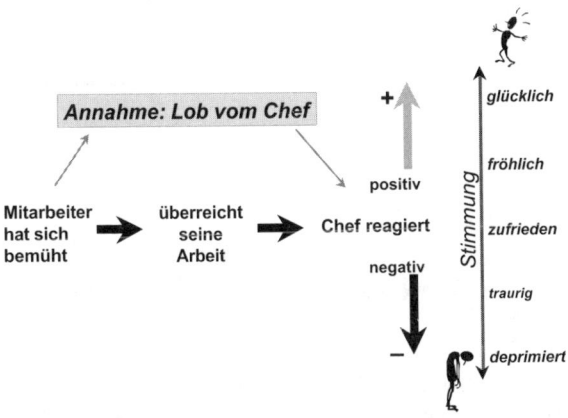

Abb. 8.1: Unsere Stimmung hängt davon ab, ob unsere Annahmen richtig oder falsch waren: *Annahmen* über den Erfolg einer Handlung macht man sich während des ganzen Bemühens und, falls es sich um ein Produkt handelt, vor der Übergabe. Erfüllt sich die Erwartung, dass man Erfolg hat, dass man gelobt wird, dann steigt die allgemeine *Stimmung*. Die Bevorzugung einer guten Stimmung wird für das Individuum zum unbewussten Anreiz, über möglichst korrekte *Informationen* für künftige Planungen zu verfügen. Richtige Informationen wiederum sind dem persönlichen Erfolg förderlich. Wichtig ist ferner die Fähigkeit zur *Selbstkritik*. Sie vermag bedauerliche, unerwartete Fehleinschätzungen zu verhüten.

Wir können eine Grundregel der *kognitiven Psychologie* nachvollziehen, die schon vor etwa 70 Jahren herausgearbeitet wurde und sich vielseitig bewährt hat:

● Im Alltag entwickelt der Mensch ständig „Annahmen" über das vermutliche Ergebnis seiner Handlungen. Seine Stimmung hängt dann davon ab, ob diese Annahmen letztendlich *richtig oder nicht richtig* waren.

Ob Sie es glauben oder nicht: Von solchen „Annahmen" wird Ihr ganzer Tagesablauf bestimmt. Versuchen Sie einmal, einen Tag aus dieser Sicht zu rekonstruieren, wie es in der Abb. 8.2 vorgemacht ist. Offensichtlich sind Sie in Ihrer Stimmung viel mehr *abhängig von Ihren eigenen Annahmen*, als Sie bisher gedacht hatten.

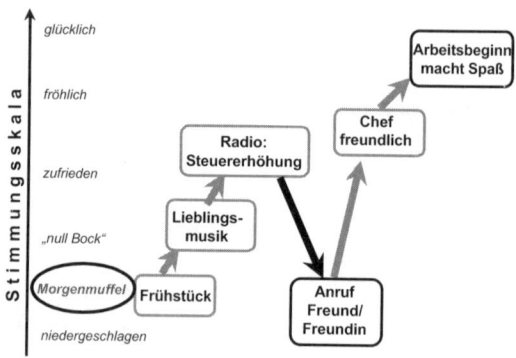

Abb. 8.2: Annahmen und Einstellungen bedingen die Stimmung: Während des ganzen Tages hängt die Stimmung maßgeblich davon ab, ob die eigenen Annahmen richtig oder falsch waren. Ihre Stimmung würde sinken, wenn die Kaffeemilch unerwartet sauer wäre oder anstatt Musik Kommentare gesendet werden. Die Annahmen müssen nicht nur eigene Handlungen, sie können z. B. auch Nachrichten betreffen. Schließlich kann auch eine *Befürchtung*, also die Annahme, dass der Chef schimpft, weil Sie zu lange telefoniert haben, wenn sie dann nicht eintrifft, zu guter Stimmung führen (doppelte Negativität: Chef freundlich). *Emotional* intelligent ist es, wenn man seine Stimmung unbewusst, aber gezielt zu verbessern sucht. Eine derartige Lebenshaltung kann sich der, dem sie fehlt, anerziehen. Man denke an den Einfluss der Selbstkritik.

Natürlich wissen Sie auch noch nicht, was da in Ihrem Gehirn vor sich geht. Da gibt es nämlich ein *Belohnungs- und Motivationszentrum* (im mesolimbischen System, also entwicklungsgeschichtlich in uralten Strukturen), das sehr enge Verbindungen zur präfrontalen Hirnrinde hat, die Sie schon als Zentrum für Intelligenz und Entscheidungen kennen gelernt haben.

Dieses System veranlasst Sie zum Beispiel, noch mehr von der Schokolade zu wollen, die Ihnen gerade so gut geschmeckt hat, oder wegen eines Leckerbissens nochmal zum Eisschrank zu gehen oder sich am Büfett anzustellen. Das ist also kein System, das die Natur für den genusssüchtigen Menschen geschaffen hat, sondern das schon immer die Tiere veranlasste, sich um gute Nahrung zu kümmern, notfalls darum zu kämpfen.

Das System springt nachweislich auch an, wenn Sie die Musik hören, die Ihnen so gut gefällt, wenn Sie sich über ein Lob freuen, oder wenn Sie an einen Menschen denken, den Sie gerne mögen. Über Hormone sorgt es zudem für gute Stimmung, zum Beispiel Dopamin, das am Ende des 9. Kapitels im Kasten aufgelistet ist, oder sogar über endogene, also im Körper selbst erzeugte „Opioide". Sie sind chemisch und in der Wirkung gewissen Drogen ähnlich. Und es spricht auch an, wenn das Resultat Ihrer Annahmen besser als erwartet ausfällt. Es *motiviert* zu *weiterer* Leistung, wenn Sie Erfolg hatten.

Sie benutzten das Prinzip längst ohne konkretes Wissen um jenes Belohnungszentrum: Jeder lobt das brave Kind, damit es sich freut und dann auch in den nächsten Minuten „lieb sein will", also keinen Ärger macht.

Andererseits hängt unsere *schlechte* Laune natürlich nicht nur davon ab, ob wir die Entwicklung falsch vorausgesehen haben, sondern auch davon, dass die Umwelt nur allzu oft nicht so will wie wir. Wir können den Misserfolg oft beim besten Willen nicht voraussehen, allenfalls einkalkulieren. Wir sind dann verärgert oder sonst missmutig. Aber unser Gehirn versucht jedes Mal automatisch, daraus zu lernen.

- Bemerkenswert ist diesbezüglich, dass das Gefühl auf manches reagiert, uns auf manches aufmerksam macht, was der Verstand vermutlich nicht so genau registrieren würde.

Also ist das ein Punkt, an dem Sie künftig aufpassen sollten. Aber unsere Annahmen müssen nicht nur möglichst oft *richtig* sein. Wir werden gleich besprechen, dass es auch darauf ankommt, *wie wichtig* wir sie nehmen.

Vorweg will ich Ihnen schon mal ein Extrem nennen: Der meditierende Guru, der weltabgewandte Einsiedler, der alte Mensch, der mit dem Leben abgeschlossen hat – sie alle streben nach nichts, planen nichts und machen daher auch keine Annahmen. Sie werden folglich nie enttäuscht, aber auch nie besonders guter Stimmung sein. Man spricht dann von seelischem (emotionalem) Gleichgewicht, von Ausgeglichenheit.

Erfolgserlebnisse haben viele gute Effekte

Übrigens geht es nicht nur um gute Laune. Untersuchungen zeigen, dass der *Lerneffekt* größer ist, wenn die eigene Annahme falsch war, und dass man überhaupt besser lernt, wenn starke Gefühle mitschwingen.

Dies entspricht der allgemeinen Erfahrung. Wie oft hatten wir unserer jüngsten Tochter gesagt, dass sie nicht auf die Herdplatte fassen dürfe, weil die heiß sein könnte. Seit die Platte einmal heiß war, denkt sie immer daran. Neuere Erkenntnisse über emotionale Marker zeigen eine „Dosisabhängigkeit". Ereignisse haften *umso fester* im Gedächtnis, je stärker die begleitende Emotion war. An die ersten Tanzstunden werden Sie sich besser erinnern als an die ersten Stunden in Mathematik.

Aus Fehlern lernt man besonders gut, weil Sie einen ärgern. Levin hat es damit erklärt, dass es halt leicht sei, Mist zu Dünger zu machen.

Ferner finden wir wechselseitige Beziehungen zwischen Stimmung und *Selbstwertgefühl*. Vielleicht haben Sie zu wenig und lassen sich leicht einschüchtern? Oder Sie haben zu viel und sind leicht in Ihrer Ehre gekränkt? Positives Feedback, also *Lob oder Ehrung*, entspricht der bei der Planung der Handlung gemachten Annahme, bestärkt Sie in Ihrer Selbsteinschätzung und wirkt vielleicht auch dadurch stimmungshebend und aktivierend.

- Ein *Erfolgserlebnis* hebt, wie gesagt, die Stimmung. Plumper Tadel und ungeschickte Kritik wirken demotivierend und können zusätzlich verärgern. Dass das ganz viel mit *Mitarbeiterführung* zu tun hat, sollten Sie schon mal überdenken! Wir werden die Erkenntnis im zweiten Teil brauchen.

Oder könnte es vielleicht an Ihrer Fähigkeit zur *Selbstkritik* liegen? War Ihr Optimismus wirklich gerechtfertigt, als Sie dachten, der Chef würde loben? Vielleicht neigen Sie oft zu Fehleinschätzungen? Vielleicht suchen Sie normalerweise gar nicht die

Schuld bei sich und sind dann natürlich besonders enttäuscht über die unerwarteten Reaktionen der anderen? Denken Sie schon mal über Ihre persönliche Fähigkeit zur Selbstkritik nach. Es ist eine Facette der emotionalen Intelligenz. Wir kommen später darauf zurück.

Nicht alle Menschen reagieren mit ihrer Stimmung gleich sensibel auf die mehr oder weniger goldenen Worte ihrer Vorgesetzten. Manche scheinen über der Sache zu stehen, haben vielleicht ihre Gefühle besser als Sie *unter Kontrolle*. Da wären wir wieder bei der emotionalen Intelligenz, die das nämlich regulieren kann. Und bei der Kompetenz, damit fertig zu werden. Sie könnten sie vergrößern auf dem Umweg über Ihr Selbstwertgefühl.

Gewisse „Frohnaturen" können ihre aktivierende Stimmung wie selbstverständlich erzeugen und aufrechterhalten. Mit Hilfe ihrer emotionalen Intelligenz verfolgen sie unbewusst Strategien, die bevorzugt glücklich machen. Noch öfter vermeiden sie geschickt alles, was vielleicht schief gehen könnte.

Weisen Sie das nicht gleich als leichtfertige, oberflächliche Haltung von sich. Vielleicht ist Ihre Wertung nur die zweitbeste, jedenfalls gemessen an der Lebensqualität.

Belohnungsstrategien werden auch Sie immer wieder einsetzen, indem Sie in einem Stimmungstief zu Freunden oder zum Essen oder ins Kino gehen. Fälschlich sagen Sie dann: „um auf andere Gedanken zu kommen". Hauptsächlich wollen Sie aber eine bessere *Stimmung*, oder nicht? Vielleicht haben Sie gar nicht darüber nachgedacht. Ihr Gefühl hat Ihnen das eingegeben, Sie folgen einer inneren Stimme. Das ist dann Ihre emotionale Intelligenz.

Annahmen sind manchmal Wunschdenken

Heute kann man zeigen, dass das mit den Annahmen viel komplizierter ist, als man seinerzeit dachte. Zum Beispiel schwangen bei Ihnen Emotionen mit, als Sie jenen Urlaubsplan Ihrer

Abteilung austüftelten, weil er nämlich im vergangenen Jahr zu Ihren Ungunsten ausgefallen war, und weil Sie deshalb viel Ärger mit Ihren Kollegen hatten. Ferner gehen Emotionen mit ein, die sich auf Ihren Chef beziehen, weil Sie vielleicht Bewunderung oder Ehrfurcht vor seiner Fachkenntnis sowie Angst vor seiner Strenge empfinden.

Wir müssen also unterstellen, dass die Annahme selbst bereits ein *emotionales Gewicht* hat, wenn wir sie gemacht haben. Die Stimmungsänderung, die dann aus der Reaktion des Chefs letztlich resultiert, kann dadurch verstärkt werden.

Außerdem haben Sie ja nicht einfach so gehandelt, sondern aufgrund wenigstens einer Ursache, einer *gerichteten Motivation*. In der schwingen auch Emotionen.

Zudem haben Sie vielleicht überhaupt Angst, wenn Sie zum Chef gehen. Solange der Chef zufrieden ist, ist ja alles gut. Wenn er durch Lob zusätzlich motiviert, umso besser.

- Aber unsere emotionale Intelligenz sollte uns für den Fall, dass er *nicht* zufrieden ist, vor zu großer Missstimmung schützen können. Sie sollte also rechtzeitig vor überschwänglichen Erwartungen warnen.

Und sie sollte sich gewissermaßen schon bei Betreten des Chefzimmmers *vorsorglich* auf Dämpfen eventueller Traurigkeit einstellen. Wieder haben manche Leute hierin eine erstaunliche Kompetenz. Ein guter Teil Lebenserfahrung ist dabei. Man sollte sie üben.

Vielleicht haben Sie sich schon über Ihre abrupten Stimmungs*schwankungen* in ähnlichen Situationen gewundert oder geärgert? Dann müssen Sie unbedingt versuchen, Gegenstrategien zu entwickeln. Sie wissen schon: eine Kompetenz entwickeln, indem Sie sich immer wieder die Zusammenhänge klar machen und sich zum Beispiel mehr Selbstkritik vornehmen.

• Wir haben das schon besprochen, aber ich muss es wiederholen, weil es so wichtig ist: Ihre emotionale Intelligenz hilft Ihnen ja. Aber sie kann nur entscheiden auf der Basis dessen, was schon in Ihrem Hirn drin ist.

Um *besser* zu werden, müssen Sie ab sofort möglichst viele *bessere* Einstellungen abspeichern. Aus diesem (verbesserten) *Erfahrungsschatz* im wahrsten Sinne des Wortes werden Sie später unbewusst handeln und empfinden.

Durch Aufklärung verhelfen Sie anderen zu richtigen Annahmen und ...

Annahmen macht man nun nicht nur für aktuelle Handlungen, sondern auch für ferner liegende Ziele und letztlich für die grundsätzliche Lebensplanung. *Ziele* muss man haben, sogar sehr konkrete. Das wird zum Beispiel im Managementtraining ständig gepredigt. Wie fest sie verankert sind, kann erkennbar und eventuell zum Problem werden, wenn sich wesentliche Parameter der Lebensführung ganz unerwartet ändern. Das könnte der Fall sein, wenn ein Lebenspartner stirbt, oder wenn Krankheit oder schwere wirtschaftliche Einbußen (Arbeitslosigkeit) die Aufgabe des gewohnten Lebensrhythmus erzwingen. Dann sind schlagartig *alle bisherigen Annahmen falsch*.

• Entscheidend ist nach Schicksalsschlägen wie einem Todesfall die rasche und möglichst realistische Umorientierung. Die neue Situation muss – zweckmäßig im Gespräch mit vertrauten, nahe stehenden Mitmenschen – in allen wesentlichen Aspekten angesprochen und vergegenwärtigt werden.

Es gibt ja nun so viele *neue* Aufgaben, die bislang der Verstorbene wahrgenommen hat und die es jetzt selbst zu organisieren gilt. Die Umstände sind plötzlich alle anders. Vielleicht muss man sich nun selbst um das Einkaufen oder das Entsorgen des Mülls kümmern. Jeder *neuen* Einzelaufgabe wie der Gesamtsituation muss nun auch die geeignete, *neue* und *positive* Emotion zugeordnet werden: Man darf die Situation nicht zum Anlass für Selbstmitleid nehmen, so hart das klingt. Die künftige Lebensqualität hängt davon ab.

Wenn Sie das durchdenken, können Sie das nächste Mal, wenn jemand in Ihrer Umgebung in eine schwierige Lage gerät, gezielter *trösten*, vielleicht wirklich helfen. Es genügt nicht, zu sagen: „Das Leben geht weiter." Es beginnt ein ganz neues Leben. Auf die positive Einstellung dazu, auf eine gewollte klare Umstellung kommt es an. Dabei die richtigen Ratschläge zu geben, ist eine Aufgabe für Ihren Verstand. Die richtigen emotionalen Marker zu setzen, dazu müssen Sie dem anderen helfen.

Unser Prinzip der Wirkung der „Annahmen" ändert sich nicht, wenn wir über Schicksalsschläge sprechen. An die Stelle des Chefs tritt hier das Schicksal oder wen immer Sie verantwortlich für die unerwartete Änderung der Lebensumstände machen müssen. Ich brachte das zusätzliche Beispiel, weil Sie sich so vielleicht besser klar machen können, dass die *Einstellungen* zu bisherigen Erinnerungsbildern irgendwann für das Entscheiden und Handeln nicht mehr taugen könnten und dann durch neue zu ersetzen sind. Damit sollten wir aber wieder zum Thema zurückkommen, zur Stimmung als ungerichteter Motivation.

Gute Laune bringt mehr als das verbissene Abmühen

Für manchen mag die Schlussfolgerung überraschend klingen: Für *Erfolg im Leben* ist eine gute, also freudige Stimmungslage mit entsprechender Motivation zu Leistung offensichtlich vorteilhaft, wenn nicht *unverzichtbar*. Sie ist jedenfalls besser als verbissenes Abmühen oder getriebene Hektik.

Die Natur hat das so „eingerichtet", offenbar hat es sich in Jahrmillionen bewährt, das Leben über Wohlbefinden zu steuern. Die funktionalen Strukturen sind durch die Gene vorgegeben. Es ist emotional intelligent, eine entsprechende, im tiefsten Grunde *fröhliche* Lebensauffassung und Lebensführung anzustreben.

Falls Sie überhaupt persönliche Probleme in den in diesem Kapitel angesprochenen Zusammenhängen zu erkennen glauben, sollten Sie versuchen, *einen Freund zu finden*, der mit Ihnen höchst vertraulich diese Dinge einmal durchspricht. Vielleicht ist in gegenseitiger Hilfe eine Chance für mehr Lebensqualität verborgen. In solchen Dingen kennt man sich selbst oft nicht gut genug. Aber man könnte ja interessehalber nachfragen. Sie müssten sich nur vornehmen, unvoreingenommen zu bleiben und alle Kritik, die da kommen mag, aufgeschlossen zu diskutieren.

Eigentlich sollte es nun genügen, dass wir ein ganzes Kapitel hindurch über Annahmen und die daraus resultierenden Stimmungen diskutiert haben. Dennoch werden wir uns im nächsten Abschnitt noch mit einer interessanten Sonderkonstellation dieser ungerichteten Motivation beschäftigen, nämlich mit dem guten oder schlechten *Gewissen*. Man kann Ihnen beides einreden, und zwar mit Argumenten, über den Verstand.

So verstehen wir dann noch besser die Bedeutung von äußeren Einflüssen auf Ihre Stimmung. Wir werden anschließend aber ganz klar machen müssen, dass es noch viele *andere Ursachen* einer guten Stimmung gibt als nur die Annahmen. Die Hoffnung kann über Unangenehmes hinweghelfen, die Aufgabe selbst kann Spaß machen. Das wird uns dann sogar weiterführen zu den *Instinkten*.

Was konnten Sie sich aus Kapitel 8 merken?

- Erweisen sich unsere Annahmen zu einem Vorhaben schließlich als richtig, ist die Stimmung gut.

- Stimmung ist Emotionalität und ungerichtete Motivation.

- Gute Stimmung ist psychische Energie für schwungvolle Aktivität, größere Leistung und letztlich für Erfolg.

- Richtige Informationen sind Voraussetzung für richtige Annahmen.

- Das Selbstwertgefühl beeinflusst Annahmen, Stimmung und Aktivität.

- Selbstwertgefühl und Selbstkritik können zu richtigen, aber auch zu übertriebenen Annahmen führen und sind deshalb zu trainieren.

- Die emotionale Intelligenz kann Belohnungsstrategien organisieren und zu mehr Lebensqualität verhelfen.

- Freudige Motivation ist die beste Form seelischer Energie, um Erfolg im Leben zu erzielen.

- Ein Belohnungs- und Motivationszentrum bewirkt, dass günstige (erfreuliche) Effekte erneut angestrebt werden.

- Starke Emotionen intensivieren die Erinnerung = Lerneffekt. Aus Fehlern lernt man daher besonders gut, weil man sich über die falschen Annahmen und damit über die falschen Informationen ärgert.

Ist Ihnen schon ein persönliches Ziel eingefallen?

- Gute Stimmung erhöht die Leistungsfähigkeit. Also: Überlegen Sie sich Taktiken, um Ihre eigene Stimmung oder die der Mitarbeiter zu verbessern und üben Sie sie konsequent ein.

- Falsche Annahmen und entsprechend häufige schlechte Stimmung könnten auf mangelnder Selbstkritik beruhen. Also: Zwingen Sie sich, das eigene Können und Wissen möglichst realistisch zu sehen. Versuchen Sie, möglichst oft an diese Regel zu denken.

- Richtiges Feedback, aber auch Lob und Anerkennung heben die Stimmung und verstärken den Lerneffekt. Also: Wo immer Sie in einer Führungsposition sind, müssen Sie den Effekt Ihrer Reaktionen bei Nachgeordneten bedenken. Sie müssen das zunächst mit dem Verstand üben, auch das Zeigen der zugehörigen Gefühle. Sie werden mit der Zeit immer glaubhafter werden.

Darauf könnten Sie ab sofort schon mal achten:

Wie stark hängen Ihre Stimmungen überhaupt von Erfolg und anderen äußeren Umständen ab? Lassen Sie sich oft die Stimmung verderben? Die Antwort würde Ihnen einen Anhalt geben, wie wichtig dieses Kapitel für Sie ist.

Motivation: Warum handelt der Mensch?

Die natürliche Grundlage für das Handeln scheint eine gute Stimmungslage zu sein. Innere Fröhlichkeit, Hoffnung, Erfolgsbewusstsein stellen *psychische Energie* in Form einer allgemeinen, *ungerichteten Motivation* zur Verfügung. Diese Aktivität ist nicht selbsttätig vorhanden, sondern wird generiert, und sie ist nicht Dauerzustand. Im Schlafzustand ist alle Aktivität abgeschaltet.

Gerichtete Motivation bezieht sich dagegen auf eine bestimmte Handlung. Es gibt sehr viele Gründe, warum ein Individuum handelt. Zum umfassenderen Verständnis seien sie im Rahmen der Entwicklungsgeschichte der Tiere dargestellt (Abb. 8.3). Sie lehrt uns zusätzlich, dass am Anfang immer das *emotionale System* steht.

Früheste Beweggründe zum Handeln sind die so genannten *Mangelmotivationen* Hunger und Durst. Sexualität, Machtstreben und andere kommen danach hinzu. Diese Reaktionen auf Hunger und Durst oder Kälte werden von einer Art Alarmanlage des Körpers ausgelöst. Es ist die früheste Version des emotionalen Systems! Seine Reaktion erfolgt, wenn das „Ist" zu weit vom Sollwert abgewichen ist. Humorale und nervöse Mechanismen funktionieren hier lange vor Entstehen des Verstandes nach kybernetischen Regeln.

Bei den komplizierteren *Instinktreaktionen* hat die Verhaltensforschung angeborene *Auslösemechanismen* entdeckt. Sie werden von neuralen Netzwerken festgelegt und werden im Detail vererbt. Hier muss eine Reizschwelle überschritten werden. Triebgesteuertes Verhalten im Sinne der psychodynamischen Psychologie, also angetrieben durch ein Streben nach Lustgewinn, Macht, Todestrieb etc., benutzt diesen Mechanismus beim Menschen „immer noch".

Höhere Tiere zeigen *Neugierverhalten.* Hier kann man annehmen, dass die Erfahrung oder die Erinnerung einen Sollwert in Form von „Erinnerungsbildern" bereitstellt. Weicht dann irgendwann ein Istzustand von diesem bekannten Bilde ab, entsteht der Reiz zum explorativen Verhalten. Neugierverhalten und Spieltrieb werden als Vorläufer des Strebens nach Erkenntnis aufgefasst (Lorenz), das den entscheidenden Selektionsvorteil des Menschen begründet. *Neugier* kann jeder als *Gefühl* empfinden. Die Emotion (!) sorgt also für die Motivation zur Handlung. Sie kommt aus dem sogenannten limbischen System, zu dem auch der Mandelkern gehört. Sein Verlust hat Gleichgültigkeit zur Folge.

Abb. 8.3: Evolution der Auslösung von Aktivität. Beispiele, warum Individuen handeln: Im Laufe der Entwicklungsgeschichte (von unten nach oben) werden mehrere Auslöser für Handeln entwickelt (vgl. Abb. 4.2). Der Mensch verfügt über alle einmal entwickelten Mechanismen, aber nur er kann auch allein aufgrund seines abstrakten Denkvorganges eine Handlung erst planen und dann beginnen.

Für *geplante* Aktionen schließlich stellt der *Verstand* alternative Szenarien bereit, die so lange variiert und abgeglichen werden können, bis der Aktionsplan geeignet erscheint.

Man kann sich vorstellen, dass ein neuer Plan für eine Aktivität eine gewisse *Reizschwelle* hat. Die Motivation stellt die

„Energie" zur Verfügung, diese Schwelle zu überwinden und die Durchführung der Aktion einzuleiten. Vom Mandelkern gibt es dafür eine kräftige Nervenbahn direkt zum Präfrontalhirn, wo die Entscheidung dann gefällt wird. Eine parallel durchgeführte Risikoabwägung durch den Verstand vermag die Reizschwelle zu verändern und damit kontrollierend auf den Durchführungsbeschluss Einfluss zu nehmen (vgl. Abb. 17.2).

Durch die Mitbeteiligung der Großhirnrinde beim Menschen entsteht jedenfalls eine neue Situation. Wir haben nun die *Zusammenarbeit von zwei Funktionen*, nämlich Verstand und Emotion. Zu der in der Entwicklung schon vorhandenen Motivation (also der Beurteilung des persönlichen Wertes oder Strebens) kommt der Verstand als eine Möglichkeit, Risiken zu kalkulieren, *hinzu* und nicht umgekehrt. Phylogenetisch ist die emotionale Motivation die Grundlage und die verstandesmäßige Beurteilung eine Zusatzfunktion, die zielgerechteres Handeln ermöglicht und absichert.

Wissenswertes – Nachdenkliches

Richtige Informationen bringen unerwartete Vorteile

Unsere *Stimmung* ist nach dem kognitivistischen Denkmodell davon abhängig, dass unsere Annahmen *richtig* sind. Damit hängt die Stimmung ab von der Qualität der *Informationen*, die uns zur Verfügung stehen, also von unserem Wissen und unserer Erfahrung. Dies sind aber die gleichen Informationen, mit denen wir überhaupt *denken*, also unser Handeln planen. Von ihrer Richtigkeit hängt außer der *Motivation* auch unser *Erfolg* ab.

Es ergibt sich ein Rückkoppelungsmechanismus zwischen gewusster Information, Annahmen, Erfolg und Erfahrung, wie er in Abb. 8.4 dargestellt ist. Stellglieder sind das Wissen und die Erfahrung des Individuums. Da das Wissen mit der Zeit wachsen soll, muss die Rückkoppelung positiv, also verstärkend sein. Verstärkender *Antrieb* ist die gute Stimmung, die sich einstellt, wenn richtige Annahmen erstellt wurden. Die gute Stimmung ihrerseits ist Anlass für zusätzlichen Erfahrungs- und Informationszuwachs, man hat nämlich Lust zu neuen Aktivitäten.

Abb. 8.4: Ehrenrettung der philosophischen Weltanschauung des Hedonismus: Ersetzt man „Streben nach Freude" durch „Streben nach guter Stimmung", wird die dafür benötigte *Information* zu einem wichtigen Bindeglied für den Menschen, gleichzeitig Voraussetzung und Resultat. Durch gute Stimmung infolge richtiger Annahmen steigt seine Aktivität, und diese führt dann wieder zur Mehrung der Erfahrung und des Wissens und damit der Qualität der Annahmen. Evolutionsbiologisch betrachtet, könnte man die Freude also als einen naturgewollten Anreiz zum Sammeln richtiger Informationen auffassen. Mehr noch: Da die gute Stimmung das Streben nach Erkenntnis motiviert, begründet sie den dadurch bedingten Selektionsvorteil des Menschen in der Natur.

Final gedacht, verlangt die Natur die ständige Aktualisierung unserer Informationen, unseres Wissens, denn sie sind für das Überleben wichtig. „Schlau, wie sie ist, *belohnt*" die Natur das Bemühen nicht nur langfristig mit Erfolg, sondern *sofort* mit Wohlgefühl und guter Laune. Lernen soll Spaß machen.

Nicht nur unser *rationales* Wissen sollte möglichst richtig sein. Da Entscheidungen oft und nachhaltig von den *Emotionen* abhängen, müssen auch diese einer ständigen Überprüfung und Korrektur unterliegen können. Dass wir sie tatsächlich anpassen, unsere Einstellungen, unsere (emotionale) Meinung ändern (manche Mitmenschen tun das zu unserem Ärger zu oft), entspricht der Alltagserfahrung.

Erkenntnistheoretisch ist dieser kybernetische Zusammenhang die treibende Kraft für den Selektionsvorteil des Menschen in der Natur, nämlich für sein exponentiell wachsendes Wissen. Durch ständigen Wissenszuwachs wurde er zum Herrn der Welt.

Philosophisch gesehen rechtfertigt er die Weltanschauung hedonistischer Schulen, soweit sie sie verantwortungsbewusst und ethisch ernsthaft begründen. Durch diese Belohnungsstrategie unserer Gene erhält jede Weltanschauung, die Freude in den Mittelpunkt menschlichen Strebens stellt oder wenigstens deren zwanglosen Genuss und das Teilen der Freude mit anderen als wichtiges Lebensziel auffasst, eine Art neuer wissenschaftlicher Bestätigung.

Biologisch bevorzugt unser Bewertungssystem die gute Stimmung und alles, was ihr förderlich ist. Es reguliert mit diesem Maßstab die Motivation zum Handeln, und es belohnt mit dem Gefühl der Freude. „Schmerz und Lust sind die Druckmittel, die der Organismus braucht, um seine Instruktionen und erworbenen Strategien effektiv einzusetzen" (Damasio). Am anderen Ende der emotionalen Skala erzeugt der *Schmerz* Aufmerksamkeit vor Gefahr und hilft auf seine Weise, erfolgreich zu überleben.

Ich fasse die freudige Motivation lieber als die seelische *Energie* auf, die für Erfolg im Leben besonders vorteilhaft ist.

Ein schlechtes Gewissen ist auch eine Stimmung

Wann haben Sie zuletzt ein schlechtes Gewissen gehabt? Eigentlich sollte ich lieber nach dem *guten* Gewissen fragen. Sie erinnern sich an das Gefühl, das Sie hatten, an Ihre *Stimmung*? Sie merken, dass es genau zum Thema des vorigen Abschnitts passt. Wenn man eine gute Tat getan hat, *fühlt* man sich auch gut, vielleicht sogar beflügelt, motiviert zu neuen Taten. Stimmt's? Sie könnten sich entsprechende Erlebnisse sogar ins Gedächtnis rufen und die zugehörige Stimmung nach„empfinden".

• Beim Gewissen wird die *Annahme*, die Sie sich für den Ausgang Ihrer „Tat" machen, weniger durch Ihre eigenen Erfahrungen, als durch ethische *Gebote* oder andere *Gesetze begründet*.

Diese haben sie *gelernt*. Sie sind von Religion und Zivilisation vorgegeben worden. Natürlich gehe ich im Folgenden davon aus, dass Sie diese Gesetze akzeptieren und befolgen wollen. Aus Belehrung und Erfahrung wissen Sie ja auch nur allzu gut, dass Wohlverhalten mit diversen Formen von Belohnung *und mit guter Stimmung* einhergeht. Die Angst vor Strafe wie auch vor schlechtem Gewissen nach Nichtbefolgen mag Sie in Ihrer vorbildlichen ethischen Haltung bestärken.

Auch für den Ausgang ethischer Entscheidungen macht man Annahmen

Daher machen Sie natürlich vor einer ethisch bestimmten Handlung die *Annahme*, dass Sie der ethischen Forderung entsprechen werden. Wir wollen das mal in der Abbildung 9.1 nachvollziehen. Sie könnten z. B. gestern beim Bezahlen im

Supermarkt erheblich zu viel Wechselgeld erhalten haben. Sie haben dies erst später gemerkt. Und Sie haben sich vorgenommen, den Überschuss der Kassiererin heute wieder zurückzugeben. Das ist Ihre Annahme für eine ethisch korrekte Tat.

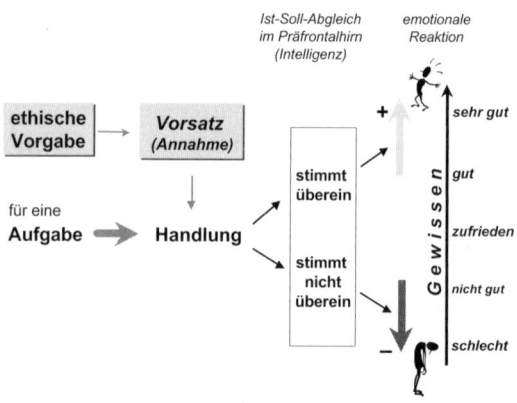

Abb. 9.1: Das Gewissen ist eine Emotion, eine Stimmung. Sie bezieht sich auf ethische Fragen. Man kann ihre Qualität aus der Richtigkeit von Annahmen erklären, die man sich zum Ergebnis von entsprechenden Handlungen gemacht hat. Es ist der „gute Vorsatz", dessen Erfüllung zählt. Man macht die „Annahme", dass die Handlung den ethischen Vorgaben entsprechen wird. Im Gehirn wird dann irgendwie verglichen, ob das erlebte „Ist" der Handlung mit dem „Soll" der gelernten Verhaltensregeln und Einstellungen in Einklang zu bringen ist. Hat man das Soll nicht erfüllt, wird die Stimmung und damit das „Gewissen" schlecht.

Wenn Sie das heute wirklich so gemacht haben, war Ihre Annahme richtig, und Sie fühlen sich gut, sind mit sich zufrieden. Sollte es irgendwie nicht geklappt haben, sollten Sie wegen irgendwelcher Umstände eine Ausrede gefunden haben und das Geld noch besitzen, haben Sie jetzt ein schlechtes Gewissen. Sie sind Ihrer eigenen Annahme nicht gerecht geworden, haben auch der allgemeinen moralischen Erwartung „der Leute", die die Norm vorgeben und die Sie ja nur zu gut kennen, nicht entsprochen, fühlen mit der armen Kassiererin, die das Fehlende nun aus eigener Tasche ersetzen muss.

Das Gute, was Sie sich zu tun vorgenommen hatten, das dann auch Inhalt Ihrer Annahme war, wird im Gehirn mit dem verglichen, was Sie dann wirklich taten. Eigentlich benötigen Sie gar nicht viel biologisches oder technisches Wissen, um zu verstehen, was die „kleinen grauen Zellen" Ihres Gehirns da machen: Es gibt ein Bild vom „Soll" und eines vom „Ist", die werden in Ihrem Kurzzeitgedächtnis verglichen, ähnlich wie der Thermostat Ihrer Heizung die tatsächliche Temperatur mit der als „Soll" eingestellten vergleicht. Das Maß der Differenz wird umgesetzt in Nervenaktivität und Hormonwirkungen im Gehirn, die Ihre *Stimmung* beeinflussen, nach unten oder nach oben. Und die Stimmung wiederum bedingt eine *Motivation* zur Tat. Das gute Gewissen ermuntert zu weiterem Tun, wie wir das als ungerichtete Motivation kennen gelernt haben. Aber auch das schlechte Gewissen lässt einen nicht recht ruhen.

Übrigens: Sowohl das gedankliche Bild vom „Soll" wie das vom „Ist" kann man nachträglich verändern. Sicher hat Ihnen schon mal jemand *nachträglich* ein schlechtes Gewissen eingeredet, indem er Ihnen ausmalte, wie schlecht Sie eigentlich gehandelt haben. So hatten Sie es selbst gar nicht gesehen. Sicher hat Sie auch schon mal jemand getröstet, dass Ihr Fehlverhalten eigentlich gar nicht so schlimm oder wegen zusätzlicher Umstände letztlich sogar vertretbar war. Sie haben sich dann ein neues Erinnerungsbild in Ihrem Gehirn geschaffen und haben das mit einem anderen, beruhigenden Marker versehen und das Ganze so abgespeichert.

Sie haben auch Ihrerseits schon versucht, anderen mit ähnlichem Trost die Stimmung aufzuhellen. Auf die Argumente kommt es an, auf zusätzliche Fakten. Sie sind Grundlage der Annahme, und deren Richtigkeit bestimmt die Stimmung bzw. das Gewissen. So werden Soldaten lange vor der Schlacht dahingehend beeinflusst, dass ihr Töten einer guten Sache dient.

Unser Gewissen belohnt oder bestraft mit Hilfe von Stimmungen

● Der Belohnungs- oder Bestrafungscharakter des Gewissens und der begleitenden Stimmung beeindruckt den Menschen.

Das System „Gewissen" ist schon immer „instrumentalisiert" worden, um damit mehr oder weniger gute Ziele zu erreichen. Unendlich viele wohlmeinende Menschen und noch viel mehr nicht wohlmeinende haben schon ihre Mitmenschen über das Gewissen zu mehr oder weniger guten Taten motiviert, verführt, gedrängt, demagogisch beeinflusst...

Aber ich möchte eigentlich nochmal von neuem am Thema des vorigen Abschnittes anknüpfen. Die *Annahmen* sind keineswegs die einzige Möglichkeit, eine gute *Stimmungslage* zu erzeugen. Vom Ablauf einer Handlung her gesehen sind sie sogar die letzte, wie die Abb. 9.2 andeutet. Wir erkennen ein umfassendes Reaktionsgefüge zwischen Handlung und Stimmung.

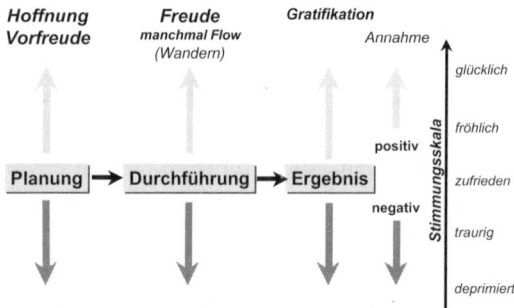

Abb. 9.2: Stimmungsänderungen allgemein bei Aktivität: Im Zusammenhang mit einer Handlung kann die Stimmung auf verschiedene Weise beeinflusst werden. Schon während der Planung kann *Hoffnung* oder Vorfreude aufkommen. Für manche Aktivität kann die Freude, die *während* der Ausführung entsteht, eigentlicher Zweck der Handlung sein. Genugtuung stellt sich bei erfolgreicher Durchführung einer *triebbedingten* Handlung ein, die der Psychologe dann als *Gratifikation* bezeichnet. Die Freude durch richtige *Annahmen* ist also nur eine Sonderform.

Übrigens kann die Stimmung auch steigen, weil man Freude *gemacht* kriegt.

Es gehört zu Ihrer Erfahrung, dass schon die *Hoffnung* auf Erfolg einer Aktion Freude bereiten kann: *Vorfreude* kennen Sie. Sie mögen sie. Sie steigern sich vielleicht sogar absichtlich in sie hinein. Nach dem im vorigen Kapitel Gesagten ist das – in Grenzen – emotional intelligent.

Es gibt viele Gelegenheiten, die Stimmung zu verbessern

Große Bedeutung hat die Hoffnung z. B. in der *Heilkunde*: Der Patient hofft auf die Fähigkeiten des Chirurgen (die er nicht beeinflussen kann!), der Chirurg darauf, dass keine Komplikationen eintreten (was er auch nicht ganz im Griff hat). Obgleich also beide den Ausgang nicht genau kennen können, sind die psychischen Kräfte, die aus solcher Hoffnung erwachsen, kaum zu überschätzen. Einen „hoffnungslosen Fall", der auch selbst keine Hoffnung mehr hat, braucht man gar nicht erst zu operieren, denn er wird es nicht schaffen.

Lassen Sie uns beim Thema „Hoffnung" ein wenig abschweifen, lassen Sie uns kurz auf die *gerichtete* Motivation zu sprechen kommen. Hoffnung bezieht sich ja auf *Ziele*, und die sind meist spezifisch, definiert. Wenn man so ein Ziel anstrebt, kommt diese auf das Erreichen dieses Ziel gerichtete Motivation zur ungerichteten als zusätzliche (seelische) Energie hinzu.

Wir haben es in Kapitel 7 schon erwähnt und werden es in Kapitel 18 aus anderer Sicht noch genauer besprechen: Wenn die Ziele von außen angeregt werden durch Bitten oder Befehle eines anderen, durch winkendes Lob oder drohende Strafe, nennt man das eine *äußere* oder *extrinsische* Motivation. Drängt ein Bedürfnis in mir, mache ich mir die Handlung zur eigenen Aufgabe, dann ist diese Motivation *intrinsisch*.

- Intrinsische Motivationen sind wirkungsvoller, bringen mehr Leistung. Mein emotionaler Marker ist stärker.

Wir werden im Folgenden viele Beispiele finden, dass man sich bei einer intrinsischen Motivation auch besser fühlt. Die *Hoffnung* ist eine intrinsische Motivation.

Eine positive Stimmung gewinnen auch Sie sicher oft *aus der Handlung selbst*. „Der Weg ist das Ziel": Klar, Sie freuen sich bei einer Wanderung ja nicht nur, wenn Ihre Annahme richtig war, dass Sie am Ende den Parkplatz wiederfinden.

Auch *Arbeit* sollte Freude machen, eventuell bis zum Glücksgefühl des „Flow". Unter diesem Begriff versteht man seit Czikzentmihalyi, dass das Bewusstsein sich voll auf die Aufgabe konzentriert. Man *vergisst alles um sich herum* und ist auch rundum zufrieden. Wer dieses Glücksgefühl nicht öfter hat, aber es wenigstens kennt, sollte versuchen, bewusst die Umstände seiner Arbeit möglichst oft entsprechend einzurichten. Es ist einer der besten Wege, die Lebensqualität zu steigern. Wir werden das im zweiten Teil auch im Zusammenhang mit dem Arbeitsklima ausführlich abhandeln.

Das Wissen um diese Form des Stimmungsgewinnes trägt umgekehrt zur Motivation bei. Sie kennen sich ja selbst: Sie sind zu vielen Aktivitäten bereit, einfach *weil* Sie sich von ihnen Freude versprechen.

- Es ist eine kluge Lebensauffassung, Befriedigung und Freude in der Beschäftigung zu suchen. Mancher (humorlose) Moralist empfiehlt allerdings, das Leben nach der Pflicht und nicht nach der Lust auszurichten. Umso bemerkenswerter ist, dass unsere natürlichen, angeborenen *Gefühls*reaktionen das Streben nach Lustgewinn einkalkulieren und unterstützen.

Es ist für Sie als Erwachsener sinnvoll, viele neue Erinnerungsbilder mit den erwünschten Einstellungen zu verbinden. Dann kann Ihre emotionale Intelligenz im entscheidenden Augenblick die richtige auch als Handlungsvorlage auswählen.

Nun besitzen wir von Natur aus noch einen interessanten Mechanismus, den die Psychologen *Gratifikation* nennen.

Wenn Sie einem *Trieb* nachgegeben und eine entsprechende Handlung ausgeführt haben, stellt sich ein Gefühl der Zufriedenheit ein. Ich will versuchen, Ihnen das am Fütterungstrieb eines Vogels klar zu machen. Stellen Sie sich vor, wie die Vogelmutter am Nestrand sitzt und die offenen Schnäbel ihrer Kinder sieht. Das löst bei ihr den Trieb aus, wegzufliegen und Futter zu holen. Wenn sie zurückkommt und das Futter in die Schnäbel stopft, empfindet sie ein Glücksgefühl. Das motiviert sie, nochmal Futter zu holen, und dann immer wieder. Ihr Gehirn wäre in der Lage, ihr zu sagen, sie solle erst mal auf einem Baum sitzen bleiben und selber fressen. Aber dann würde sie wohl ein schlechtes Gewissen kriegen. Wir dürfen das annehmen, weil die menschliche Mutter in einer entsprechenden Situation aufgrund des gleichen Triebes dieses schlechte Gewissen spürt (siehe Abb. 9.3).

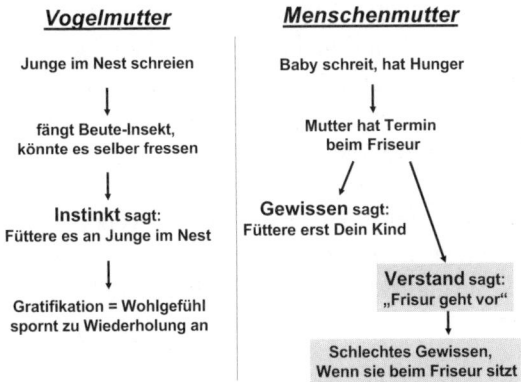

Abb. 9.3: Gratifikation und Gewissen: Triebe sind vererbte Verhaltensvorschriften. Sie dienen der Erhaltung der Art und haben sich in Jahrtausenden bewährt. Wenn das Individuum mit Hilfe seines Verstandes selbständig denken und somit unabhängig vom Trieb handeln kann, ist es von Vorteil für die Arterhaltung, das Befolgen der bewährten Triebhandlungen im Routinefall mit einem Wohlgefühl zu verknüpfen. Diese „Belohnung" sorgt für die Bevorzugung des Bewährten, dient also der Weitergabe der Gene. Der Mensch beherbergt diese Triebe ebenfalls, „Belohnung" oder „Bestrafung" spielen in seinem Unterbewusstsein eine erhebliche Rolle, wie schon Freud erkannte, und zwar eine beachtenswerte, evtl. krank machende – besonders, wenn man ihnen zuwider handelt.

Triebe: Das Gewissen ist wohl viel älter als die Menschheit

Entwicklungsgeschichtlich wurde eine derartige Verknüpfung zwischen Handeln und Emotionen „nötig", als die Tiere im Verlaufe der Entwicklungsgeschichte „lernten", mit einem nun leistungsfähigeren Gehirn auch eigene Entscheidungen *gegen ihre Triebe* zu treffen. Die Triebe sind ja stur darauf ausgerichtet, die eigene Art zu erhalten. Für Standardsituationen bieten sie die beste, bewährte Strategie.

Mit dem Verstand haben höhere Tiere die Freiheit erworben, im eigenen Interesse zu handeln. Die *selbständig geplante* Handlung sollte zwar im Spezialfall, der von der gewohnten Norm abweicht, zweckmäßiger, sie könnte aber auch schlechter als die „routinemäßige" Triebreaktion sein. Die neue Freiheit birgt Risiken. Final betrachtet könnte man sagen, das Gefühlszentrum „belohnt" den Vogel dafür, dass er triebgemäß seine Jungen gefüttert hat und nicht sagt: „Ich habe gerade Wichtigeres zu tun." Instinkthandlungen werden dadurch bevorzugt. Schließlich haben sie sich für den Normalfall (!) seit Jahrtausenden bewährt, garantieren zum Beispiel eine zuverlässige Brutpflege.

Das sollte jetzt keine Biologiestunde werden. Immerhin, Sie, liebe Leserinnen und Leser, *handeln viel öfter nach Ihren Trieben*, als Sie glauben. Wir werden in Kapitel 18 sehr ausführlich darauf zurückkommen. Der Fütterungsinstinkt ist nur ein Beispiel.

Wir wollen aber einen Schritt weiter gehen und andeuten, was in der termingeplagten *berufstätigen Mutter* vorgehen könnte. Sie wird immer wieder in psychologische Konflikte geraten, wenn die Umstände es nicht zulassen, der „Stimme der Natur" zu folgen. Einzelfälle schaden ihrer Seele sicher nicht. Aber häufig werden ja leider derartige Konflikte zum Dauerzustand und damit zum chronischen Stress. Darauf kommen wir gleich noch.

Wenn Sie wüssten, wie oft Sie triebhaft reagieren!

Der (männliche) Leser irrt, wenn er meint, dass ihn das mit den Trieben nichts angeht. Er mache sich bewusst, dass es zum Beispiel einen *Machttrieb* gibt. Der bestimmt die Handlungen und Gefühle der Männer mehr und öfter, als gut ist. „Jede Position ist *auch* eine Machtposition", sagt der Soziologe (s. Kap. 19). Damit meint er nicht nur Unterstellungsverhältnisse im Betrieb oder Verein, sondern zum Beispiel auch Positionen, die man sich in einer Diskussion durch die Klarheit seiner Argumente, durch „Macht"-Worte oder Faust auf den Tisch, durch Nachgeben oder anderes verdient. Für unser Thema ist wichtig, dass sie alle zu *Erfolgs- oder Misserfolgserlebnissen* führen, und damit auch zu Gefühlen.

● Lieber Leser, viele von Ihnen werden ihren Machttrieb häufiger *unterdrücken* müssen, als sie ihn ausleben können. Vielleicht müssen Sie Ärger über Mächtigere wegstecken, weil Sie den Mund halten müssen. Der Ärger könnte dann sogar in Ihrem Unterbewusstsein nachteilige Reaktionen auslösen.

Wir werden sie im nächsten Kapitel im Zusammenhang mit chronischem Stress untersuchen. Falls Sie aber damit keine Probleme haben, haben Sie vielleicht einen aktiven *Sexualtrieb*. Auf einschlägige unbewusste Verdrängungen führte Sigmund Freud die *neurotischen Reaktionen* vieler Menschen zurück. Er wusste noch nichts von emotionaler Intelligenz, die die beteiligten Emotionen mehr oder weniger gut managen könnte, aber gelegentlich versagt.

Wir sehen das heute in einem größeren Rahmen. Es bleibt aber die Gefahr, dass aufgestaute Gefühle erhebliche Probleme verursachen können. Wir hatten es schon angesprochen und werden einige Konsequenzen sogleich kennen lernen.

Was konnten Sie sich aus Kapitel 9 merken?

- Erweist sich die eigene Annahme, ethische Vorgaben zu erfüllen, als richtig, bekommt man ein gutes Gewissen.

- Das Gewissen ist wie die Stimmung ein Gefühlszustand.

- Stimmung und Gewissen kann man durch Manipulation der gedanklichen Grundlagen auch nachträglich beeinflussen.

- Emotionen werden durch biochemische (hormonale) Substanzen moduliert.

- Auch Hoffnung und die Tätigkeit selbst können Ursache einer freudigen Stimmung und damit einer guten Leistung sein.

- Gratifikation ist das befriedigende bis freudige Gefühl, das sich einstellt, wenn man eine Triebreaktion korrekt ausgeführt hat.

- Über das Streben nach Wohlbefinden regelt die Natur manches Verhalten von Tier und Mensch.

- Die Unterdrückung von Triebreaktionen kann zum Emotionsstau und zu psychologischen Problemen führen.

Ist Ihnen schon ein persönliches Ziel eingefallen?

- Arbeit kann und sollte Freude und Zufriedenheit auslösen. Also: Vielleicht können Sie Tätigkeiten, die Ihnen bislang keine Freude bereiteten, so umgestalten, dass Sie dabei zufrieden sind. Oft liegt es nur an der inneren Einstellung zu dieser Tätigkeit. Gewöhnen Sie sich an, sich selbst und Ihre Einstellungen „von einer höheren Warte aus" zu betrachten („Hubschrauber- perspektive").

- Das Dominanzstreben ist ein Trieb, der (im Gegensatz zu Hunger oder Durst) nicht gesättigt, aber gezügelt werden kann. Also: Achten Sie einmal darauf, ob Sie die Sphäre Ihrer Mitmenschen unnötig verletzen. Nehmen Sie sich gegebenenfalls wenigstens dann bewusst zurück, wenn es nicht wirklich darauf ankommt. Auch dazu braucht man eine „höhere Warte".

Das könnten Sie schon mal unverbindlich probieren:

Offenbar ist die „höhere Warte" eine wichtige Fähigkeit. Auch Sie können das. Sie könnten diese möglichst (!) objektive Beobachtung des eigenen Verhaltens probeweise ganz oft während das Tages einsetzen, einfach als Übung. Vielleicht gewinnen Sie sogar überraschende Erkenntnisse. Überlegen Sie, welche das sein könnten.

Die Biochemie beginnt, die Gefühle zu entzaubern

- Noradrenalin — *Leistungsfreude, Aktivität*
- Serotonin — *Leistungsfreude, Aktivität*
- Opioide (Endomorphin) — *Wohlbefinden*
- Testosteron — *Dominanzgefühl*
- Adrenokortikoide — *Stress und Wut*
- GABA-Mangel — *Angststörungen*
- Melatonin — *Müdigkeit*
- Oxytozin — *Liebe (bes. Kind – Mutter)*
- Dopamin (Überaktivität) — *Schizophrenie*

Abb. 9.4: Wichtige Botenstoffe im Gehirn als Überträger emotionaler Sensationen. Für einige von ihnen sind mehr als 15 verschiedene Rezeptoren und damit verschiedene Wirkmöglichkeiten beschrieben. Die Wirkung kann dadurch sogar an einigen Nervenzellen hemmend, an anderen fördernd sein. Zum Beispiel bewirkt ein Fehlen von Serotonin an manchen Rezeptoren eine Depression, an anderen dagegen Aggression. Hormone sind am Zustandekommen von Gefühlen und Stimmungen entscheidend beteiligt. Man kennt inzwischen über 50 Substanzen, die im Gehirn als Überträgerstoffe von Informationen wirken.

Hormone sind am Zustandekommen von Gefühlen und Stimmungen entscheidend beteiligt. Oft können sie an verschiedenen Stellen des Gehirns gleichzeitig wirken, wenn sie über den Blutweg verteilt werden.

Sie können direkt als Botenstoff an der *Synapse* (Verbindungsspalt) zwischen einer afferenten (zuleitenden) Nervenfaser und der Erfolgs-Nervenzelle agieren. Sie können aber auch die *Freisetzung* eines solchen Botenstoffes aktivieren oder hemmen. Andrerseits können sie den normalen Botenstoff behindern oder seinen *Abbau* und damit seine Konzentration und Wirkung verändern. Schließlich können sie am *Rezeptor*, also der Andockstelle des Botenstoffes, hemmend oder fördernd eingreifen.

Drogen, Medikamente und „Genussmittel" können diese biochemischen Wirkungen imitieren, verstärken, modifizieren, behindern.

Diese vielfältigen Zusammenhänge werden ergänzt durch die Aktivität ganzer *Hirnzentren*.

Bedenkt man, dass viele dieser Hormonwirkungen *kombiniert* werden, und dass jedes von ihnen dabei in sehr variabler Konzentration eingesetzt werden kann, ergibt sich eine schier unendliche Zahl resultierender Gefühlsschattierungen.

Diese riesige Variationsbreite biochemischer und neurophysiologischer Effekte müssen wir allerdings auch erwarten, wenn wir uns aus psychologischer Sicht klar machen, dass es zum Beispiel nicht nur einfach Freude gibt, sondern eine große Palette einschlägiger Empfindungen. Die Abb. 9.5 gibt einige Anregungen für diese Überlegungen.

Wer einen Eindruck von der ganzen Bandbreite eines einzigen Gefühls bekommen möchte, mag (wieder) in den Bestseller von Erich Fromm *Die Kunst des Liebens* hineinschauen (Ullstein Materialien ISBN 3-548-35258 B).

Freude:	**Glück, Entzücken, Seligkeit, Fröhlichkeit, Erregung, Sinneslust, Erheiterung, Vergnügen, Zufriedenheit, Behagen, Befriedigung, Stolz, Gratifikation, Laune, Euphorie, Ekstase, Manie ...**
Zorn:	Wut, Empörung, Groll, Aufgebrachtheit, Entrüstung, Verärgerung, Erbitterung, Verletztheit, Verdrossenheit, Reizbarkeit, Hass, Feindseligkeit, Gewalttätigkeit ...
Trauer:	Leid, Kummer, Freudlosigkeit, Trübsal, Melancholie, Selbstmitleid, Einsamkeit, Niedergeschlagenheit, Verzweiflung, Depression ...
Furcht ... Liebe ... Überraschung ... Ekel ... Scham ...	

Abb. 9.5: Differenzierung von Gefühlen (nach Daten von Goleman): Die Gefühlswelt des Menschen hat sich unter dem Einfluss seiner Zivilisation enorm erweitert, wie das Beispiel allein für der Bereich „Freude" andeutet. Der enormen Nuancierung entspricht ein besonders großer Mandelkern beim Menschen.

10 Stress muss nicht krank machen

Als meine Enkel neulich von ihrer Mutter gebeten wurden, doch mal die Kinderzimmer aufzuräumen, kam sofort: „Mach' doch nicht schon wieder solchen Stress!" Ich will an dieser Stelle nicht erörtern, wie viel in diesen Zimmern aufzuräumen war. Sicher ist, dass im Alltag vieles als „stressig" bezeichnet oder auch empfunden wird, was lange nicht die Bedingungen erfüllt, die der Begriff im engeren Sinne umfasst.

Das allgemeine Anpassungs- oder *Stress-Syndrom* des Körpers, das der kanadische Physiologe Selye beschrieben und untersucht hat, wird zwar durch vielerlei verschiedene Ursachen und darunter auch durch Anstrengung und Aufregung und Hetze ausgelöst. Die müssen dann aber doch ein wenig stärker sein, als dies beim Aufräumen eines Kinderzimmers üblich ist. Bei entsprechender Intensität führen die Stressoren (also die verschiedenen Ursachen) dann allerdings alle zu einer *einheitlichen* Art von *Alarmreaktion* des Körpers.

Ein bisschen Stress muss sein ...

• Sie können sich über Stress beklagen, über körperlichen oder auch psychischen. Fürchten müssen Sie ihn allenfalls im Extrem. Ihr Körper ist für stressige Belastungen eingerichtet.

Einzelereignisse dieser Art hat man sogar als *Eustress* bezeichnet, was so viel wie „guter Stress" bedeutet. Man will damit ausdrücken, dass man dies als notwendiges Training des Alarmsystems betrachten kann. Die Feuerwehr in Ihrer Stadt muss sogar immer wieder Übungen machen, wenn es nicht oft genug

brennt. Gelegentliche Spitzenbelastungen können Sie im Alltag
ja auch gar nicht umgehen.

Unser Körper setzt bei akuten psychischen Belastungen die
gleichen Hormone frei wie bei körperlichen Anstrengungen,
also wie beim Treppensteigen oder im Fitnesscenter, nämlich
zum Beispiel Adrenalin und Noradrenalin. Hier wie dort hat er
genügend Leistungsreserven, solange man es nicht sehr über-
treibt.

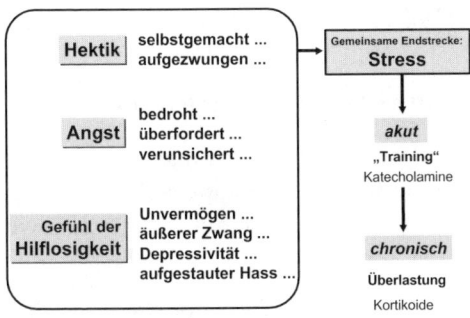

Abb. 10.1: Beispiele wichtiger psychischer Belastungen, die Stress erzeugen können.
Tritt die Belastung akut, also nur kurzfristig auf, wird sie vom emotionalen System nur
mit Alarmierung des Körpers beantwortet, z. B. mit Ausschüttung von Adrenalin, das
auch bei körperlichen Arbeiten eine Rolle spielt. Führt die psychische Belastung aber
durch chronische, also lang dauernde Einwirkung zu einer Überlastung, werden zusätzlich Kortikoide ausgeschüttet, wie sie bei körperlichen Verletzungen im späteren
Heilungsprozess eingesetzt werden. Sie können schwere Nebenwirkungen haben und
so zur Verursachung einer Erkrankung beitragen.

„Ich habe aber gelesen, dass Stress zu Erkrankungen führen
kann", werden Sie mir nun entgegenhalten. „Wann ist denn
dann der Stress gefährlich?" – Nun, es *kann* gefährlich werden,
wenn der akute Stress zu einem *chronischen* wird. Wenn der
Stress nicht abklingen kann, oder wenn die Stressoren ständig
weiterwirken, oder wenn vor der Erholung schon wieder die
nächste starke Belastung einsetzt, dann spricht man von *Dis-
stress*.

In den Industrienationen werden psychische Belastungen nachweislich eine zunehmend größere und wichtigere Ursache von Gesundheitsschäden. *Angst* vor konkreten oder auch nur gefürchteten Bedrohungen zum Beispiel, die man aus verschiedenen Gründen nicht los wird. Zunehmend auch diffuse Ängste, weil man sich überfordert fühlt, oder weil man bei mangelndem Selbstvertrauen verunsichert ist. Verschiedene Ursachen wie *Hast* sind in der Abbildung 10.1 angedeutet. Das Gefühl der *Hilflosigkeit* wird besonders als Ursache von psychologischen Fehlreaktionen von Jugendlichen gefunden.

Mobbing ist eine Form der Aggression

Vielleicht haben Sie schon Erfahrungen mit *Mobbing* machen müssen. Durch meist versteckte, unterschwellige, aber ständige Bedrohungen und Belästigungen am Arbeitsplatz werden unbeliebte Mitarbeiter zur Verzweiflung getrieben.

• Dieser subtile Psychoterror kann ernste gesundheitliche Folgen für die Opfer haben. Durch Mobbing bedingte Erkrankungen sind inzwischen so häufig und so ausgeprägt, dass sie als Berufskrankheit anerkannt werden!

Sie haben sich natürlich schon beruhigt, dass Sie selbst an derartigen versteckten Aggressionen nicht beteiligt sind, nicht einmal gegen Clubmitglieder, Nachbarn oder entfernte Verwandte. Oder Sie wollen sich das jedenfalls nochmal überlegen.

Mancher in Ihrer Umgebung scheint gar nicht zu merken, wie gemein er sich da verhält, vielleicht auch noch ohne erheblichen Grund. Es wird zur Gewohnheit oder auch zum bösen Spiel. Vielleicht sollten Sie selbst doch etwas hellhöriger werden, ob man Ihnen nicht auch ein derartiges Verhalten vorwirft?

Aber wie schützt man sich, wenn es einen selbst betrifft? *Wie schützt man sich* gegen vielseitigen chronischen Stress, den die Umwelt verursacht, für den man vielleicht sogar selbst mitverantwortlich ist?

Denken Sie an die Hetze wegen *Arbeitsüberlastung* und ständiger Terminschwierigkeiten. Wenn Sie damit Probleme haben, haben Sie sicher auch schon an einem Seminar für Time-Management teilgenommen oder entsprechende Schriften studiert. Hat Ihnen das viel geholfen?

Es wurde darin an Ihren *Verstand* appelliert. Sie sollen sich konzentrieren, disziplinierter Ihre Pläne einhalten, Unwichtiges abwimmeln oder delegieren. Sie haben sich mit mehr oder weniger Erfolg bemüht. Sie schaffen sogar deutlich mehr in der Zeiteinheit.

- Ihr Problem haben Sie aber weiter, alles erledigen können Sie trotzdem nicht. Sie bleiben in dem *Gefühl, gehetzt zu sein.* Verstehen Sie, worauf ich hinaus will?

- Auf Ihre innere *Einstellung* kommt es an, wenn Sie nicht zu allen Terminschwierigkeiten auch noch krank werden wollen.

Haben Sie bis zum Abend genug geleistet, um zufrieden zu sein?

Ich bin in meinem Beruf als Chefarzt wahrhaft nie mit der Arbeit fertig gewesen, wenn ich abends nach Hause ging. Es gab trotz aller Hetze und allem Bemühen um exakte Zeiteinteilung immer noch Patienten, die ich eigentlich auch hätte aufsuchen wollen, Angehörige, die vielleicht auch noch mit mir sprechen wollten. Manche Aufgaben übergab ich dem Dienst habenden Arzt, weil ich einfach müde war. Außerdem hätte ich dringend noch gewisse fachliche Veröffentlichungen lesen sollen. Die vielen wichtigen, aber unerledigten Aufgaben wären Grund genug für Stress, für ein schlechtes Gewissen gewesen.

- Aber man muss abends kein schlechtes Gewissen haben, *wenn man sich den Tag über redlich bemüht hat.*

Es ist wie mit dem Glas, das halb voll oder halb leer sein kann. Es ist eine Frage der Einstellung, ob man sich über das freut, was man erledigen konnte, oder über das ärgert, was noch liegen geblieben ist.

Entscheiden Sie sich künftig für „Genugtuung", falls Sie genug getan, falls Sie das Mögliche erreicht haben. Klar, dass man böse Überraschungen erleben würde, wenn man mit zu viel Zufriedenheit über ein mangelhaftes Arbeitsergebnis hinweggehen würde. Überlegen Sie sich den Tag unter diesem Gesichtspunkt noch einmal, bevor Sie nach Hause gehen. Und bleiben Sie in Gedanken bei dem, was gut geworden ist.

- Das, was abends liegen bleiben musste, können Sie übrigens besser (vorübergehend) aus dem Kopf kriegen, wenn Sie sich noch schnell einen guten Plan für den nächsten Tag machen, auf dem die übrig gebliebenen Punkte alle berücksichtigt sind. Und zwar schriftlich!

Für das Unerledigte ist dann wenigstens schon mal gesorgt. Sie müssen es nicht mehr im Kopf haben, brauchen nicht zu fürchten, dass Sie etwas Wichtiges vergessen. Der Abend wird ruhiger verlaufen, denn die Faust im Nacken ist der eigentliche Stress.

Vielleicht freuen Sie sich sogar auf das befriedigende Gefühl, wenn Sie am nächsten Tag einen Punkt nach dem anderen auf Ihrem Zettel dick durchstreichen können: Vorfreude anstatt Angst vor dem Vergessen.

Das sind Ratschläge für verstandesmäßiges Einüben, werden Sie jetzt denken. Richtig, aber es sollte nicht lange dauern, bis die Übung auch unterschwellig funktioniert.

Manchem Optimisten ist von Natur aus gegeben, mit entsprechenden Taktiken Stress zu vermeiden, weil er bevorzugt das Positive sieht. Andere müssen dies üben. Es ist *auch* eine emotionale Kompetenz. Die Taktik ist nur erfolgreich unter Voraussetzungen wie *Freude an der Arbeit* und ausreichender *Selbstkritik*.

In einen inneren Spannungszustand geraten Sie nicht nur, wenn Sie sich zu viel vornehmen. Vielleicht haben Sie dieses Problem überhaupt nicht. Schlagen Sie sich dagegen tagelang mit dem *Ärger* herum, den Ihnen die lieben Mitmenschen bereiten? Er kann sich im Gemüt festsetzen, lässt Sie innerlich nicht wirklich zur Ruhe kommen. Das ist ein Paradebeispiel für chronischen Stress (vgl. Abb. 10.1).

Sie können die „Managerkrankheit" vermeiden

Man hat zu beweisen versucht, dass chronischer Stress zu einem *Herzinfarkt* führen kann, und dass man das mit entsprechender Psychotechnik vermeiden könnte. Diese sehr eindrucksvolle Untersuchung will ich Ihnen schildern. Man hat sie an Menschen durchgeführt, die schon einen Herzinfarkt durchgemacht hatten. Bei ihnen weiß man nämlich aus der Statistik, dass sie mit einer bekannten durchschnittlichen Wahrscheinlichkeit in den nächsten zwei Jahren einen zweiten Infarkt bekommen werden, auch wenn man mit allen bekannten Mitteln versucht, dies abzuwenden.

Natürlich wurden bei allen Teilnehmern an der Untersuchung alle Vorsorgemaßnahmen angewendet, die man zur Verhütung eines Zweitinfarktes kennt: Senken von Blutdruck, Cholesterin, Gewicht, Gerinnungsneigung des Blutes, Rat zur körperlichen Bewegung usw. Der einen Hälfte der Gruppe gab man aber eine zusätzliche Aufgabe: Jeder von ihnen sollte zwei Wochen lang täglich einen Aufsatz schreiben zu jeweils einem der Probleme, die ihn vor dem Infarkt in innere Spannung, Angst, Hektik oder Ähnliches getrieben hatten. Zu den Ursachen und allen Einzelheiten des Ablaufs und der Folgen sollten möglichst exakte Überlegungen schriftlich festgehalten werden. In der übrigen Zeit wurden sie betreut wie die anderen Teilnehmer. Die behandelnden Ärzte wussten nicht, wer welcher Gruppe zugeteilt war.

Nach zwei Jahren wurde ausgewertet. Von den Teilnehmern, die die Aufsätze verfasst hatten, hatten *nur halb so viele* einen erneuten Infarkt bekommen wie die in der anderen Gruppe! Das Ergebnis wird sensationell, wenn man bedenkt, dass es ja neben dem Stress auch noch andere Ursachen für einen Infarkt gibt wie Rauchen, hoher Blutdruck, hohes Cholesterin, Diabetes, die weiterhin für beide Gruppen gleich wirksam blieben.

● Die Konsequenz ist eindeutig: Selbst nach längerer Zeit ist es höchst nützlich, für die Aufklärung und Aufarbeitung psychischer Spannungszustände zu sorgen. Man kann dies selbst tun, ohne Psychiater.

● Die *schriftliche* Beschäftigung mit den Themen zwingt zu besonders exakter und damit wirksamer Auseinandersetzung.

Vermutlich ist keiner der Ratschläge, die ich Ihnen in diesem Buch gebe, so einfach zu befolgen. Vermutlich ist keiner so wirksam: Am besten gehen Sie abends nicht nach Hause, bevor Sie nicht zu ärgerlichen Begebenheiten, die Sie berührt haben und die Sie noch beschäftigen, eine Aktennotiz geschrieben, bevor Sie nicht den Entwurf zu einem Antwortbrief verfasst haben. Sie werden sich nicht nur erleichtert fühlen, Sie werden es auch wirklich sein. Freilich, der geschilderte Versuch zeigt: Der schriftliche Stress-Abbau funktioniert noch nach Wochen und Monaten. Aber wenn Sie es wirklich noch am gleichen Tag schaffen, ist schon der Abend gerettet.

Zu einem Emotionsstau muss es allerdings gar nicht erst kommen, wenn man bei Interaktionen mit anderen *die Ruhe behält*, in kontroversen Besprechungen nicht aus der Haut fährt, wenn man nicht panikt, wenn die Anforderungen von allen Seiten auf einen einstürzen. Das ist natürlich leichter gesagt als getan.

● Die Mehrzahl der Menschen ist diesen Stresssituationen nicht in jeder Hinsicht gewachsen: Sie können zwar wie die Weltmeister schaffen, bringen Leistung wie ein hochgetunter

Sportwagen, verfügen aber nicht über die notwendige *Hochleistungs-Bremse*, die der Sportwagen natürlich auch hat, um vor Schwierigkeiten rechtzeitig halten oder ausweichen zu können.

Was würden Sie in solchen Situationen unter einer „Bremse" verstehen, und was wäre da abzubremsen? Nun, eine Diskussion zum Beispiel gerät dann außer Kontrolle, wenn sie „emotionalisiert" wird, wenn nicht mehr nur nüchterne Argumente ausgetauscht werden. Und dann dürfte man sich nicht mitreißen lassen, *man müsste „cool" bleiben können.* Manche können das dank einer entsprechenden emotionalen Intelligenz. Das wäre die ideale Bremse.

Für Ihre Gesundheit ist Bremsen wichtiger als Gas geben

Aber Sie können auch eine entsprechende *emotionale Kompetenz* erwerben. Sie müssen an den entsprechenden Begriffen und Erinnerungsbildern von vergleichbaren Eskalationen den Marker „ruhig bleiben" oder „Verstand einschalten" anbringen. Also lassen Sie sich anfangs von einem Vertrauten helfen, rechtzeitig die Gefahr zu erkennen und sich zusammenzunehmen. Dies müssen Sie sehr bewusst reflektieren, wie wir das schon besprochen haben.

Und wir sollten es gleich klarstellen: Gelassenheit ist nach heutigen Erkenntnissen eine aktive Leistung der übergeordneten Zentren. Es herrscht dann nicht einfach Ruhe, sondern über spezielle Nervenfasern wird der Mandelkern *gebremst*! Falls Sie also aufbrausend sind, fehlt da etwas, nämlich die beruhigende Autorität in Ihrem Präfrontalhirn.

In einer hitzigen Diskussion sollte man sich gewissermaßen aus der sich erhitzenden Gesamtsituation ausklinken, um die so genannte *Hubschrauberperspektive* zu gewinnen. Von oben herab, bildlich gesprochen, mit gebührendem Abstand muss man die eigene und die Reaktionen anderer betrachten. Herausgehoben aus der Emotionalität muss man die zweckmäßige Reaktion nüchtern kalkulieren, um dann als der souveräne Herr der Situation wieder herabzusteigen. Wenn es gar nicht mehr anders geht, kommen Sie wenigstens mit dem Vorschlag, die Diskussion zu vertagen. Wenn die emotionalen Wogen hochschlagen, sind Sie damit der Weiseste.

• Zwei Dinge sind dafür nötig: Zum einen sollte man *rechtzeitig daran denken*, zum anderen *sich selbst schnell genug beruhigen.*

Im Anhang finden Sie im Verzeichnis der weiterführenden Literatur auch ein Büchlein *Meditation in drei Minuten.* Daraus könnten Sie sich eine wirksame „Bremse" aneignen. – Vermutlich wundern Sie sich, dass ich Ihnen mit so was komme: Meditation.

Zunächst ist der Titel des kleinen Büchleins missverständlich: In drei Minuten kann man nicht meditieren. Gemeint ist, dass man nach drei Minuten so ruhig ist, dass man *dann* meditieren könnte. Sogar nach drei tiefen Atemzügen kann man mit entsprechender Übung schon sehr ruhig sein.

Es sind fernöstliche Erfahrungen, auf denen die empfohlenen Techniken beruhen. Ich meine, dass wir mit dem, was wir bisher besprochen haben, eine – gewissermaßen westliche – Erklärung für die rasche Verflüchtigung allen Ärgers und anderer Emotionen durch Entspannungstechniken geben können.

Die Erklärung geht aus von dem öfter gegebenen Ratschlag, man solle nie sagen: „Ich bin ärgerlich", sondern „Ich habe einen ärgerlichen Gedanken". Man könne die Ursache des Ärgers dann in einer Art „innerer Metadiskussion", also einer Diskussion mit sich selbst analysieren und als erklärbar oder als eigentlich unbedeutend oder unnötig erkennen.

Sie, meine Leserinnen und Leser, haben jetzt so viel über moderne Vorstellungen von Emotionen gelesen, dass Sie sofort sagen werden: Man hat auch nicht *ärgerliche Gedanken*, sondern Gedanken *mit dem Marker* „das ist für mich ärgerlich".

Und wenn wir diesen Gedanken in das Kurzzeitgedächtnis bringen, uns also bewusst machen, wird das Gefühl „Ärger" über den Mandelkern ausgelöst.

Fernöstliche Meditationsübungen zielen darauf, dass man möglichst gar nichts denkt. Hier liegt der Schlüssel: Wer aber keine Gedanken im Kurzzeitgedächtnis hat, hat natürlich dort auch keine emotionalen Marker und damit keine Signale an den Mandelkern. Emotionale Beruhigung kann sich einstellen. Bremse für Ihren emotionalen Rennwagen.

Sie verstehen den Unterschied: Im Gegensatz zur schriftlichen Aufarbeitung von einer vorhandenen Stressursache ändert diese Beruhigung an der Ursache des Ärgers nichts. Sie befähigt Sie nur, in der (emotionalen) Hektik der Situation den nötigen Überblick zu behalten. Es muss nicht ausgerechnet dieses Buch über Entspannungstechnik sein.

Aber wenn Sie dann in der Lage sind, in wenigen Atemzügen ganz ruhig zu werden, müssen Sie sich nur noch angewöhnen, jeden Tag oft genug daran zu denken. Sie müssen dann die Bremse einfach so zur Übung immer wieder trainieren, auch wenn es überhaupt nicht nötig ist. Zum Beispiel in langweiligen Phasen einer Sitzung. Wenn Ihnen das zur lieben Gewohnheit geworden ist, wird Ihr Unterbewusstsein Sie daran auch im Ernstfall erinnern.

Das ist leichter gesagt als getan. Vielleicht gehören Sie zu jenen Menschen, die ganz schnell auf 180 kommen und nicht so leicht wieder herunterzukriegen sind. Wer sehr temperamentvoll ist, hat sicher viel größere Probleme bei meinen Ratschlägen als ein Phlegmatiker. Wir sollten das zum Anlass nehmen, uns im nächsten Kapitel wenigstens etwas mit dem Temperament zu befassen. Wir werden dann auch auf so wichtige Dinge wie Selbstbewusstsein, Selbstkritik und Optimismus zu sprechen kommen.

Was konnten Sie sich aus Kapitel 10 merken?

- Akuter Stress ist eine Art Training für das Alarmsystem, ist jedenfalls in weiten Grenzen nicht schädlich.

- Im Stress werden Hormone wie Adrenalin oder Kortisol ausgeschüttet.

- Chronischer Stress kann zu gesundheitlichen Schäden führen, indem Krankheiten unter Mitwirkung von Hormonen ausgelöst werden.

- Psychische Spannungszustände können auch nach längerer Zeit noch durch schriftliche Analyse der Tatbestände aufgelöst werden.

- Die abendliche schriftliche Auflistung der nicht erledigten Aufgaben entlastet das Gedächtnis und entspannt allgemein.

- Mobbing ist ständig wiederholte unterschwellige Aggression und kann zu ernsten, nicht nur psychischen Erkrankungen führen.

- Je aufregender eine Situation ist, desto mehr sind Emotionen im Spiel, und desto wichtiger sind gute Strategien zu deren „Abbremsung".

- Wenn es gelingt, Gedanken mit dem Marker „sehr ärgerlich" zusätzlich mit dem Vermerk „aber unnötigerweise" zu versehen, sollte ihr schädliches Weiterschwelen im Unbewussten zu vermeiden sein.

Ist Ihnen schon ein persönliches Ziel eingefallen?

- Arbeitsüberlastung kann zu schlechtem Gewissen und letztlich zu chronischem Stress führen. Also: Sofern Sie sich den ganzen Tag redlich gemüht und die richtigen Schwerpunkte gesetzt hatten, sollten Sie sich künftig über das Erreichte freuen und für den unerledigten Rest eine Auflistung oder einen Plan machen.

- Schriftliches Aufarbeiten von psychischen Spannungszuständen vermag einem Herzinfarkt vorzubeugen. Also: Fertigen Sie über jedes aufregende Ereignis eine genaue Protokollnotiz an, schreiben Sie nach jeder Beleidigung oder Erniedrigung den Entwurf für einen ausführlichen Antwortbrief. Er kann sehr deutlich ausfallen, denn Sie müssen ihn am nächsten Tag ohnehin korrigieren.

Das könnten Sie schon mal überprüfen:

Es geht um die „Bremse". Falls es mal einen Streit gibt, zum Beispiel mit einem Partner, sind Sie dann der Erste, der für ein Ende der Auseinandersetzung eintritt? Reichen Sie gewöhnlich als Erster die Hand zur Versöhnung? Können Sie anschließend den Raum ganz ruhig verlassen? Wenn „nein", sollten Sie sich vielleicht schon mal das Büchlein über Meditation besorgen (s. Anhang).

Krankheiten können durch Emotionen entstehen

Bei Erkrankungen können *psychische* Ursachen grundsätzlich in dreierlei Art einwirken. Erstens können psychische Mechanismen eine organische Krankheit nachbilden. Die Symptome dieser *somatoformen* (einer körperlichen Erkrankung gleichenden) Krankheitsbilder können nicht mit den üblichen Nachweismethoden erklärt werden.

Zweitens können die Symptome regelrechter organischer Krankheiten durch psychische Einwirkung verstärkt werden. Man nannte dies früher „*psychosomatisch*", heute bevorzugt man semantisch richtiger „psycho-physiologisch". Nach herrschender Lehrmeinung haben mindestens 80% aller organischen Erkrankungen eine psychologische Komponente. Diese emotionalen Anteile sind nicht ohne weiteres zu erkennen.

Im einfachsten Fall wird der *Genesungswille* beeinträchtigt. Dieser kann von sachlichen Informationen abhängen. So kann das Krankheitsgefühl und damit die *Symptomatik* nach einer Pilzvergiftung entscheidend davon abhängen, ob der Patient davon ausgeht, dass irgendein Pilzsucher versehentlich einen falschen Pilz erwischt hat, oder ob er vermutet, dass seine Frau ihm den giftigen beigemischt hat. Ähnliche Effekte könnte der Ärger über schlechte Arbeitsplatzbedingungen hervorrufen.

Drittens können gewisse organische Erkrankungen auf psychischem Wege *ausgelöst* werden, die sonst bei diesem Menschen zu dieser Zeit nicht aufgetreten wären. Hierher gehören zum Beispiel manche *Herpesbläschen* an den Lippen. Man weiß, dass sich die Viren nach früheren Infektionen weiter im Körper aufhalten, aber vom nicht gestressten Abwehrmechanismus in Schach gehalten werden können.

Ähnlich kann wohl auch ein *Magengeschwür* entstehen. Auch in der Magenschleimhaut können nämlich die krank machenden Keime schon auf die Gelegenheit warten, im Falle einer Abwehrschwäche des Körpers loszuschlagen.

Andererseits können Veränderungen im Gerinnungssystem, speziell an den Blutplättchen, zu Blutgerinnseln führen, die dann schon vorgeschädigte Herzkranzgefäße plötzlich verschließen, also die Durchblutung des Herzmuskels verhindern, und damit einen *Herzinfarkt* verursachen.

Als Bindeglied zwischen derartiger Krankheitsauslösung und psychischer Langzeitbelastung werden Kortikoide aus der Nebennierenrinde angesehen. Sie werden nämlich bei chronischem Stress erhöht gefunden, und sie haben entsprechende typische Nebenwirkungen. So wird die *Infektabwehr* gebremst und das *Gerinnungssystem* verändert. Der Gestresste wird infektanfälliger. Sogar die Beschleunigung von Krebswachstum wurde statistisch sehr wahrscheinlich gemacht.

11 Temperament: Die Intensität der Reaktionen wird vorgegeben

Sie kennen diese Leute: *Forsch* treten sie auf, als gehöre ihnen die Welt, als sei alles um sie herum in bester Ordnung, als hätten sie noch nie etwas von Minderwertigkeitsgefühlen gehört. Wenn so einer auch noch Charme hat, scheint ihm alles zuzufliegen. Was für ein Lebensgefühl, welche Energie steckt dahinter! Das schiere Gegenteil sind *schüchterne* Typen, die nie den Mund aufmachen, am liebsten gleich in der Erde versinken, wenn sich die Aufmerksamkeit auf sie richtet.

„Wo ich bin, ist oben"

Auf einer Skala zwischen diesen beiden Extremen „keck" und „schüchtern" könnte man die Menschen einordnen. Es ist eine der Dimensionen des *Temperaments*. Man hat es irgendwie und behält es auch ein Leben lang. Früher nahm man an, Temperament sei der angeborene Teil der Gefühle, aber man ist da nicht mehr ganz sicher. Jedenfalls weiß man inzwischen, dass zum Beispiel Schüchternheit *kein* Schicksal sein muss. Die Tendenz allenfalls. Man kann dagegen angehen, mit Training schon in der Kindheit. Und man kann sie mit Medikamenten beeinflussen (Drogen, Alkohol zum Beispiel).

- Besonders in früher Kindheit können viele ihre Scheu völlig ablegen, wenn Ihnen geholfen wird, durch viele kleine Erfolgserlebnisse das *Selbstwertgefühl* und das Selbstbewusstsein zu steigern.

Forschheit und *Selbstwertgefühl* haben viel miteinander zu tun, sind aber nicht dasselbe. Die aufmerksame Leserin, der nach so vielen Seiten schon erfahrene Leser, merken hier sofort auf:

Frech, keck, schüchtern, temperamentvoll sind ja eher *Verhaltensweisen* oder Einstellungen zum Leben, allenfalls *verbunden* mit Gefühlsqualitäten.

Dagegen ist dieses *Selbstwertgefühl* ohne Zweifel ein *Gefühl*. Seine intelligente Behandlung bezeichnet man als Selbstkritik. Beide sollen uns erst einmal kurz interessieren.

Wir *sprechen* nicht nur mit uns selbst, wir machen uns *auch ein Bild von uns*. Diese Selbsteinschätzung ist *subjektiv* im wahrsten Sinne, also massiv von eigenen Wünschen oder Befürchtungen gefärbt. Freilich geht auch eine Verarbeitung unserer Erfahrungen und Erinnerungen mit ein, natürlich so, wie *wir* sie sehen und noch im Gedächtnis haben.

Wie falsch die Selbsteinschätzung sein kann, sehen wir ja bei vielen anderen, die gar nicht merken, wie eingebildet oder dumm, unsympathisch oder egoistisch sie sind.

- Für den gesellschaftlichen, beruflichen, für jeden zwischenmenschlichen Erfolg ist aber außerordentlich wichtig, dass dieses Selbstbild der Realität möglichst nahe kommt. Denn von der richtigen Selbsteinschätzung hängt das Verhalten gegenüber anderen ab, und davon wiederum Beliebtheit, Autorität und viele Entscheidungen.

Unsere *Selbstkritik* sollte die Einschätzung korrigieren. Sie hat drei Probleme.

Zum einen sollten wir unsere eigenen Äußerungen und Taten *objektiv*, also mit den Augen der anderen sehen können. Unsere eigene „rosa Brille" ist ja beeinflusst von unserem Wollen, das für uns wichtig war, das wir dann aber vielleicht gar nicht durchsetzen konnten. Das tatsächliche Resultat mag viel schlechter sein als die Absicht, die wir noch im Kopf haben. Der Sollwert, der erreicht werden soll, ist also schon mal subjektiv.

Zum anderen besteht unser Sollwert, also der Maßstab, mit dem wir unsere Handlung vergleichen, aus Begriffen und Erinnerungsbildern in unserem Gehirn, die alle mit subjektiven emotionalen Markern versehen sind, wie wir schon seit Kapitel 2 wissen. Es ist also unser eigener Maßstab.

Drittens besteht die Gefahr, dass wir für uns selbst eine mildere Beurteilung vornehmen, zum Beispiel mit größerem Verständnis für eigene Fehler und für Ausnahmen, als wir sie bei anderen durchgehen lassen würden.

Wie könnten Sie sich aber selbst objektiver sehen? Das Zauberwort heißt *Feedback*. Von kompetenten, möglichst unbeteiligten Beobachtern sollten Sie Urteile einholen können, und dann müssten Sie die Wahrheit auch noch akzeptieren und realisieren. Eines Tages könnte Ihre emotionale Intelligenz ganz automatisch objektivere Beurteilungen einspielen.

Bei Ihren Mitmenschen funktioniert dieser *Teil der emotionalen Intelligenz* sehr unterschiedlich. Sie scheint dieses Abgleichen beim einen Kollegen sorgfältig, beim anderen eher großzügig zu machen, mit der rosaroten Brille oder mit selbstzerstörerischer Pedanterie, mit mehr oder weniger *Selbstkritik*. Auch in dieser Hinsicht könnte man die Menschen auf einer Skala einordnen. Und Sie werden jetzt vermuten, dass das Maß der Kritikfähigkeit eine *Veranlagung* sei, denn Sie haben schon gelernt, dass die Facetten der emotionalen Intelligenz vererbt werden.

Das größte Selbstbewusstsein hat man in Fachfragen

Korrekt. – Aber wenden wir uns noch einmal unserem Bild von uns selbst zu und dem Selbstwert*gefühl*, das das Gehirn daraus ableitet. Es beruht ja auf Daten, die im Gehirn gespeichert sind. Zum Beispiel auf *Erfolgserlebnissen*. Von denen werden sich die meisten in den Bereichen finden, in denen der Träger des Gehirns *Fachmann* ist. Dort, wo jemand kompetent ist, kann er auch am besten ein Selbstwertgefühl aufbauen.

• Ein verlässliches Selbstwertgefühl hat man also *bezogen auf sein Können*, weil in dieses Gefühl die Erfahrung mit den eigenen Erfolgen und mit dem Feedback aus der einschlägigen Umwelt mit eingeht.

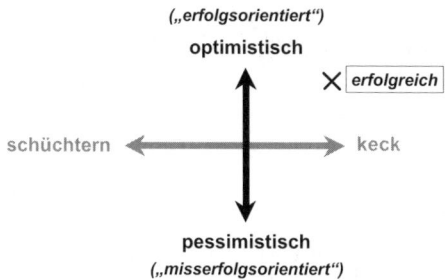

Abb. 11.1: Temperament als Erfolgsfaktor: Durch das Temperament werden die Grundmuster des Verhaltens in mehreren Dimensionen modifiziert. Das Temperament wird dadurch zu einem Merkmal der Persönlichkeit. Offenbar handelt es sich um verschiedene Schaltmuster. Während man die „Zentrale" für den Optimismus im Mandelkern vermutet, entscheiden Strukturen im Präfrontalhirn über eher keck oder schüchtern. Eine weitere Dimension wäre z. B. die Achse introvertiert – extravertiert. Obgleich das Temperament vielen psychologischen Verhaltensmustern übergeordnet ist, zählt man z. B. den Optimismus zu den emotional intelligenten Reaktionen. Er beruht darauf, sich grundsätzlich auf Erfolg einzustellen und die Ursache aller Misserfolge als beeinflussbar anzusehen, also die „Schuld" bei sich selbst zu suchen.

Der berühmte Forscher über das Gehör der Insekten tritt im Kollegenkreis der Insektenkenner höchst selbstbewusst auf, während er vielleicht in der Öffentlichkeit bescheiden, eher schüchtern wirkt, und er sagt lieber nichts, wenn man sich im Freundeskreis über Themen wie Kindererziehung unterhält, in der er keine Erfahrung hat.

• Auf der Selbsteinschätzung beruht auch das Selbstvertrauen als Grundlage der inneren Stärke, auch der Autorität. Es ist Voraussetzung für Entschlossenheit oder unbeirrte Überzeugung.

- Charaktereigenschaften wie *Zivilcourage*, Fähigkeiten wie „Ausstrahlung" oder ein „Charisma" erwachsen aus der tief gefestigten Einstellung zum eigenen Wert und Können.

Das Selbstwertgefühl korrelliert eng mit der allgemeinen *Stimmung*, die wir ja eingehend besprochen haben. Es ist wie bei den Annahmen in Kapitel 8: Ihr Selbstwertgefühl steigt, wenn Ihre Erwartungen und der Erfolg übereinstimmen. Wenn Sie spüren, dass Sie sich in einer gewissen Situation gut auskennen, fühlen Sie sich auch wohl. Aber diese Erfahrung haben Sie auch schon gemacht: Ein lieber Kollege kann Ihnen mit der gleichen gemeinen Äußerung das Selbstwertgefühl *und* die Stimmung verhageln.

Ein Mindestmaß an Selbstwertgefühl braucht jeder. Wenn die eigene Leistung in dieser Hinsicht nicht genug hergibt, ist die Versuchung groß, andere Wege zu beschreiten: Der unsichere Chef beweist sich seine Macht, indem er die Mitarbeiter zusammensch...reit. Übrigens nicht nur ganz oben auf der Karriereleiter: Niedriges Selbstwertgefühl ist auch bei Jugendlichen ein wichtiger Ausgangspunkt für Aggressionen und Einschüchterungen anderer oder für Angabe und Lügen. Abhilfe ist natürlich da schwierig, wo keine Leistungen oder Erfolge vorzuweisen sind. Man müsse lernen, sich selbst anzunehmen, sich selbst zu lieben, sagen die Jugendpsychologen ... Neue Aufgaben für eine emotionale Kompetenz.

Dies ist übrigens ein weiteres Beispiel für die netzwerkartige Verknüpfung aller Facetten der emotionalen Intelligenz: Auch zwischen Selbstwertgefühl und *Machttrieb* bestehen enge Verbindungen. Denken Sie mal drüber nach. Überdenken Sie mal in einer stillen Stunde kritisch Ihre eigenen Reaktionen.

Durch Erfolge wird das Selbstwertgefühl gestärkt

Nun wird das Gehirn mancher Leserin und manchen Lesers allmählich gemerkt haben, wie das in dieser Schrift läuft: Falls Sie nicht zu hastig lesen, müsste jetzt die Frage kommen, wie man sein *Selbstwertgefühl beeinflussen, am besten steigern* kann, wie man einem Mitmenschen, der zu wenig hat, helfen kann.

Also holt Ihr Verstand aus seinen Speichern die Abbildung 7.1 wieder ins Bewusstsein und entnimmt daraus: Die Voraussetzungen „Leistung" und „Einstellung" kann man *lernen*, also ändern. Damit verbunden hat Ihr Gedächtnis die Erinnerung, dass das Lernen monatelanges *konsequentes Training* erfordert, aber dann erfolgreich sein kann. Bei gutem Gedächtnis weist Ihre Intelligenz schließlich noch darauf hin, dass die Informationen und die emotionalen Einstellungen möglichst *richtig* sein müssen. Stichwort Kritikfähigkeit. – Bravo!

Im Bedarfsfalle eines geringen Selbstwertgefühls werden Sie sich also überlegen, wo Sie Stärken haben, die Sie nicht genügend hoch werten, selbstkritisch natürlich. Und Sie werden sich diese verborgenen Qualitäten dann wieder und wieder bewusst machen, bis Sie wirklich daran glauben. Andererseits sollten Sie überlegen, ob Sie vielleicht Ihre *Ziele* zu hoch ansetzen – oder viel zu niedrig. Beide Fehler kann man auch gegenüber anderen machen, zum Beispiel in der Erziehung.

Dann kann ich ja auf das *Temperament* zurückkommen. In der Umgangssprache meint man mit dem Adjektiv „temperamentvoll", dass jemand kraftvoll, fröhlich, aktiv, mitreißend ist. Jemand am anderen Ende der Skala wäre dann träge, langweilig, still, phlegmatisch.

Unter den Achsen, die dem Temperament in Abb. 11.1 zugeordnet werden, wird uns jetzt diejenige zwischen *Optimismus und Pessimismus* interessieren.

● Optimismus ist für Lebensqualität und Lebenserfolg von hervorragender Bedeutung.

Optimisten werden als *erfolgsorientiert* charakterisiert. Sie tendieren dazu, ihre Aktivitäten auf bestmöglichen Erfolg auszurichten. Pessimisten gelten demgegenüber als *misserfolgsorientiert*. Damit will man – etwas pointiert – ausdrücken, dass sie in ihren Aktionen vornehmlich darauf achten, gerade *keinen Miss-erfolg* einstecken zu müssen. Aus dieser Sicht planen sie ihr Leben auch eher defensiv, abwartend, während Optimisten die Zukunft aktiv angehen.

Beispiel: Da bemühen sich zwei Versicherungsvertreter um neue Kunden. Der Pessimist von beiden hat schon zehn Personen angesprochen, hat ihnen die vielen preiswerten Vorteile aufgezählt, bekam aber von allen eine Absage und hat nun am Abend einfach keinen Mut mehr. Ist ja auch kein Wunder, die Leute haben zu wenig Sinn für eine Zukunftssicherung und investieren ihr Geld in aktuelle Vergnügen.

Der Optimist hat gleichfalls zehn vergebliche Kundengespräche hinter sich und auch zehn Absagen bekommen. Er sagt sich, vielleicht war ich nicht überzeugend genug. Beim nächsten werde ich mich noch mehr anstrengen. Und beim elften hat er dann Glück. Der amerikanische Psychologe Seligman hat es bewiesen: der Erfolg von Versicherungsvertretern hängt jedenfalls viel mehr von ihrem Optimismus ab, als von ihrem Schulwissen und ihrer rationalen Intelligenz.

Optimisten sind besonders erfolgreich

Eine ähnliche Abhängigkeit von der optimistischen Einstellung fand man auch bei Collegestudenten. Worin besteht der Vorteil des Optimisten gegenüber dem Pessimisten? Einen sehr wichtigen Faktor haben auch die Untersuchungen von Seligman herausgearbeitet.

- Der Optimist kann seine *Misserfolge besser wegstecken*, verarbeiten. Und wie macht er das? Er führt sie auf Ursachen zurück, die er *selber beeinflussen* kann. Er hat eine echte Chance.

Der *optimistische* Student, der eine Prüfung nicht bestanden hat, sagt sich: „Das hab' ich jetzt davon, dass ich am Abend vorher noch mit den Freunden gefeiert habe und in der ganzen Woche zuvor so oft zum Baden gegangen bin. Im Schwimmbad kann man schlecht lernen. *Ich werde das in Zukunft anders machen.*"

Der durchgefallene *Pessimist* schimpft vermutlich auf die ungerechten Lehrer, das zu heiße Wetter und auf die schlechte Bildungspolitik im Allgemeinen. *Alles das kann er nicht beeinflussen.* Die Wahrscheinlichkeit, dass er mit dieser Einstellung erneut durchfällt, ist groß. Vor lauter Jammern wird er zudem nicht genügend Zeit und Ruhe zum Lernen finden.

In der kognitivistischen Psychologie bezeichnet man den Optimisten als einen „Hin-zu-Typ", den Pessimisten als einen „Weg-von-Typ". Die Unterscheidung wird in der Verkaufsschulung in der Wirtschaft (auf der Basis von NLP, s. Kasten nach Kap. 13) benutzt, um zum Beispiel klar zu machen, dass man als Verkäufer einem Pessimisten zweckmäßig nicht die Vorteile eines Produktes anpreist, sondern ihm gegenüber hervorhebt, welche Nachteile fehlen!

Nach einer anderen, ergänzenden Theorie liegt die Stärke des Optimisten darin, dass er sich die Befriedigung vor Augen hält, die er empfinden wird, wenn er sein Ziel erreicht. Vorfreude und Hoffnung mobilisieren riesige Kräfte, davon haben wir schon in Kapitel 9 gesprochen. Kräfte, um Chancen zu erkennen und zu ergreifen. Übrigens wären wir dann wieder bei dem (natürlichen?) Streben nach guter Stimmung!

Auch wenn es noch nicht ganz sicher ist, ob man Temperamente überhaupt und dann noch im Erwachsenenalter verändern kann, hier ist in jedem Falle ein wichtiger Ansatzpunkt für jeden, der sein künftiges Verhalten verbessern will: Denken Sie an Kapitel 6, erwerben Sie sich eine besondere Kompetenz.

- Auch Ihnen, meine sehr verehrten Leserinnen und Leser, wird einleuchten, dass es nie schaden kann, lieber zunächst *nach eigenen Fehlern zu suchen.*

- Hauptsache ist, dass man dort nach Ursachen sucht, wo man selbst irgendeinen Einfluss hat.

Im Bereich der intrapersonalen Intelligenz ist dies sicher einer der wichtigsten Hinweise, die Sie bekommen können. Eigentlich eine Selbstverständlichkeit – wie vieles in dieser Schrift. Man sollte nur öfter daran denken und danach handeln.

Zweckoptimismus kann eine erfolgreiche Lebensstrategie sein

Angesichts des großen Lobes für den Optimismus werden Sie schon den Einwand auf der Zunge haben: *Man kann es auch übertreiben.* Man denke an das Extrem, den *Illusionisten,* der geradezu gefährlich lebt. Viele Menschen sind nur gelegentlich *zu* optimistisch. Oft sind sie es bewusst und mögen sich das auch gar nicht wegdiskutieren lassen.

Das hebende *Lebensgefühl,* das zum Optimismus gehört, ist diesen Menschen wichtiger als Risiken in ferner Zukunft. Vermutlich ist die fröhliche Es-wird-schon-klappen-Mentalität sogar richtig, ist sogar weise, wenn man es nämlich schafft, innerlich darüber zu stehen, ohne völlig „abzuheben" (wieder: Hubschrauberperspektive!).

Vielleicht können Sie das auch: fast spielerisch sich an einer deutlich zu positiven Einstellung freuen, aber genau wissen, dass Sie sie nicht zu ernst nehmen dürfen. Es wird wahrscheinlich anders kommen. Im Tagtraum überlegen, was man mit der Million aus der Lotterie macht. Mit an Sicherheit grenzender Wahrscheinlichkeit werden Sie nicht gewinnen. Aber dann haben Sie immerhin ein paar erfreuliche Stunden oder Tage gehabt. Übrigens machen das Millionen anderer Spieler ebenso.

Wohl dem, der es schafft, sich mit der Zeit eine optimistischere Lebensweise anzueignen. Vielleicht konnte ich Sie überzeugen: In dieser Kunst könnten auch Sie noch besser werden. Sehen Sie es einmal optimistisch.

Was konnten Sie sich aus Kapitel 11 merken?

- Das Temperament ist eine übergeordnete Schalteinheit. Sie bestimmt die durchschnittliche Intensität der Emotion.

- Schüchternheit kann man problembezogen durch begründetes Selbstwertgefühl überspielen.

- Die Richtigkeit des Selbstwertgefühls ist eine Frage der Selbstkritik.

- Die Selbstkritik vergleicht den eigenen Istzustand mit Informationen aus der Erinnerung und der Umwelt.

- Selbstbewusstsein entwickelt man am meisten dort, wo man kompetent ist und viele Erfolgserlebnisse hat.

- Optimisten sind erfolgsorientiert, Pessimisten misserfolgsorientiert.

- Optimisten können mit Niederlagen besser fertig werden, weil sie die Ursachen dafür dort suchen, wo sie sie beeinflussen können.

- Ein Übermaß an Optimismus (Illusionismus) kann zu bösen Fehleinschätzungen und Misserfolgen führen.

- Optimisten schöpfen seelische Kraft aus Vorfreude, Hoffnung und guter Stimmung.

- Abgeklärtheit im Sinne eines inneren Abstandes, mit dem man über den Dingen steht, und das Wissen über die inneren Zusammenhänge ermöglichen die höchste Lebensqualität.

Ist Ihnen schon ein persönliches Ziel eingefallen?

- Optimismus ist eine sehr erfolgreiche Lebenseinstellung.
  Ein Charakteristikum ist das Besinnen auf eigene Fehler im Falle
  von Niederlagen. Also: Sie sollten künftig möglichst oft darauf
  achten, ob Sie die Ursache von Misserfolgen dort suchen, wo Sie
  notfalls etwas verbessern können.

- Ihr Selbstwertgefühl bestimmt Ihr Verhalten und mehr noch das
  Verhältnis zwischen Ihnen und Ihren Mitmenschen. Es beruht
  auf Ihrem Können und darauf, wie richtig Sie dies einschätzen.
  Also: Zwingen Sie sich immer wieder, Ihre Fähigkeiten
  möglichst gerecht einzuschätzen, nicht zu gering, aber auch
  nicht übertrieben. Das geht oft nur mit Hilfe guter Freunde.

Das könnten Sie vorab überprüfen:

Versuchen Sie sich möglichst streng und objektiv zu fragen,
ob Sie die Kritik anderer Leute in vollem Umfang berücksichtigen.
Lassen Sie sie ausreden? Entgegnen Sie sofort? Oder fragen Sie
nach, um weitere Einzelheiten zu erfahren? Gestehen Sie eigene
Fehler gegenüber nachgeordneten Mitarbeitern ungefragt ein?

Das Temperament im emotionalen Netzwerk

Die intelligenten Entscheidungen im Präfrontalhirn werden gefärbt durch das Temperament des Individuums. Man kann zum Beispiel eher keck oder eher schüchtern sein oder auch eher optimistisch oder pessimistisch-melancholisch reagieren oder sein Leben eher extravertiert oder introvertiert führen.

Das Temperament ist ein übergeordnetes, *bevorzugtes Schaltmuster*, das für das Individuum typisch ist und in extremer Ausbildung sogar hinderlich sein kann. Man kann es sich wie eine Schaltung vorstellen, die für einen elektrischen Verteiler in der Hauptzuleitung eingefügt ist, dort die Gesamtspannung erhöhen oder erniedrigen (dimmen) kann und somit die generelle Helligkeit aller Lampen regelt. Diese können aber jede für sich gesondert weiter gedimmt werden (vgl. Abb. 11.2). Man kann eben jede Einwirkung der emotionalen Intelligenz eher forsch und energisch angehen oder eher vorsichtig und zurückhaltend. Und man kann jeden Bereich der emotionalen Intelligenz grundsätzlich mit optimistischer oder pessimistischer Grundhaltung managen.

Das Temperament beeinflusst hinsichtlich keck – schüchtern das Präfrontalhirn dahingehend, dass dort entweder die Aktivität der Zentren der rechten oder linken Gehirnhälfte überwiegt. Dies ist angeboren und auch höheren Tieren eigen. Man kann die Tendenz zur Schüchternheit schon bei Kleinkindern ab dem 8. Monat direkt aus der Seitendifferenz der Hirnströme messen. Als Beweis kann der Arzt z.B. voraussagen, ob das Kind schreien wird, wenn die Mutter den Untersuchungsraum verlässt, oder nicht.

Noch unentschieden ist die Frage, ob man das Temperament eines Menschen oder Teile davon nachhaltig ändern kann. Man versuchte es über eine Stärkung des *Selbstbewusstseins*. Hierzu ließ man viele Kinder, die als besonders schüchtern eingestuft waren, kleine Aufgaben mit langsam steigendem Schweregrad lösen. Häufige Erfolgserlebnisse stärken das Selbstwertgefühl. Etwa die Hälfte der Kinder hatte später ihre Scheu abgelegt.

Langzeituntersuchungen müssen erweisen, ob man nur eine Facette der emotionalen Intelligenz stärkte. Erfolgreicher waren nämlich *Kinder mit großer emotionaler Kompetenz* (die also z. B. sonst fähig zur Konzentration, kooperativ, aufgeschlossen, sympathisch, rücksichtsvoll waren). Waren die Kinder im psychologischen Test weinerlich, furchtsam, unbeherrscht, misstrauisch, blieben sie meist auch scheu. Eventuell eignete sich ihre emotionale Intelligenz nicht für ein derartiges Training.

Die Felder der emotionalen Intelligenz bilden keine klar begrenzten Funktionseinheiten, sondern gehen ineinander über, sind innig *netzartig verbunden*. Trainingserfolge in einem Abschnitt müssen sich daher in anderen auch auswirken.

Die Aktivität des Temperaments im Sinne von Optimismus vermutet man eher im Mandelkern. Das passt zu der individuellen Erfahrung, die dem Optimismus oder Pessimismus eher eine gewisse Gefühlsqualität zugestehen möchte.

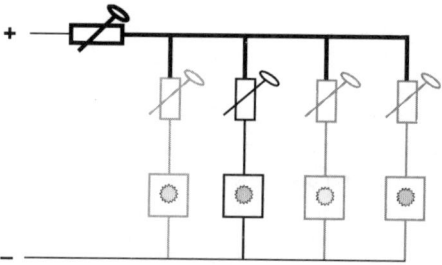

Abb. 11.2: Man kann sich das Temperament als eine vorgeschaltete Regelfunktion vorstellen (Regler in der Stromzufuhr oben links), die für alle nachgeordneten Einzelfunktionen das prinzipielle Niveau vorgibt. Im Rahmen dieser Vorgabe können dann die einzelnen Aktivitäten stärker oder schwächer eingestellt sein.

12 Zwischenbemerkung nach dem ersten Teil

Wir sind am Ende der ersten Hälfte des Weges durch die Welt der Emotionen und Gefühle, wie ich ihn eingangs ankündigte. Er hat uns eine Reihe wichtiger Einblicke ermöglicht und zu einigen Stationen geführt, die unser Verhalten beeinflussen.

- Sie haben Begriffe wie Emotion oder Intelligenz kennen und gegenüber Verstand oder Kompetenz abzugrenzen gelernt.

- Sie wissen inzwischen, wie innig das *emotionale Netzwerk* alle Lebensbereiche durchdringt. Einige Domänen der Emotionen sind, soweit wir sie besprochen haben, noch einmal in der Abbildung 12.1 zusammengestellt.

Gefühle bedingen unsere ...
- ✓ **Einstellungen** (zu Begriffen, Personen, Situationen)
- ✓ **Spontaneität** (Wut, Angst, Lachen ...)
- ✓ **Individualität** (persönliche emotionale Komponenten)
- ✓ **Entscheidungen** (Marketing; freier Wille? Verantwortung)
- ✓ **Aktivität** (über Stimmung und ungerichtete Motivation)
- ✓ **Wissbegier** (richtige Information für Wohlbefinden)
- ✓ **Gewissen** (angeborene Triebe oder ethische Vorgaben)
- ✓ **Gesundheit** (z. T. über chronische Angst, Ärger, Ehrgeiz)
- ✓ **Charakter** (über Einstellungen und emotionale Intelligenz)
- ✓ **Erfolg** (über intra- und interpersonale emotionale Intelligenz)

Abb. 12.1: Einige Wirkungsbereiche der Emotionalität, soweit sie besprochen wurden. Die vielfältige Querschnittsfunktion des emotionalen Netzwerkes wird deutlich. Es könnten weitere Bereiche, die in Teil 2 zu diskutieren sind, angefügt werden: Sympathie und Empathie, Kommunikation, Menschenkenntnis, Führung, Teamverhalten und andere.

- Sie erinnern sich der Macht der Gefühle z. B. bei Entscheidungen verschiedener Art oder für die Motivation zum Handeln, Sie wissen jetzt, dass sie den Charakter prägen und Individualität und Persönlichkeit ausmachen, dass sie die Wissbegier beflügeln und nicht nur über die Gesundheit wachen, sondern sie auch gravierend beeinträchtigen können.

- Und Sie wissen, dass Ihnen höchst differenzierte, selbsttätige Automatismen im Präfrontalhirn zu Gebote stehen, die *auf intelligente Weise* versuchen, schnellstmöglich und mit aktuellsten Daten Ihre Handlungen zu beurteilen und zu korrigieren, speziell dann, wenn der Verstand anderes zu regeln hat oder gar von Gefühlen geblockt wird.

- Sie haben verstanden, dass dies kein isoliertes, in sich geschlossenes Gefühlssystem ist, sondern eher ein Netzwerk, das eine Verbindung zwischen Körper und Geist darstellt und besonders mit den Funktionen des Verstandes innig verwoben ist.

- Es ist Ihnen bewusst geworden, wie Sie außer durch Ihren Verstand auch von Emotionen motiviert werden, eigene Gefühlsmarker setzen und dadurch einen persönlichen Willen haben. Daraus folgt, dass Sie Verantwortung tragen und schuldig werden können. Ihre Handlungen werden von Ihrem Gewissen beurteilt. Überall spielen Gefühle eine gewichtige Rolle.

- Und Sie haben erkannt, dass man in dieses System verbessernd eingreifen kann. In seinem eigenen Körper kann es jeder am besten.

Sie haben es gemerkt: Es geht mir darum, Ihnen zu zeigen, dass es in fast jeder Lebenslage Wege gibt, das eigene Verhalten den äußeren Umständen besser anzupassen, und zwar nachhaltig. Der Arbeitskollege kann verträglicher werden, die Schalterbeamtin freundlicher, der Student optimistischer. Die Mutter zeigt mehr Geduld und Verständnis für die pubertierenden Kinder, der Abteilungsleiter für die Mitarbeiter. Die Lehrerin gewinnt mehr Durchsetzungsvermögen, mehr Selbstkritik der Chef.

Wir gingen davon aus, dass Sie wie jeder Mensch einen riesigen persönlichen Erfahrungsschatz in psychologischer Hinsicht haben. Sie haben inzwischen gemerkt, dass das stimmt, dass Sie nämlich bisher, also im ersten Teil dieses Buchs, überall mitreden bzw. mitdenken und mitfühlen konnten. Das wird auch so bleiben.

Auch im zweiten Teil werde ich immer wieder voraussetzen können: „Sie kennen das ja." – Warum eigentlich? Nun, das Gehirn ist unentwegt bemüht zu lernen, automatisch sozusagen. M. Spitzer hat das moderne Wissen darüber in seinem Buch *Geist im Netz*, das ich im Anhang empfehle, zusammengetragen. Das Gehirn lernt ohne besondere Aufforderung und unterschwellig ständig Worte und Wissen. Und es bildet daraus selbständig *Regeln*, zum Beispiel die Regeln der Grammatik. Wir dürfen folgern, dass auch emotionale Eindrücke und Wertungen automatisch gespeichert und dass auch daraus Regeln abstrahiert werden, zum Beispiel Regeln darüber, wie man sich am besten seinen Mitmenschen anpasst oder wie man am geschicktesten mit ihnen umgeht.

Vor allem aber extrahiert das Gehirn aus den *persönlichen* Alltagserfahrungen Regeln über das *Verhalten der Menschen*, also ein eigenes Regelwerk der Psychologie! Diese Gehirnleistung ist überaus wichtig im alltäglichen Miteinander. Und Sie verwenden sie, wenn Sie meine psychologischen Bemerkungen lesen und verstehen. Diese Leistung ist etwas wahrhaft Wunderbares – aber sie ist nicht verwunderlich. Sie ergibt sich aus der Systemkonfiguration des Gehirns. Sie steht Ihrem Hund auch zur Verfügung.

Aus der Erkenntnis von Spitzer lässt sich eine weitere Folgerung ziehen: Da das Gehirn begierig lernt, was sich ihm bietet, lernt es automatisch auch *Falsches* oder Dummes, wenn das ihm entsprechend angeboten wird. In unserem Zusammenhang könnten das gewisse typische (störende) Angewohnheiten oder unbeherrschte Reizantworten sein.

Jede „Automatik", auch eine sehr ausgefeilte, muss an Grenzen stoßen, wenn sie einer Umwelt gegenübersteht, die sich ständig wandelt. Die geschaffenen Regeln zum Beispiel für das eigene Verhalten, mit denen die Intelligenz ja dann arbeiten soll, können im Einzelfall unpassend sein.

Und hier möchte ich mit diesem Buch ansetzen. Ich möchte Sie immer wieder anregen, die eigenen Automatismen, die ja ganz bequem sind, auch mal mit Abstand zu betrachten. Sie haben es wohl schon festgestellt: Hier oder dort hat sich eine Angewohnheit eingeschlichen, die – ungewollt oder kaum bewusst – unnötige Schwierigkeiten bereitet. Man könnte besser, friedlicher leben, wenn man diese Unebenheiten klar erkennt, wenn man sie einkalkulieren oder vielleicht sogar abstellen kann.

Mehr noch: Sie könnten sich angewöhnen, derartige Überprüfungen nicht nur während der Lektüre dieses Buches, sondern künftig immer wieder zu machen. Dafür haben wir unseren Verstand: mit Bedacht zu mehr Lebensqualität.

Und für dieses Ziel sollte man natürlich auch die Erfahrungen verwenden, die andere schon gemacht haben. Sie werden gemerkt haben, dass es noch sehr viel mehr dazuzulernen gibt. Ich habe ja nur wenige Beispiele gebracht, aus einer überaus vielseitigen Fülle von Theorien und Befunden.

Andererseits werden Sie gespürt haben, dass es nicht nur interessant, sondern für die Abrundung und für die Realitätsnähe der eigenen Weltsicht wichtig ist, die Denkergebnisse herausragender Geister zu erfahren. Sie werden gemerkt haben, dass Sie selbst erheblich profitieren können, indem Sie mit Hilfe von eindeutigen Forschungsergebnissen das Gefühl bekommen, dass die eigenen Vorstellungen nun richtiger oder jedenfalls allgemeingültiger geworden sind. Sie werden innerlich zugegeben haben, dass klare Definitionen und Gliederungen erfreuliche Ordnung und Einsichten in Ihre bisherigen, sozusagen laienhaften Eindrücke brachten.

Um den Text flüssig und übersichtlich zu halten, habe ich auf die Angabe von Quellenhinweisen und Autorennamen weitgehend verzichtet. Mancher wird es bemerkt haben, keiner hat sie bislang entbehrt, hoffe ich. Ich unterstelle einfach mal, dass mein Publikum sich auf sich selbst, auf die eigenen Probleme und auf die seiner unmittelbaren Mitmenschen konzentrieren will. Das möchte ich unterstützen, weil daraus ja die Motivation zum Selbstmanagement wachsen soll.

Wer dennoch Einzelproblemen wissenschaftlich auf den Grund gehen will, findet als Brücke dorthin einige weiterführende, interessante und gut verständliche Bücher, die ihrerseits viele Quellenhinweise enthalten, im Anhang aufgeführt. Ich empfehle Ihnen diese Bücher aber hauptsächlich zum Stillen Ihres Wissensdurstes, gerade wenn Sie kein Quellenstudium treiben wollen. Sie können Ihnen ganz neue Welten eröffnen, die ich – allerdings sehr knapp – skizziert habe.

Und die tausend Autoren der von mir in diesem Buch verwendeten wissenschaftlichen Erkenntnisse und Arbeiten, deren Namen ich nicht genannt habe, werden mir verzeihen und froh sein, dass ihr Werk nicht umsonst war, sondern (hoffentlich) bei meinen Lesern reale Früchte trägt.

So lade ich Sie nun ein, mit mir unter gleichen Bedingungen auch die Welt der zwischenmenschlichen Beziehungen zu durchleuchten, also den „Spaziergang" durch die große Welt der Emotionen fortzuführen, von dem ich im Vorwort zum ersten Teil sprach. Ich bin sicher, dass sie für viele von Ihnen noch wesentlich interessanter und vielleicht auch wichtiger sein wird als die eigene emotionale Innenwelt. Das möchte ich gleich in der Einleitung belegen.

Teil II

Zwischenmenschliche Beziehungen

13 Einführung in den zweiten Teil

Haben Sie schon einmal darüber nachgedacht, was für Sie und Ihr Überleben auf dieser Welt am wichtigsten ist? Ich behaupte, es ist die *Kommunikation mit den Mitmenschen*. Mancher mag jetzt daran erinnern, dass man zunächst mal unbedingt trinken und essen muss. Richtig, ohne Flüssigkeit und Nahrung kann man nicht lange existieren. Aber woher bekommen Sie Ihre Getränke und Ihr Essen?

Alles, was wir zum Leben benötigen, bekommen wir von anderen Menschen (außer der Atemluft), wenn – ja, wenn wir mit ihnen reden können. Durch *Kommunikation* wird unser Zusammenleben erst ermöglicht. Und wirklich gut und erfreulich wird unser Leben sogar erst, wenn wir mit möglichst vielen Menschen möglichst gut auskommen.

Man kann noch eine allgemeine Erkenntnis hinzufügen, die auch für die ganze Tierwelt gilt: Überleben kann man nur, wenn man Freund und Feind rechtzeitig unterscheiden kann. Dafür benötigen wir *Empathie* und *interpersonale emotionale Intelligenz*. Nur durch sie sind Erfolg und hohe Lebensqualität möglich.

An jedem der vorangegangenen Sätze können Sie vielleicht etwas aussetzen. Aber in jedem liegt viel Wahrheit. Mit der Aussage der letzten Sätze, nämlich mit Kommunikation auf der Basis von *Empathie* und *interpersonaler emotionaler Intelligenz* werden wir uns im Folgenden beschäftigen. Wir werden in unserem Alltag auf sie achten. Wir werden sehen, wie sie Voraussetzung sind, um Freunde zu gewinnen oder ein gutes Arbeitsklima zu unterhalten. Und es wird sich schnell zeigen, dass sie auch für jede Art von Erfolg, auch von beruflichem Erfolg, hervorragende Bedeutung haben.

Es liegt nahe, den Einfluss der emotionalen Kompetenz im Geschäftsleben zu unterschätzen. Gefühle im Berufsalltag? Ich finde die folgende Untersuchung sehr aufschlussreich.

Erfolgreiches Führen bedarf großer emotionaler Kompetenz

Zahlreiche Spitzenmanager großer internationaler Firmen wurden in Interviews gefragt, wie groß nach ihrer Ansicht der Anteil der *emotionalen* Intelligenz am Erfolg ihrer Karriere gewesen sei. Erwartungsgemäß war der Beitrag der Emotionen mit 10% nicht groß, als es darum ging, in die Firma hineinzukommen (Abb. 13.1). Zeugnisse über das Können waren wichtig, Ausbildungslehrgänge, bisherige Leistungen.

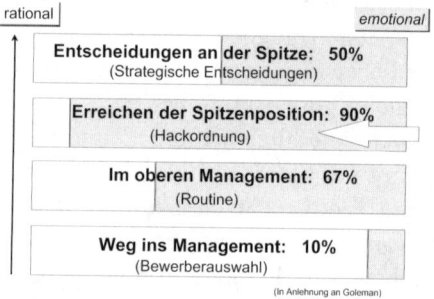

Abb. 13.1: Anteil der emotionalen Kompetenz am beruflichen Erfolg. Die Befragung von Spitzenkräften großer Weltfirmen sollte den relativen Anteil von kognitiven (Schul- und Universitätswissen) und emotionalen Kompetenzen für ihren Erfolg ergründen. Selbsteinschätzung. Unterster Balken: Es stellte sich heraus, dass für den Eintritt in eine Firma die emotionale Kompetenz kaum eine Rolle spielte (10%, Beurteilung durch den Personalchef, Hinweise in Zeugnissen). Die Routinearbeit im oberen Management war dagegen durch den Umgang mit den Mitarbeitern und damit durch emotionale Kompetenz geprägt (zweiter Balken von unten). An der Spitze selbst hielten sich fachliche und emotional intelligente (z. B. auf politischem Gespür beruhende) Leistungen etwa die Waage. Auffällig war der 90%ige Anteil der emotionalen Kompetenz am Erreichen der Spitzenposition (nach Angaben von Goleman 1996).

Die *täglichen Aufgaben* im Management erforderten dann aber mehr emotionale Kompetenz (67%) als rationales Wissen. Das ist nachvollziehbar, wenn man davon ausgeht, dass die leitenden Angestellten ja vorrangig *führen* und „anleiten" sollen. Sie müssen sich um die Nachgeordneten in vielfacher Weise kümmern. Sie sollen die Mitarbeiter zur Leistung motivieren. Ihre Aufgaben liegen hauptsächlich in einfühlsamer Kritik, verständnisvollem Feedback, in der Sorge um ein zuträgliches Betriebsklima, also dem *Umgang mit Menschen*. Sie werden zu wesentlichen Teilen hinsichtlich ihrer Führungskompetenz gefordert.

Bei der Arbeit *im Spitzenmanagement* hatte nach Ansicht der Manager die emotionale Kompetenz etwa die gleiche Bedeutung wie die rationale (oberster Balken der Abbildung). Entscheidungen auf der Basis von umfassendem und fundiertem *Wissen* sind hier gefragt, aber auch politisches *Gespür* und taktisch-psychologisches *Einfühlungsvermögen* und natürlich Selbstbewusstsein, Autorität, Durchsetzungsvermögen und Ähnliches. Das sind wiederum Felder der emotionalen Intelligenz.

Überraschen wird Sie aber, dass die emotionale Kompetenz mit 90% zum *Erreichen* der Spitzenposition beigetragen haben soll. Die Abbildung 13.2 soll diese Einschätzung erklären:

Die *Einstellung* in die Firma erfolgt im Wesentlichen auf der Basis von Hochschulzeugnissen oder ähnlichen Befähigungsnachweisen, die auf der bewährten Prüfung *rationalen* Wissens basieren. Werden von einer Firma in dieser Stufe mehrere Kräfte eingestellt, werden Sie hinsichtlich der *verstandesmäßigen* Qualifikation alle etwa der gleichen Leistungsklasse angehören und entsprechend konkurrieren (oberer Teil der Abbildung 13.2).

Nie geprüft und benotet wurden die neu eingestellten Führungskräfte hinsichtlich ihrer *emotionalen* Kompetenz. Da gibt es höchstens Hinweise in Zeugnissen, die subjektiv, schwer nachprüfbar sind, jedenfalls sind sie nicht genormt und vergleichbar. Sie werden daher auch nicht stark gewichtet. Die

Qualität der *emotionalen* Kompetenzen von neu eingestellten Führungskräften unterliegt also weitgehend dem Zufall, sie können sich in dieser Hinsicht erheblich unterscheiden (unten rechts in der Abbildung 13.2).

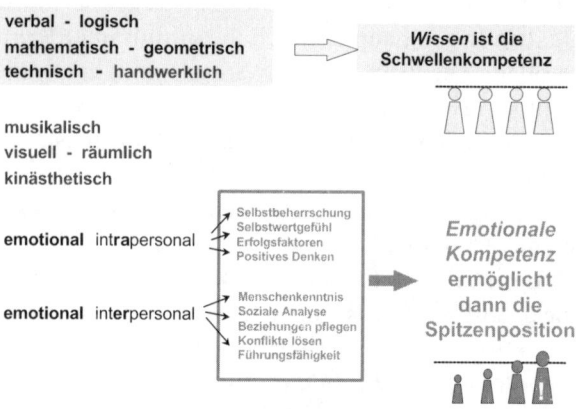

Abb. 13.2: Kognitive Intelligenz öffnet den Zugang zum Beruf, emotionale Kompetenz ermöglicht dann den Erfolg: Ergänzung der Abb. 5.2. Es soll erklärt werden, weshalb zum Erreichen der Topposition fast ausschließlich die emotionale Kompetenz hilfreich war: Alle Konkurrenten hatten etwa die gleichen verstandesmäßigen Fähigkeiten, sie hatten allen Anforderungen bei der Einstellung genügt (grau hinterlegt, das war die „Schwellenkompetenz"), waren also etwa gleich gut. Hinsichtlich der emotionalen Kompetenz waren sie dagegen nie geprüft und beurteilt worden. Da diese zu zwei Dritteln zum Arbeitserfolg beiträgt, konnte ein emotional besonders kompetenter Manager schnell größere Erfolge erzielen, wurde besonders beliebt und hatte damit auch größere Aufstiegschancen in seinem Betrieb.

Um in der Firma weiterzukommen, um dort ein gutes Image zu haben, müssen die Führungskräfte sich nun besonders in der *Führung der Mitarbeiter* bewähren. Hier ist aber vorrangig die emotionale Kompetenz gefragt. Der (zufällig) *emotional* Intelligenteste wird das beste Urteil der nachgeordneten Mitarbeiter erhalten, also das beste Image haben. Er wird seine Leute zu besonderem Arbeitseinsatz motivieren, sie werden vielleicht sogar mit Freude für ihn arbeiten. Er und seine Abteilung werden damit herausragenden Erfolg erzielen. Und daher wird er die größte Aussicht haben, bei Freiwerden der Spitzenposition nachzurücken.

Liebe Leserin, lieber Leser, Sie sollten dieses Untersuchungsergebnis nicht einfach interessiert zur Kenntnis nehmen. Es müsste Sie vielmehr elektrisieren. Es geht Sie alle an. Was hier am Beispiel von Spitzenmanagern illustriert wird, *gilt überall im Leben*. In jeder noch so kleinen Führungsrolle geht es um derartige zwischenmenschliche Beziehungen, und das nicht nur in der Wirtschaft oder Verwaltung, sondern so geht's in der Schule, im Verein, sogar im Team und damit auch in der Familie. Wir werden über die optimalen Wege zu guter Führungskompetenz ausführlich in Kapitel 19 und 20 sprechen.

Nicht nur die anderen sind an unseren Problemen schuld

Die Untersuchung zeigt Ihnen aber nicht nur die Bedeutung eines kompetenten Führungsstils. Ich wollte damit auf die Bedeutung der emotionalen Intelligenz hinweisen. Sie hilft uns im Alltag ständig bei der Kommunikation mit anderen Menschen, wenn es friedlich zugeht, und mehr noch, wenn es turbulent wird. Mancher Mitmensch stört uns. „Die Welt wird immer hektischer, immer aggressiver." Die meisten Leserinnen und Leser werden zustimmen, wenn jemand so was sagt. Viele werden sogar darüber klagen.

Genau genommen ist es nicht „die Welt", es sind die Akteure darin, unsere Mitmenschen und deren Aktivitäten. Sie erzeugen zum Beispiel Leistungsdruck im Betrieb und Anspruchsdenken im Bekanntenkreis, sie sorgen für Zeitnot und für zunehmendes Feinddenken, sie verursachen Stress.

Die Hauptursache für die Hektik mag bei den *Stressoren* liegen, also den Auslösern. Einen wesentlichen Beitrag leisten aber auch die eigenen, ungeeigneten Stress*antworten*. Mancher rastet aus, er reagiert also mit Fehlern bei der Anpassung an die Herausforderung oder an die Gruppe. Er vermehrt seinerseits die Aggressivität oder die Hektik, oder er nimmt Schaden an Körper oder Seele.

Wir unterwerfen uns Leistungs- und Gewinnvorgaben und bemühen uns, sie korrekt zu erfüllen. Aber wir mischen auch mit, geben Druck an andere weiter, mit oder ohne Absicht.

Wer Glück hat oder ein entsprechendes Geschick, dem kann Konkurrenzdruck und Gewinnstreben Spaß machen, dem kann dieses Leben Erfolgserlebnisse, Selbstbewusstsein, Zufriedenheit bereiten.

Wenn es also Einzelnen, glücklich Veranlagten offenbar gelingt, alle Klippen zu umschiffen, die Strömungen auszunutzen, sich geschickt mit Mächtigeren oder Bösartigen zu arrangieren oder sich gar erfolgreich gegenüber ihnen zu behaupten, dann sollte man versuchen, deren Taktik zu analysieren und zu imitieren. Wir werden Erkenntnisse dazu besprechen, wie auch schon im ersten Teil.

Die Beschäftigung mit der interpersonalen Intelligenz wird Ihnen speziell für die Kommunikation mit den Mitmenschen – und das ist das Thema dieses zweiten Teils – Zusammenhänge Ihres Verhaltens sichtbar und verständlich machen. Die prinzipielle Rechtfertigung für eine Umprogrammierung einzelner (störender) Facetten Ihres Verhaltens ergibt sich dann wiederum aus der Erkenntnis, dass sehr wesentliche Anteile des Verhaltens im Laufe des Lebens erlernt werden. Was man gelernt hat, sollte man auch korrigieren können. Wir haben das im ersten Teil ausführlich besprochen und werden das auch im zweiten Teil anwenden.

Der rote Faden des zweiten Teils

Wir werden zunächst die bemerkenswerte Fähigkeit beleuchten, sich in andere Menschen hineinzuversetzen, sich förmlich in sie „hineinzufühlen". Diese „*Empathie*" ist Grundlage des gegenseitigen Verstehens. Sie beruht überwiegend auf einer *nonverbalen* Kommunikation ohne Worte, also mit Mimik, Tonfall, Körpersprache. Wir werden Empathie speziell auch als Voraussetzung für *Sympathie* kennen lernen.

Aber auch *Menschenkenntnis* verstehen wir auf dieser Basis. Sie begründet Erfolg und Misserfolg im Umgang mit den Menschen. Wir werden erkennen, dass Menschenkenntnis auf intelligente Verarbeitung *nonverbaler Informationen* angewiesen ist. Und das gleiche Prinzip wenden wir auch an, um uns in einer ganzen Gruppe von Menschen zurechtzufinden, aktiv oder als neu hinzukommender Außenseiter.

Emotional intelligente Mechanismen im Gehirn ermöglichen es uns auch, andere Menschen so zu beeinflussen, dass sie – wenigstens unter gewissen Bedingungen – das tun, was wir von ihnen wollen. Wir werden also über die *Beeinflussung* anderer sprechen, von der natürlich unser Lebenserfolg ganz entscheidend abhängt. Dadurch werden wir auch Begriffe wie *Autorität* zu diskutieren haben.

Wir werden dann aber auch fragen, was in uns selbst wirkt und uns zum Handeln veranlasst. Das wird uns zu der Besprechung der Triebe oder besser der *angeborenen Bedürfnisse* des Menschen bringen. Sie sind es, die unsere Bestrebungen entscheidend beeinflussen, die uns motivieren, auf Reize zu reagieren und etwas zu tun. Mit ihnen müssen wir natürlich auch rechnen, wenn wir *andere* Menschen zum Handeln, speziell auch zu besonderen Leistungen bringen wollen.

Und nach der Besprechung dieser Zusammenhänge werden wir dann natürlich zum Problem des Führens im Allgemeinen und der *Führungskompetenz* im Besonderen kommen. Wir werden sie nicht nur verstehen, sondern uns selbst in dieser Rolle handeln sehen. Das Aufzeigen von Verhaltensregeln, besonders auch von fehlerhaften, wird die Möglichkeit zu Optimierungen weisen. Und wir werden immer wieder sehen, dass dies nicht nur für die berufliche Umwelt, sondern für Schule und Familie in auffallend gleicher Konsequenz gilt.

Höchste Form menschlicher Zusammenarbeit ist schließlich diejenige in gemeinsamem Streben, ohne Führer, der befehlen darf, sondern als Gleichberechtigte im *Team*. Die Kenntnis der besonderen Fallstricke wird dem Einzelnen ermöglichen, sich besser und erfolgreicher einzuordnen, *Teamkompetenz* zu erwerben. Oder sie zu vermitteln. Wir werden sehen, dass das Verhalten dort von Tugenden wie *Toleranz* und *Zivilcourage*, aber auch von verstehender Äußerung von *Kritik* und der souveränen Austragung von Konflikten besonders stark abhängt.

Für wichtige Dinge muss man sich Zeit nehmen

Wie im ersten Teil werden wir meistens von unserer psychologischen Alltagserfahrung ausgehen. Wir werden sie, wo möglich, im Lichte heutiger wissenschaftlicher Erkenntnisse einzuordnen und ihre Wirkweise zu verstehen versuchen. Sie werden dann am Ende eines jeden Kapitels eine Zusammenfassung der wichtigsten Aussagen finden. Nehmen Sie sich erneut vor, diese Kernsätze konzentriert zu lesen. Besser wäre, bei jedem Satz die Einzelheiten des vorausgegangen Kapitels nochmal ins Gedächtnis zu rufen, am besten, darüber in Ruhe nachzudenken.

Dahinter, also ebenfalls am Ende eines jeden Kapitels, werden wieder Vorschläge für ein Selbstmanagement formuliert. Da ich Sie ja nicht persönlich kenne, mache das einfach mal. Einige dieser Vorschläge werden zu Ihren Bedürfnissen passen, andere nicht. Vielleicht fallen Ihnen andere ein, die für Sie wichtiger wären.

Nach dem Durcharbeiten des ganzen Buchs werden Sie sich vielleicht für eine oder zwei Aufgaben entscheiden und diese dann konsequent trainieren. Irgendwann werden Sie einen Gewinn davon haben, vielleicht sogar einen ganz großen in einem unerwarteten, aber wichtigen Augenblick, in dem es auf intuitiv richtiges Reagieren, auf emotionale Kompetenz besonders ankommt.

Behalten Sie jedenfalls das Fernziel im Auge: Sie wollen mit dem Unerwarteten und Schwierigen in Ihrem Leben so intelligent wie möglich umgehen. Was Sie auch tun: Sie zimmern an Ihrer Lebensqualität.

Alternative zum Selbstmanagement des Verhaltens

Gibt es eine Alternative zu der in diesem Buch beschriebenen Methode der Anpassung oder Modifizierung von störendem Verhalten? Es gibt jedenfalls eine Ergänzung, gewissermaßen eine andere Strategie in einer anderen Dimension. Ich werde versuchen, den Unterschied verständlich zu machen. Das geht hier nur unter grober Vereinfachung der vielfältigen Problemlagen. Ich würde vielseitig angreifbar und möchte die folgende Erklärung daher als Beispiel verstanden wissen.

Viele, oft sehr komplizierte Fehlentwicklungen des Verhaltens, die sehr belastend sein können, bis hin zu Neurosen, beziehen sich auf *umschriebene Auslöser.* Diese können tief im Unbewussten verborgen liegen. Die Verknüpfung zur Reaktion kann verwinkelt und schwer zu lösen sein.

Das Problem liegt hauptsächlich im Auffinden der *Ursache.* Jemand möge über starkes Beklemmungsgefühl und Atemnot in Aufzügen klagen. Es könnte vor erheblicher Zeit ausgelöst worden sein durch ein emotional hoch belastetes Zusammentreffen mit einer verehrten Respektperson vielleicht in einem sehr engen Raum.

Kann die Ursache gefunden werden, wird nach dem Schema verfahren: „Wenn (A) passiert, musst Du Dich (B) verhalten, damit Du (C) erzielst." Auf dieser Ebene kann man auch generelle Vorschläge unterbreiten: „Wenn Du Dich angespannt fühlst, musst Du Dich nach der Methode XY entspannen."

Es werden also *Reaktionsmuster* empfohlen, die sich in einschlägigen Situationen bewährt haben. Man muss sich im richtigen Augenblick an sie erinnern oder muss eine gezielte Abwehrstrategie einüben, also *im Gehirn bahnen.* Wenn die Zusammenhänge der Fehlentwicklung geklärt werden können, sind die Interventionen wirksam.

Man hat das Vorgehen einiger besonders erfolgreicher Helfer bei derartigen psychischen Fehlentwicklungen akribisch analysiert. Man hat aus diesen Erkenntnissen differenzierte Anleitungen für die Beratung konstruiert. Man instruiert nun Trainer in diesen Techniken, die versuchen, durch so genanntes Neurolinguistisches Programmieren (NLP) das Können der besonders begabten Psychologen zu kopieren. Für Alltagsprobleme werden erfreuliche Erfolge berichtet. Für den klinischen Bereich wurden Langzeiterfolge allerdings bislang nicht wissenschaftlich belegt. Das ist also die eine, sozusagen *monokausale* Dimension.

Auf die Denkfunktion wird vorrangig abgestellt und auf die Vorstellungskraft. Für das Gehirn sei es gleichgültig, ob man eine Tasse Kaffee wirklich trinkt oder sich das vorstellt. Das Gehirn würde in gleicher Weise konstruieren und lernen. Ob das tatsächlich für die zugehörigen emotionalen Marker gilt, darf bezweifelt werden.

Wenn Sie, liebe Leserinnen und Leser, dagegen z. B. nicht immer als arrogant oder herrisch gelten wollen, also ein für Sie als typisch erachtetes Benehmen ablegen möchten, dann bringt das Korrigieren an Einzelsituationen im Büro nur wenig.

Sie fordern ja in einer *variablen* Umgebung eine *flexible* Anpassung an *häufig wechselnde* aktuelle Konstellationen. Da werden einfache, nicht flexible Reaktionsmuster ebenso häufig *nicht* ausreichen. Wir brauchen eine breitere Basis für eine Strategie.

Wir müssen die ganze Datenbank im Gehirn ändern, mit dem die emotionale Intelligenz künftig andere Ergebnisse erzielen soll. Dazu müssen wir eine große Zahl, ein ganzes Feld einschlägiger Erfahrungen durch bessere ersetzen. Das braucht Geduld, wir haben das besprochen.

In dieser zweiten, *multikausalen* Dimension liegt das Problem also an anderer Stelle: Die Ursachen sind leicht auszumachen, der Weg zu ihrer Beseitigung ist erkannt, und der nötige Wille ist da. Aber es ist zeitaufwändig und bedarf großer Ausdauer, die Ursachen zu ändern.

Das Problem ist „nur" die Ausdauer.

14 Empathie bedeutet, den anderen verstehen wollen

Kommunikation mit den Mitmenschen: Mit Familienmitgliedern müssen wir auskommen, den geeigneten Lebenspartner sollte man sehr sorgfältig aussuchen, die richtigen Freunde möchte man finden, Geschäftspartner muss man kritisch beurteilen können, mit Arbeitskollegen sollte man harmonieren ...

Dem *Gewinnen* von Gleichgesinnten, besser von Wohlgesonnenen, möglichst sogar von Freunden, kommt in unserer differenzierten Welt die größte Bedeutung zu. Auf ihre Mithilfe sind wir ständig und überall angewiesen. Wir suchen und brauchen ihre Gesellschaft.

Da wir auf die Gemeinschaft angewiesen sind, haben wir auch das *Bedürfnis* zum Zusammensein mit anderen geerbt. Das Bedürfnis nach Gesellschaft und Gemeinschaft teilen wir mit allen sozial lebenden Tieren. Es hat sich offenbar in der Entwicklungsgeschichte bewährt. Durch kollektives Handeln hat die Gruppe größere Überlebenschancen.

Und da wir uns in die Gemeinschaft *einordnen* müssen, haben wir Funktionen wie die Fähigkeit zu Selbstbeherrschung oder zu Selbstkritik mit unseren Genen mitbekommen. Das haben wir schon im ersten Teil besprochen.

Aber aus dem gleichen Grund haben wir *auch* die Möglichkeit geerbt, die *Mitmenschen einzuschätzen*, um auf sie richtig reagieren zu können. Hier kommen Empathie und die emotionale interpersonale Intelligenz ins Spiel.

Empathie bedeutet, sich in den anderen hineinzuversetzen, mit ihm mitfühlen zu können, wortwörtlich sogar „mitleiden". Es geht uns in diesem Teil des Ratgebers also nicht mehr so sehr um das Verständnis für die eigenen Gefühle, sondern um das Interpretieren der Gefühle der Mitmenschen. Sie sollte man kennen, wenigstens näherungsweise, um sie und ihre Reaktionen zu verstehen.

Ich will das Problem gleich mal auf einen verständlichen Punkt bringen: Mein Gegenüber mag die Wahrheit erzählen oder mich hinterlistig anlügen. Vielleicht ist er nicht einmal hinterlistig, meint es nicht böse. Aber er sagt mit einer bestimmten Absicht: „Der Kollege Huber ist aber ein wirklicher Könner ..." Meint er es bewundernd oder sarkastisch? Ich muss es spüren, erfühlen, denn er sagt nicht extra, wie er das Können von Kollege Huber wirklich einschätzt.

Wir hatten es ja schon in Kapitel 2 besprochen: Er verbindet genau wie ich mit jedem Begriff ein Gefühl, eine persönliche Wertung. Das tut er also auch mit dem Können des Kollegen Huber. Daher hängt von der Kenntnis *seiner* Gefühlsqualitäten, also seiner persönlichen Bewertung letztlich *meine* Beurteilung seiner wahren Absichten ab. Nur mit korrekter Einschätzung seiner wahren Gefühle kann ich die Aussage richtig beurteilen.

Man beurteilt seinen Gesprächspartner auch gefühlsmäßig

Versuchen Sie gerade mal, sich das letzte Gespräch mit einem Ihnen nahe stehenden Menschen ins Gedächtnis zu rufen, vielleicht mit Ihrem Partner oder mit einem Familienangehörigen. Sie haben ihn, als er Ihnen gegenüberstand, nicht nur als ein sprechendes Wesen erlebt, das rein verstandesmäßig redete oder sonst reagierte. Sie haben ganz selbstverständlich einkalkuliert, dass er in einer bestimmten *Stimmung* war, dass er mit mehr oder weniger *Emotionen* agierte, eher froh oder mürrisch, konzentriert oder verängstigt, dass er eben ein fühlender Mensch war.

Er hat Ihnen von seiner Stimmung und den anderen Gefühlskomponenten nicht extra erzählt. Sie haben auch nicht gefragt. Sie haben es *bemerkt*. Mehr noch, Sie haben sich darauf eingestellt, Ihrerseits ganz automatisch darauf *reagiert*, vielleicht nicht einmal verstehend, sondern ärgerlich. Aber der emotionale Zustand des Gegenüber war unweigerlich *Teil Ihrer Kommunikation.*

Es geht darum, dass Sie ständig bemüht sind, die Mitmenschen zu *verstehen* und zu *beurteilen.* Für beide Aufgaben sammeln Sie mit Ihrer Empathie wichtige Informationen über Ihre Gegenüber. Ihre emotionale interpersonale Intelligenz kann dann zum Beispiel warnen, dass der andere gerade nicht in der geeigneten Stimmung für Ihr Anliegen ist, kann vermeiden helfen, dass Sie in ein Fettnäpfchen treten. Sie kann helfen, zwischen Freunden und Feinden zu unterscheiden. Sie kennen das natürlich: Auch Sie werden schon manche Enttäuschung erlebt, manchen Fehler gemacht haben, einfach weil Sie einen anderen falsch eingeschätzt haben, weil Sie nicht genügend auf seine Körpersprache geachtet haben oder achten konnten. Da werden Ihnen gleich Beispiele einfallen: wenn jemand zum Beispiel aus lauter Liebe bedeutsame Warnsignale aus dem Vorleben der Geliebten nicht wahrhaben will …

Es geht aber um mehr. Sie brauchen ja auch Anhaltspunkte dafür, wie Sie am besten *auf den anderen zugehen sollen.* Noch mehr: Vielleicht wollen Sie ihn überzeugen, umstimmen, für sich und Ihre Vorhaben gewinnen. Das müsste man „einfühlsam" angehen, und dafür benötigen Sie Informationen auf dieser gefühlsmäßigen Ebene.

Zum Überreden benutzt man außer Argumenten auch Emotionen

Das hatten wir ja im ersten Teil des Buches schon erkannt: Jeder Mensch macht nur das, was er am liebsten möchte, oder was ihm am wenigsten Nachteile bereitet. Auch Ihr Gegenüber hat so seinen Willen. Wenn Sie möchten, dass Ihr Freund mit Ihnen zu einer Party gehen soll, obgleich er jetzt eigentlich müde und abgespannt und auch noch verärgert ist, werden Sie ihn mit logischen Argumenten allein kaum vom Hocker kriegen. Aber

Sie wissen aus Erfahrung, dass es beim Über*reden* oft nicht auf die Worte ankommt. Sie müssen ihn zu nehmen wissen. Sie wünschen jetzt vielleicht, dass Ihre kleine Schwester da wäre, der so was mit Ihrem Charme fast immer gelingt.

Sie müssen behutsam auf ihn eingehen, müssen sein Gemüt aufhellen, seinen Ärger abbauen, auf kleinen Umwegen seine Unternehmungslust wieder wecken. Sie werden vielleicht gemeinsame Erinnerungen, in denen Sie Spaß hatten, aufrufen. Sie werden in der Phantasie des anderen Vorstellungsbilder für den weiteren Abend ausmalen und mit motivierenden Emotionen zu verknüpfen versuchen. Sie werden ihm also die tolle Stimmung ausmalen, die er vorfinden und dann selbst haben wird. Kurzum, Sie müssen sich jedenfalls immer wieder in *seine* emotionale Position hineinversetzen, während Sie eine Umstimmung versuchen.

Lässt er sich wirklich von Ihnen umstimmen? Nur, wenn er schließlich ähnlich wie Sie eine Vorfreude auf die Party empfindet. Dazu muss er die Vorstellung, zur Party zu gehen, mit höheren (emotionalen) Werten besetzen als diejenige, in Ruhe zu Hause zu bleiben. Durch diese Marker wird ihm die Party dann verlockender erscheinen als alle anderen Optionen, die er heute Abend noch hat. Erst dann wird er sich plötzlich gerne entschließen, doch mitzugehen. Während Ihres Versuchs einer Um„stimmung" müssen Sie die von Ihnen stimulierten Gefühlsreaktionen ständig überwachen, sich immer wieder in ihn einfühlen, um nicht mit einer ungeschickten Äußerung alles wieder kaputtzumachen.

Klar, Sie könnten ihm auch zu verstehen geben, wie schrecklich traurig Sie wären, wenn er Sie alleine ziehen lassen würde. Sofern ihm Ihr Wohlergehen oder Ihr Wohlwollen sehr viel wert ist, wird er die Party als das kleinere Übel wählen, also mitkommen.

• Bedenken Sie aber: Langfristige Beziehungen beruhen auf wohl ausgewogenen Kompromissen. Unter dem Strich sollte jeder gleich viele Vor- und Nachteile haben.

Sie machen das unbewusst, meistens jedenfalls. Und Sie machen Ähnliches jeden Tag, wenn Sie von anderen etwas wollen, was die im Augenblick eigentlich gerade nicht so sehr mögen, Sie machen es überwiegend automatisch. Sie haben solche Taktiken seit frühester Kindheit geübt. Sie haben sie üben müssen, um in Ihrer Umwelt möglichst viel von dem zu erreichen, was Ihnen weiterhilft.

Sie sind darin sehr gut, sonst hätten Sie nicht Ihre heutige Position im Leben. Aber vielleicht erreichen andere noch mehr und noch leichter und werden von Ihnen deshalb heimlich beneidet. Wir wollen versuchen, einige Prinzipien ihrer Taktiken besser zu verstehen.

Aber zunächst sollten Sie eigentlich dieses Kapitel von Anfang bis hierher nochmal überfliegen oder wenigstens in Gedanken rekapitulieren. Allerdings sollten Sie sich dann *in die Position Ihrer Mitmenschen hineinversetzen* und nachvollziehen, wie die solche Gedanken speziell *in Bezug auf Ihre Person* haben mögen. Ihre Gegenüber können ja auch nicht wissen, ob und wann Sie die Wahrheit sagen, wann Sie versuchen sie zu beeinflussen usw. usw. ...

Kommunikation beruht auf Gegenseitigkeit

Das Problem hat also noch eine andere Dimension. Es beruht auf Gegenseitigkeit, auf Interaktion. Der andere steht vor ähnlichen Aufgaben wie Sie. Tatsächlich bedeutet Kommunikation unter Menschen ein ständiges gegenseitiges Abtasten und Beurteilen.

• Je öfter Sie sich klar machen, ob der andere – im Guten wie im weniger Guten – ähnliche Absichten hat wie Sie, desto besser werden Sie mit ihm (als Freund) auskommen oder ihm (als Gegner) gewachsen sein.

Jedes Gespräch führt zu neuen Zuständen, entwickelt neue Gedanken, Einstellungen, Wertigkeiten ...

- Natürlich agieren und reagieren beide Partner eines Gesprächs gleichzeitig. Beide versuchen sich ständig anzupassen. Ständig wechselt dadurch die Szene, ändern sich die Umstände.

Im Theater oder Kino verfolgen Sie zum Beispiel ein Streitgespräch mit Spannung. Jeder Schauspieler muss sich nämlich ständig auf den anderen einstellen und variiert dadurch die eigene Position. Darauf muss der andere wiederum reagieren. Die Kommunikation wird dadurch *dynamisch, spannend* und sehr *komplex*. Und zum Schluss hat sich bei allen Beteiligten etwas verändert. Sie kennen das natürlich. Aber achten Sie das nächste Mal gezielt auf die begleitende psychologische Reaktion. Für sie gilt prinzipiell Ähnliches.

Derartige wechselseitige Beeinflussungen untersucht man in der Technik und der Biologie seit 60 Jahren unter der Bezeichnung *Kybernetik*. Seither versteht man auch soziologische und psychologische Entwicklungen wesentlich besser.

Empathie bedeutet, sich in den anderen hineinzuversetzen

Das „*Einfühlen*" in den anderen findet sehr konkret statt: Bei intensivem Gespräch imitiert der Zuhörer den Redenden unbewusst. Sie können das zum Beispiel in einem Cafe beobachten. Was Sie dann nicht sehen können: Nicht nur die Mimik gleicht sich an die des auf ihn einredenden Gesprächspartners (-partnerin) an. Sogar Puls und Blutdruck des Zuhörers steigen und fallen gleichsinnig.

• Man versteht also den anderen am besten, wenn man ihn gefühlsmäßig miterlebt und seine Gefühle selber spürt.

Sicher haben Sie schon mal Kinder im Kasperletheater beobachtet. Es ist leicht zu erkennen, wie ihre Gefühle mit denen der Puppen mitgehen. Sie können ganz aufgeregt werden oder vor Angst aufschreien. Kinder haben noch nicht gelernt, ihre Gefühle zu verbergen. Und Erwachsene? Wer bei rührenden Kinoszenen mitweint, ist offensichtlich fähig zur Empathie. Nicht nur Lachen und Fröhlichkeit „stecken an", manchmal sogar so komplizierte Reaktionen wie das Mitfühlen bei den rührenden *Freudentränen* einer Hochleistungssportlerin auf dem Siegertreppchen. Haben Sie da schon im Geheimen mitgeweint? Haben Sie sich emotional einbeziehen lassen?

• Prinzipielle *Voraussetzung* für Empathie ist Reichtum an *eigenen* Gefühlen und die differenzierte Kenntnis und Beherrschung derselben.

Natürlich können Sie sich mit Ihrer Empathie auch gewaltig täuschen. Unbewusst oder bewusst. Man kann nonverbale Äußerungen falsch deuten. Sie können jemand aber auch besser beurteilen *wollen*, als er sich im Augenblick gibt. Sie können voreingenommen sein, weil Sie ihn gerne mögen, weil Sie eine emotionale Verbindung zu ihm haben.

Oder: Sie haben sicher schon mal jemanden ungerechtfertigt *schlecht* beurteilt, weil Ihre Freundin ihn hasst und deren Sympathie Ihnen so wichtig ist, dass Sie deren emotionales Urteil übernehmen.

Man kann sich nicht nur in einen konkreten Gegenüber hineinfühlen, sondern auch in *virtuelle*, nur in der Phantasie vorgestellte Personen. Nehmen wir zum Beispiel Personen in einem Roman. Gäbe es überhaupt Literatur wie *Romane* und *Lyrik*, wenn Sie als Leser sich nicht in die geschilderte Gefühlswelt hineinversetzen, mitreißen lassen könnten dank Ihrer Empathie?

Ich behaupte, man könnte einen *Test* für die Stärke der Empathie darauf aufbauen. Man könnte untersuchen, ob die Testpersonen Lyrik mögen oder Liebesromane oder wenigstens Biografien, oder ob sie nur Sachbücher lesen. Nur wer sich gerne in andere hineinversetzt, wird gerne über Freud und Leid anderer lesen, vielleicht nur der, der intensives Interesse an den Gefühlen anderer aufbringen kann, nur der, der „eine Antenne dafür" hat. Der Test dürfte daran scheitern, dass zu wenig Menschen überhaupt viel lesen. Aber Sie könnten Ihre Bekannten einmal befragen, welche Bücher sie beeindruckend fanden oder welche Filme sie bevorzugen, oder welche Artikel sie in Zeitschriften lesen. Sie brauchen ihnen ja nicht zu sagen, dass Sie sie testen wollen.

Kommunikation ohne Worte

Es muss schon ein sehr vertrauter Freund oder eine sehr gute Freundin oder ein besonderes Gesprächsthema sein, wenn Sie eingehend über Ihre Gefühle sprechen. Ich meine damit persönliche, nicht die Angst, dass eine Wirtschaftskrise kommen könnte. Besonders Männer reden über persönliche Gefühle lieber nicht. Aber gerade die subjektive Bedeutung hinter den Worten, also zwischen den Zeilen zu erspüren, ist für uns wichtig.

- Für über 90% der emotionalen Mitteilungen verwenden wir *keine* Worte.

Daher ist es für die adäquate soziale Interaktion (emotionale Kommunikation) wichtig, die Gefühle des Gegenüber aus *Gebärden, Mimik, Tonlage* und Ähnlichem herauszufinden. Auch bei nichtssagendem Smalltalk kann die *„nonverbal"* gewonnene Information erheblich sein.

Sie können nicht jeden gleich gut durchschauen. Mancher zeigt kaum, was in ihm vorgeht. Sie müssen herausbekommen, ob er schlicht wenig Gefühle empfindet, oder ob er welche *verbirgt*.

Es ist aber *auch* eine Gabe, Gefühle im rechten Augenblick *zeigen zu können*. Wir werden das im Zusammenhang mit der

Sympathie nachher noch erörtern. Menschen, die dazu zu steif sind, woran auch die Erziehung schuld sein kann, wirken oft unsympathisch, arrogant, rücksichtslos. Dass sie es nicht sind, merkt man erst bei näherer Bekanntschaft.

• Damit ist die Fähigkeit zur Empathie eine entscheidende Grundlage der sozialen Kompetenz. Wer sich nicht in andere Leute hineinversetzen kann, wird auf die Dauer kaum mit ihnen gut auskommen.

Dies berührt natürlich besonders Bereiche wie Führungsfähigkeit und Teamkompetenz. Wir werden in späteren Kapiteln darauf zurückkommen. Aber Sie erkennen schon jetzt, wie wichtig es ist, dem *Kern* der Mitmenschen, ihren Wünschen und Hoffnungen, also ihrem wahren Innersten irgendwie wenigstens etwas näher kommen zu können.

Es kann klug sein, die Gefühle zu verbergen

Ich weiß nicht, ob Sie *Poker* spielen. Aber wir kennen das alle aus Western und Cowboy-Filmen: Wer herauskriegt, ob die anderen gute oder schlechte Karten haben, kann sein Risiko deutlich verkleinern, kann besser spielen. Also muss jeder versuchen, Freude oder Schreck oder Ärger oder andere Gefühle beim Ansehen seiner Karten so gut wie möglich zu verbergen. Jeder versucht, ein neutrales „Pokerface" aufzusetzen oder irreführende Gefühle vorzutäuschen. Aus der Sicht der Empathie ist das eine spannende Übung: Gefühle zu erspüren, die der andere zu verbergen sucht.

Es gibt einen interessanten Versuch. Man kann drei oder vier Menschen in einen Raum setzen und ihnen vorgeben, dass sie sich ansehen können, aber nicht sprechen dürfen. Man hat sie vorher mit Messgeräten versehen, die Auskunft über Blutdruck, Puls und Hautfeuchtigkeit geben. Sie wissen nicht, dass einer von ihnen ein Schauspieler ist und vorher in das Vorhaben eingeweiht wurde. Er versetzt sich nun innerlich in einen bestimmten Gefühlszustand, den er aber nicht nach außen zeigen soll, also zum Beispiel in Wut. Nach spätestens fünf Minuten zeigen die anderen Personen *auch* die Begleiterscheinungen von Wut auf den Messgeräten. Es ist möglich, dass ein guter Pokerspieler auf diese Weise die Gefühle der anderen, etwa Schrecken oder Verzweifelung oder auch Freude, ahnen kann, indem er seine eigene vegetative Mitreaktion, also sein unbewusstes Mitgehen mit den Emotionen des anderen zu erspüren versucht.

Dass die Emotionen des Partners gelegentlich so stark sind, dass Sie sie nicht subtil erspüren müssen, sondern dass Sie mit hineingezogen, dass Sie also emotional beeinflusst werden, wissen Sie längst. Versuchen Sie sich an einen Streit zu erinnern, der in Ihrer Gegenwart *zwischen zwei anderen* ablief. Sie werden gespürt haben, wie auch Sie erregt wurden. Sie werden ohne eigenes Zutun darauf vorbereitet, gegebenenfalls Partei zu ergreifen, haben es vielleicht schwer, sich zurückzuhalten. Wir werden uns an dieses Phänomen in Kapitel 22 beim Streitschlichten zurückerinnern. Und wir werden davon die aktive Beeinflussung des anderen in Kapitel 17 abzugrenzen haben.

Jetzt aber erinnern Sie sich lieber mal an das, was wir im ersten Teil im Zusammenhang mit Selbstbeherrschung über die „Hubschrauberperspektive" gesagt haben. Sie müssen rechtzeitig Ihre Emotionswallungen als solche erkennen, zum Beispiel auch, um sie je nach Erfordernis Ihrem Gegenüber zeigen oder vor ihm verbergen zu können.

Im Leben, nicht nur im Beruf, wird das Pokerface Ihres Gesprächspartners bei Ihnen eine gewisse Habachtstellung, vielleicht sogar eine *Alarmreaktion* auslösen. Ein Leben lang haben Sie das geübt, unbewusst. Sie wollen ja nicht überrascht werden.

- Ihre Erfahrung sagt Ihnen, dass Sie einem Menschen, der seine Gefühle zu verbergen sucht, besser nicht trauen.

Aber diejenigen, die Ihnen freundliche Gefühle *vortäuschen*, sind deutlich gefährlicher. Es ist schwerer, Schauspielerei zu durchschauen, als einem Maskengesicht zu misstrauen.

Wir haben schon angesprochen, woran Sie einen *Lügner* erkennen, solange er keine logischen Fehler macht, sich also nicht verspricht. Sie können ihn dann nur durch sein Verhalten, also durch seine nonverbalen Hinweise entlarven. Vielleicht wird er rot, vielleicht kann er Ihnen nicht in die Augen sehen, vielleicht ist er auffällig nervös. Vieles kommt auf den Empfang dieser „instinktiven Gefühlssignale" (Gardner) an. „Instinktiv" ist hier im Sinne von unbewusst, nicht von angeboren gemeint.

- Weil man aus dem Ablesen der nonverbalen Signale entscheidende Vorteile ziehen könnte, bespricht man gewisse Dinge nicht gerne am Telefon, wo man den anderen nicht sieht.

Das Beachten der nonverbalen Kommunikation des anderen wird allerdings schwieriger oder unmöglich, wenn sich *starke eigene* Gefühlsregungen aufdrängen. Hier ist die Empathie gegenüber den Emotionen in der gleichen „unterlegenen" Situation wie der Verstand. Wir haben deren „Metafunktion" im ersten Teil des Buches besprochen: die Emotionen sind entwicklungsgeschichtlich älter als die soziale Rücksichtnahme, und im Ernstfall sind sie dann stärker.

- Wut, aber auch Liebe macht blind, auch für das Erkennen der *Gefühle* des anderen!

Mit der Empathie haben wir somit die entscheidende Fähigkeit besprochen, andere Menschen dort zu verstehen, wo sie urteilen und entscheiden, nämlich in ihrem Gefühlsbereich. Wir haben auch schon besprochen, dass wir uns besser vom Gegenüber fern halten, wenn wir Verschlossenheit oder gar Dissonanzen entdecken. Aber eigentlich wollen wir ja mit ihm gut auskommen. Das soll dann das Thema des nächsten Kapitels werden: Warum mögen wir gewisse Menschen, warum sind sie uns *sympathisch*? Und was müssten wir tun, damit wir unsererseits denen sympathisch sind?

Was konnten Sie sich aus Kapitel 14 merken?

- Empathie ist die Fähigkeit, die Gefühle eines anderen zu erkennen und sich emotional in sie hineinzuversetzen.

- Die Kenntnis der eigenen Emotionen ist Voraussetzung für Empathie.

- Empathie muss man trainieren und kann man gezielt (z. B. Kindern) lehren.

- Vererbt wird das Erkennen von Freude, Trauer, Wut, Angst und Ekel im Gesicht eines anderen.

- Die Zentren für Empathie liegen nicht im Gefühlszentrum Mandelkern, sondern im Frontalhirn.

- Empathie ist eine entwicklungsgeschichtlich jüngere Funktion. Durch starke Emotionen wird sie verdrängt (Metafunktion).

- Empathie ist eine entscheidende Grundlage der sozialen Kompetenz des menschlichen Verstehens.

Ist Ihnen schon ein persönliches Ziel eingefallen?

- Es ist enorm wichtig, zu wissen, was der andere wirklich meint, also fühlt. Also: Wenn Sie oft enttäuscht oder getäuscht werden, müssen Sie sich angewöhnen, genauer auf die nonverbalen Signale des Gesprächspartners zu achten.

- Um einen anderen zu etwas zu überreden, was er sich geistig vorstellt, muss man dessen zugehörige emotionale Marker auf „sehr positiv" einstellen. Also: Sollten Sie meinen, dass andere Menschen bessere Überredungskünstler als Sie sind, sollten Sie üben, Ihre Gefühlskräfte stärker und gezielter einzusetzen.

- Dauerhafte zwischenmenschliche Beziehungen beruhen auf ausgewogenen Kompromissen. Also: Einige Ihrer Freundschaften könnten an Ihrer mangelnden Kompromissbereitschaft gescheitert sein. Versetzen Sie sich in die Wunschvorstellungen des anderen und versuchen Sie, gerecht zu urteilen.

Das könnten Sie schon einmal prüfen:

Können Sie mitfühlen im Kino oder Theater, müssen Sie gelegentlich eine heimliche Träne wegwischen, oder interessiert Sie nur die Sachdarstellung? Wenn Sie zu emotional oder im Gegenteil ganz gefühlskalt reagieren: Könnte da ein Problemherd versteckt sein im Umgang mit anderen?

Mitleid beruht auf Empathie

Das Mitgefühl als Mitleid ist eine Sonderform der Empathie (das eigentliche Empathein = Mitleiden). Mitgefühl ist Grundlage jeder Fürsorge.

Die Moral ist hier *rationale* Voraussetzung, indem sie die sozial bzw. interpersonal optimale Handlungsweise vorgibt (vgl. Gewissen im 1. Teil). Man nimmt sich vor, im moralisch richtigen Raster zu operieren (rationale Komponente).

Um dann wirklich *altruistisch* (also auch gegen den eigenen Vorteil) zu handeln, muss auch die (emotionale) gezielte Motivation stark genug sein. Hierzu muss der Helfende sich in die Situation des anderen „hineingefühlt" haben (*Empathie*). Seine Emotion muss so intensiv sein, wie es den Bedürfnissen *des anderen* entspricht. Dann wird er gewissermaßen in dessen Sinne (Gefühl seiner Werteordnung) entscheiden und handeln können.

Das gute *Gewissen* vermag die Tendenz zum altruistischen Handeln (durch entsprechend starke „Marker") für ein nächstes Mal zu intensivieren. Auch in der öffentlichen Fürsorge des Sozialsystems wirkt das *kollektive gute Gewissen* verstärkend, der Motivationsmarker zum Erinnerungsbild wird intensiviert.

Überhaupt wird das „soziale Gewissen" eines *Staates* von der Empathiefähigkeit seiner Bürger geprägt: Bei ausgeprägter Tendenz zu Empathie tendiert die öffentliche Meinung zu *Entlohnung nach Bedarf* oder zu zusätzlichen Hilfen, bei wenig Empathie zur Entlohnung *nach Leistung* (jeder ist sich selbst der Nächste).

Empathie ist allgemein eine Variable des sozialen Umfeldes und wird als solche *kollektiv eingeübt* und verstärkt (Medien, öffentliche Meinung). Sie ist in sozialbetonten Ländern wie in Deutschland sicher stärker ausgeprägt (und entwickelt folglich konsequent soziale Netze) als in kapitalistischen Gesellschaften (USA).

Fehlreaktionen im Zusammenhang mit Empathie

Im ersten Abschnitt hatten wir die Sofortreaktion bei Beleidigung erwähnt: Es gibt offenbar eine *Erkennungsmöglichkeit für zornige Gesichter* schon in der Netzhaut des Auges, und es gibt von dort eigene Sehbahnen, die nur bei aggressiven Gesten des Gegenüber feuern. Viele unserer Haustiere haben ähnliche Fähigkeiten.

Die Fähigkeit zur Empathie kann verloren gehen durch *Defekte* im rechten Temporallappen des Gehirns, und zwar sogar differenziert für entweder das Verstehen (Empathie) oder das Ausdrücken und Signalisieren von Gefühlen (eigene Emotionen). Solche Defekte werden nach kleinen Schlaganfällen oder nach Verletzungen beobachtet. Nach einem isolierten Verlust des Zentrums kann der Kranke z.B. ein *freundliches* „Danke" nicht mehr von einem *sarkastischen* unterscheiden. Diese Gehirnrindenbereiche haben starke Verbindungen zum limbischen System und speziell zum Mandelkern, also den wichtigen Zentren des *emotionalen* Systems.

Fehlendes Mitgefühl mit dem Opfer ist nach heutiger Lehrmeinung einer der Hauptgründe für *Gewaltverbrechen*. Der Täter, der vergewaltigt oder Kinder misshandelt, sieht sein Opfer mit den Augen seiner eigenen Phantasie, seinen Gefühlen und Begehren, und unterstellt dem Opfer gleiche Neigungen.

Diese falsche Sicht versucht man therapeutisch anzugehen, indem man z. B. den Kinderschändern in Filmen, Bildern und im Gespräch das Elend vor Augen zu führen (und ins Gewissen zu schreiben) versucht. Aus dieser Theorie heraus versucht man auch die therapeutische Gegenüberstellung und Aussprache mit dem Opfer oder Rollenspiele nach Vergewaltigungen.

Diese Therapie hilft oft nicht, und das ist nicht verwunderlich. Beim Fehlen von Empathie kann es sich handeln um

1. mangelndes Talent (ererbt, evtl. neuroanatomische Varianten, Hormonhaushalt),
2. mangelnde Erziehung und Übung (Lerndefizit) oder
3. krankhaftes Versagen (Psychopathie) oder
4. Kombinationen.

Nur im zweiten Fall hat man eine Chance, durch Belehrung zu behandeln, nur im ersten könnte eine Hormonbehandlung oder eine Kastration Erfolg versprechen.

In schweren Fällen der 3. Möglichkeit und bei allen Unklarheiten muss man durch Sicherheitsverwahrung für Schutz der Mitmenschen sorgen.

Wissenswertes – Nachdenkliches

Wir werden als soziale Wesen geboren

Die psychischen Werkzeuge, die uns Menschen für die Funktion *Empathie* zur Verfügung stehen, sind im Prinzip angeboren, müssen aber ständig geübt und verbessert werden. Diese *Kompetenz* ist für Ihr Überleben, jedenfalls für Ihren Erfolg in dieser Welt notwendig.

Angeboren ist nur die Fähigkeit zum Verstehen des anderen, also die *Funktion*. Die genauen einzelnen *Bedeutungen* muss man dann lernen und ihre Verwendung trainieren. Das dient der korrekten Anpassung an die Gewohnheiten der speziellen Umgebung. Die Lern*inhalte* sind nicht nur im fernen China, sondern vielleicht schon in der Nachbarstadt anders. Wenn Ihnen zum Beispiel in Griechenland jemand von weitem ein Zeichen gibt, indem er immer mit der Hand von sich weg winkt, meint er nicht, dass Sie schnell weglaufen, sondern dass Sie zu ihm kommen sollen.

Als Grundausstattung ist offenbar den Menschen aller Völker das Erkennen von fünf *mimischen Grundreaktionen* des anderen angeboren: Freude, Trauer, Wut, Ekel und Angst. Die fast unzähligen Variationen und Nuancen z. B. der mimischen Signale des Mitmenschen, die in verschiedenen Kulturen durchaus unterschiedlich sind, müssen von jedem Individuum *gelernt* werden. Insoweit besteht kein prinzipieller Unterschied gegenüber dem Erlernen von Sprache und Wissen im kognitiven Bereich (vgl. 1. Teil). Wer im Bereich der Empathie „dumm" ist, also nicht lernen kann oder (noch) nicht gelernt hat, den nennt man naiv.

Das Lernen geschieht weitestgehend unbemerkt. Schon Säuglinge im Alter von wenigen Monaten zeigen Mitgefühl (wir sind von Geburt soziale Wesen), weinen, wenn in der Nähe ein anderes Kind weint. Die Mutter stimmt sich ständig mit ihrem Kind ab, stellt sich selbst auf dessen Erregungsniveau ein, was mit Videokontrollen, Blutdruckmessungen usw. untersucht wurde. Daraus verspürt das Baby, dass es verstanden wurde. Denn über die Sprache können Mutter und Neugeborenes noch nicht Fakten kommunizieren.

Vernachlässigung im ersten Lebensjahr kann zu Stumpfheit, Bösartigkeit, Grausamkeit führen, emotionale Misshandlung zu Überempfindlichkeit, evtl. „Borderline-Störungen" (völlig unbeherrschte Handlungsweisen). Milieuuntersuchungen haben ergeben, dass Kleinkinder ohne Zuspruch in Findlingsheimen in ihrer Entwicklung weit zurückblieben im Gegensatz zu Kindern, die bei ihren verurteilten Müttern zwar im Gefängnis, also unter ungünstigen Bedingungen aufwuchsen, aber wenigstens intensiven mütterlichen Kontakt haben konnten.

Für die Erziehung gilt: Man sollte das Erlernen der Empathie bewusst unterstützen (nicht einfach „lass das" sagen, sondern: „schau mal, wie traurig Du das Kind gemacht hast ..."). Also: nicht verbieten, sondern *erklären*.

Richtiges Deuten kann man *gezielt üben* und auch besprechen, z. B. das Erkennen, wann eine Reaktion wirklich feindselig ist und entsprechende Gegenreaktionen rechtfertigt. Aufgabe des Lehrenden ist im Schulalter, besonders in der Jugendhilfe, die Situation durchzusprechen, wenn die Reaktion zu aggressiv ausfiel, sie evtl. im Rollenspiel nachzuvollziehen, damit sie in allen Konsequenzen richtig verstanden und so zusammen mit dem adäquaten Gefühlsmuster als Erinnerung abgespeichert wird.

Zur Testung der Empathie werden z. B. Tonträger mit hörbarer, aber verfremdeter Sprache abgespielt. Der Proband muss aus der Sprechweise und dem Tonfall die soziale Stellung des Redenden erschließen können (McClelland 1973). Oder es werden Videos von Lehrern gezeigt, und der Proband muss allein aus der Körpersprache die Güte ihres Unterrichtes beurteilen, also ohne das Gesprochene zu verstehen. Als „Normaler" würden Ihnen höchstens 20% Fehler unterlaufen.

15 Sympathie: Freunde gewinnen

Liebe Leserin, lieber Leser, vielleicht haben Sie sich schon einmal darüber gewundert, wie schnell Sie entscheiden können, ob Sie einen Menschen sympathisch finden oder nicht. Aber haben Sie sich auch gefragt, worauf das beruht, dass Sie ihn oder sie überhaupt als sympathisch einstufen können? Es wäre sicher nützlich, das Prinzip zu kennen. Vielleicht könnte man dann leichter wirkliche Freunde von solchen unterscheiden, die das nur spielen. Vielleicht könnte man *selbst* lernen, sympathischer zu wirken.

Sympathie ist nämlich einer jener Grundbegriffe, auf denen das Zusammenleben von Menschen beruht.

- Durch das Empfinden von Sympathie gehen solche Menschen aufeinander zu und tun sich zusammen, die vermutlich ohne zu große und zu häufige Reibung miteinander auskommen können.

Über die Sympathie finden Gleichgesinnte zusammen. – Oder sollten wir lieber sagen: *Gleichgestimmte*? Richtig. Es geht ja um das Gefühl, es geht um das emotionale Harmonieren, damit dann auch um das „Einen-anderen-Mögen". Ob dann die *sachlichen Ansichten* auch noch zueinander passen, muss man natürlich unabhängig davon im Gespräch bewerten.

Es geht um das *Gefühl* von zwei Menschen, die miteinander irgendwie kommunizieren. Ihre Gefühlssphären treten miteinander in Kontakt, beurteilen sich gegenseitig, reagieren aufeinander. Die herrschende Lehrmeinung bringt es auf folgenden Punkt:

- Sympathisch wirkt ein Mensch, der seine Gefühle auf diejenigen des anderen einstellen kann. Er versteht es gewissermaßen, die eigenen emotionalen Schwingungen mit denen des anderen zu „synchronisieren".

Auch zu Gruppen von Menschen, die emotional harmonisieren, fühlen Sie sich hingezogen. Sie brauchen sicher nicht lange, um Paare oder Freundeskreise unter Ihren Bekannten zu finden, die diese These bestätigen.

Menschen, die sich mögen, empfinden bei den meisten gemeinsamen Themen die gleichen Gefühle, sie „synchronisieren" ihre Emotionen unbewusst und erzeugen dadurch eine Art „*Wir-Gefühl*". Diese emotionale Einigkeit kann man, wenn man darauf achtet, in unterschiedlicher Ausprägung bei beliebigen Paaren, die sich in einem Cafe unterhalten, erkennen oder vermissen. Man hat also sogar als Dritter die Fähigkeit, dieses Zusammenpassen der Emotionen zu spüren.

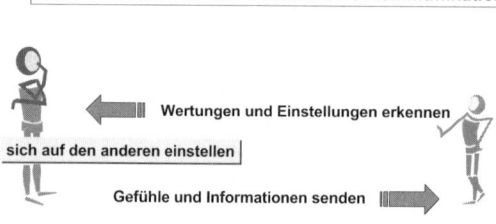

Abb. 15.1: Nonverbale Kommunikation: Sich einfühlen und dann eingehen auf den Mitmenschen. Der emotionale Informationsaustausch geht natürlich von beiden Partnern in beide Richtungen, ist hier aber nur aus Sicht des linken dargestellt. Er muss den allgemeinen Gemütszustand des anderen und die emotionalen Begleitumstände der Reaktionen des anderen erkennen. Gleichzeitig sendet er mehr oder weniger unbewusst eigene Informationen an den anderen. Sympathie erzeugt man durch Synchronisation der Gefühle. Man muss sich emotional auf den anderen einstellen (können). Wenn er aus den nonverbalen Signalen erkennt, dass man genauso fühlt wie er, empfindet er leichter Zuneigung. Sympathie ist auch Voraussetzung für gute Stimmung in Gruppen (Stammtisch, Mannschaftssport, Arbeitsklima).

Man mag keine Dissonanz der gegenseitigen Gefühle

Wenn jemand die Synchronisation *nicht* herstellen kann, fühlt man sich in seiner Nähe nicht wohl, unbehaglich. Man weiß um die Disharmonie im Gefühlsbereich. Man spürt die Wahrscheinlichkeit von Missverständnis und Streit. Wir erwähnten es schon: Man vermutet vielleicht sogar eine noch nicht erkennbare Gefahr. Hinter jeder *verschlossenen* Miene kann sie lauern und tut es wohl oft genug.

Nicht umsonst lieben so viele Menschen ihren Hund vor allen anderen Genossen: Wenn sie ihn liebevoll behandeln, können sie auf seine uneingeschränkte Gegenliebe vertrauen. Da er nicht abstrakt denken kann, kann er auch keine Hintergedanken haben, kann auch nicht schauspielern. Ihr Partner *kann* Hintergedanken haben, auch falsche. Sie wissen es, weil es bei Ihnen genauso sein könnte.

● Deshalb schätzen wir nonverbale Äußerungen höher ein als Worte.

Eine spontane Geste, die mir zeigt, dass eine Person mich schätzt, ist mir viel mehr wert als lange Beteuerungen. Das können auch Zeichen sein, die schöne Worte begleiten. Wir sollten viel gezielter auf die begleitende Körpersprache achten.

Emotionales Agieren und Reagieren untersucht man häufig bei Kindern, weil deren Verstand noch nicht ständig auf der Lauer liegt und so die jeweilige Situation zu beherrschen sucht. Als *unsympathisch* werden danach Kinder eingestuft, die auf die anderen keine Rücksicht nehmen, dies nicht einmal versuchen.

Jeder kennt solche Beispiele: Wenn so ein Kind zu einer schon spielenden Kindergruppe hinzukommt, versucht es, in der Gruppe sofort eine eigene Spielidee einzuführen, ohne daran zu denken, dass die anderen gerade ihre besondere Freude an etwas anderem haben. Es hat kein Gefühl dafür, dass es stört. Wenn solche Kinder im Spiel keinen Erfolg haben, ändern sie die Regeln zum eigenen Vorteil, bestimmen einfach über die anderen.

Sie kennen ähnliches Verhalten bei Erwachsenen: Stellen Sie sich vor, Sie sprechen mit Freunden über ein gemeinsames lustiges Erlebnis, lachen vielleicht gemeinsam. Jemand kommt zur Gruppe hinzu und fängt sofort ein eigenes Thema an. „Da habe ich neulich..." oder „Kennen Sie den (Witz): ... ?" Er nimmt keine Rücksicht auf Tabus oder Animositäten in Ihrem Kreis, lacht an Stellen, an denen die Gruppe nicht lachen möchte, usw. Sie und Ihre Freunde werden sich etwas verwundert aus den Augenwinkeln anschauen, vermutlich die Augenbrauen etwas hochziehen, sobald Sie Blickkontakt haben ... Sie haben sich verstanden und werden eine Mauer der emotionalen Abwehr aufbauen, werden den Jemand innerlich nicht in die Gruppe aufnehmen, auch wenn Sie gegebenenfalls ein höfliches Lächeln aufsetzen.

Wenn die Diskrepanz sehr groß war, könnte man nachher sagen, der war taktlos.

- Taktgefühl bedeutet in diesem Zusammenhang, dass der Unsympath nicht in den gleichen *emotionalen Takt* und damit nicht zu einer emotionalen Harmonie mit der Gruppe finden konnte.

Meist merkt ein derartiger Eindringling dann gar nicht, dass er den richtigen Ton verfehlt hat. Kein Wunder, es ist ja die gleiche emotionale Antenne, die ihm schon am Anfang fehlte. Es fehlte ihm zunächst „das Gefühl" dafür, welche Stimmung in der Gruppe gerade herrschte, mit der er die eigene hätte synchronisieren sollen, es fehlt also die *Empathie*. Und es fehlt ihm dann auch die Fähigkeit, zu spüren, ob diese Synchronisation gelungen ist. Das gleiche „Instrument" brauchen wir also am Anfang zur „Diagnose" und während und nach der Aktion zur „Überwachung" und Kontrolle.

Es kann aber auch an der emotionalen *Intelligenz* fehlen, die die Synchronisation automatisch herstellt. Dann merkt er es sehr wohl, dass er zu unbeholfen ist, den richtigen Kontakt mit der Gruppe herzustellen, und ist traurig darüber oder enttäuscht. Er kann die Diagnose stellen, aber nicht die nötige Therapie einleiten.

Anpassung hilft, die Herzen zu gewinnen

Wie man es *richtig* macht, ergibt daraus zwanglos: Wenn Sie zu einer unbekannten Gruppe dazukommen, und selbst wenn man Sie als Neuankömmling interessiert anschaut und höflich zum Mitmachen auffordert, werden Sie sich zunächst zurückhalten, werden das Gespräch wieder in Gang kommen lassen, um die Reaktionen der anderen zu studieren. Ihre emotionale Intelligenz wird eine „soziale Analyse" durchführen, von der wir im nächsten Kapitel reden. Sie werden sich auf die Situation intellektuell und *innerlich einstellen*. Und Sie werden sich dann zunächst eher behutsam, schrittweise, ohne zu stören, also Ihren Erfolg prüfend, in die Kommunikation der Gruppe einfügen.

Übrigens werden Sie vermutlich „rein gefühlsmäßig" auch andere, gewissermaßen vertrauensbildende Maßnahmen einsetzen: Sie werden sich in Stimmlage, Lautstärke und Wortwahl dem herrschenden Niveau anzupassen suchen. Und wenn es die Zeit vorher zulässt, werden Sie die passende Kleidung wählen.

Ihre Erfahrung bestätigt sicher, dass es Menschen gibt, die besonders vielen Mitmenschen sympathisch sind. Sie sind beliebt, haben viele Freunde, werden von den Kollegen akzeptiert, erreichen vieles bei anderen. Man sucht Ihre Gegenwart.

Versuchen Sie mal aus der Erinnerung, die Besonderheiten im Verhalten eines solchen gewinnenden Bekannten zu analysieren. Wahrscheinlich werden Sie jedenfalls eines erkennen: Er geht offen und interessiert auf andere ein, er erkundigt sich konzentriert und aufmerksam nach deren Freuden und Kummer. Er lässt sie reden und hört genau zu, fragt nach, ermuntert zu zusätzlichen Erzählungen. Er zeigt dabei sein ehrliches Mitgefühl.

Überlegen Sie dann zweierlei: einmal Ihr eigenes *aktives* Verhalten in vergleichbarer Situation. Erzählen Sie gerne über sich selbst? Versuchen Sie bevorzugt, sich ins Gespräch zu bringen, mit eigenen Geschichten Ähnliches zu berichten, den anderen zu übertrumpfen ...?

Und nun versuchen Sie andererseits, sich hineinzuversetzen in eine eigene Problemsituation. Versuchen Sie also nachzuvollziehen, wie gut es Ihnen in der *passiven* Rolle täte, wenn jemand sich mitfühlend nach *Ihren* Problemen erkundigt und auf *Sie* eingeht. Und überlegen Sie, wie Sie sich über Leute ärgern, die Sie in Ihrer Not gar nicht ausreden lassen, sondern gleich auftrumpfen, immer alles richtig machen, immer alles größer und teurer haben ... Gefühlsarm, taktlos.

Jetzt verstehen Sie schon besser, wie sich Sympathie in unser Thema einfügt. Sympathie ist zuerst eine Art *Diagnose*, die uns unsere emotionale Intelligenz zur Verfügung stellt. Die Frage, ob und wie gut der andere zu uns passt, wird untersucht. Die Sympathie ist dann aber auch die Grundlage für unser *Verhalten*. Man kann das den anderen zeigen oder verbergen.

Für beides, für die Diagnosestellung und für die anschließende Reaktion, sollten wir noch einige interessante Aspekte besprechen.

Oft kann man gar nicht so recht *sagen*, warum die Person einem nicht liegt. Man „hat so ein Gefühl". Wenn man es begründen soll, muss man erst nach (verstandesmäßigen) Argumenten suchen. Natürlich muss der Verstand erst überlegen. Er war ja gar nicht beteiligt.

- Allerdings ist es immer nützlich, solche Aversionen verstandesmäßig zu überprüfen. Das Gefühl könnte sich irren. Man möchte keinem Unrecht tun.

Unsympathische Menschen werden gemieden, obgleich sie Gesellschaft suchen und die Abweisungen nicht verstehen. Zu ihrem Nachteil können sie dann sogar abgleiten in eine falsche Gesellschaft, weil sie nur von der akzeptiert werden.

Solche „Unsympathen" kann man von weitem spüren. Denken Sie mal an Fernsehauftritte von Schauspielern oder Politikern. Manche haben eine positive *„Ausstrahlung"*, andere können Sie nicht ausstehen – je nach Ihrer persönlichen Einstellung. Selbst Ihre besten Freunde werden nicht in jedem Falle gleicher Meinung sein. Testen Sie das mal bewusst, und suchen Sie nach psychologischen Erklärungen auf der Basis dessen, was wir über nonverbale Informationen besprachen.

• Sympathie klar zu empfinden und dann auszustrahlen und zu erwecken, das ist eine wichtige Facette der interpersonalen emotionalen Intelligenz.

Glückliche haben diese Fähigkeit „von Natur aus". Sie sind in dieser Hinsicht intelligenter als andere, können ihre Gefühle geschickter managen. Aus dem ersten Teil des Buches wissen Sie, dass die Intelligenz im Wesentlichen ererbt ist. Sie wissen seit dem Kapitel 6 aber auch, dass man sie in der Kindheit trainieren und dass man als Erwachsener eine *Kompetenz* in dieser Fähigkeit erwerben kann. Man kann üben, Sympathie zu erzeugen und zu erspüren. Kenntnis der eigenen Gefühle und deren Management, zum Beispiel Selbstbeherrschung und Selbstkritik, sind allerdings Voraussetzung.

Tatsächlich üben Sie Ihre Kompetenz täglich. Wenn Sie jemanden kennen lernen wollen, versuchen Sie zweckmäßig so auf ihn zuzugehen, dass er Sie nicht nur (*geistig*) interessant, sondern vor allem erst einmal (*gefühlsmäßig*) nett findet. Sie werden ihn also freundlich anlächeln und freundlich gesinnt auf ihn zugehen. Versuchen Sie das nächste Mal – wenigstens zu Beginn – sich wirklich zuwendungsbereit zu geben. Wenn er Ihnen dann intensiver und länger zuhört, haben Sie es richtig gemacht. Ihre emotionale Intelligenz registriert das dann als Erfahrung.

Sympathie verhilft „automatisch" zum Erfolg

Und wenn Sie gar etwas von ihm wollen, er also seine Meinung, seine emotionalen Marker in einer für Sie wichtigen Angelegenheit ändern soll, dann funktioniert das natürlich auf der gleichen *emotionalen* Wellenlänge am besten. Wieder ein Argument dafür, dass Gefühle viel mit Erfolg zu tun haben.

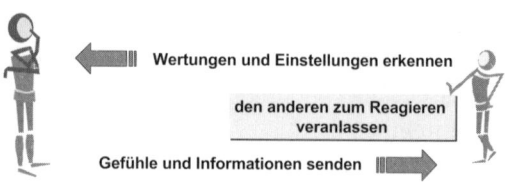

Wertungen und Einstellungen erkennen

den anderen zum Reagieren veranlassen

Gefühle und Informationen senden

Beeinflussung durch emotionale Intelligenz

Abb. 15.2: Nonverbale Kommunikation 2: den Mitmenschen im eigenen Sinne beeinflussen. Der andere soll *meine* Wertskala über nehmen. Also muss ich *seine* zunächst herausfinden. Der emotionale Informationsaustausch geht natürlich von beiden Partnern in beide Richtungen, ist hier aber nur aus Sicht des linken dargestellt.

Vielleicht können Sie es umgekehrt besser nachvollziehen: Wenn ein anderer von Ihnen einen Gefallen erbitten will, wird er sich bei Ihnen vorteilhaft einzuführen versuchen, sich einschmeicheln, wird versuchen, sich als Gleichgesinnter einzuführen. Wenn er Ihnen sympathisch ist, braucht er sich nicht anzustrengen. Er macht es automatisch richtig. Und Sie werden es bewusst oder unbewusst akzeptieren. Wenn er zunächst Ihre innere Ablehnung spürt, wird er versuchen, den richtigen Ton möglichst bald zu treffen. Zunächst wird er versuchen, eine (gemeinsame) freundliche oder gar fröhliche Atmosphäre zu schaffen.

Vielleicht sind Sie verärgert oder traurig. Dann wird er versuchen, sich zunächst in Ihre Stimmung hineinzuversetzen, mit Ihnen die gleiche emotionale Ausgangsbasis zu bekommen. Durch das Verständnis Ihrer Situation und nachdem er Ihre

Sympathie erworben hat, wird es ihm dann leichter fallen, Ihre Stimmung aufzuhellen, um Sie dann schließlich umzustimmen, wie wir das im übernächsten Kapitel noch besprechen werden.

Übrigens wage ich es, hier zur besseren Verständlichkeit nochmal an die früher eingeführte Definition von Intelligenz zu erinnern: „Intelligenz ist die Fähigkeit zum Lösen *unbekannter Probleme*". Die aktuelle gefühlsmäßige Situation eines Menschen ist immer unbekannt und zu ergründen. Sich blitzschnell darauf einzustellen, das ist dann die zweite Hälfte des Problems. Mit seinen ständig wechselnden individuellen Gefühlen, Einstellungen, Stimmungen wird der andere immer wieder zum „Problem". So lange wir mit ihm diskutieren und so oft wie wir ihn wieder treffen, *immer wieder* müssen wir uns darauf einstellen. Ständig benötigen wir die emotional intelligente Funktion.

Im friedlichen Miteinander muss man seine Gefühle zeigen

Sie haben seit der Kindheit gelernt, dass man seine Gefühle beherrschen muss. Manchmal muss man sich zum Beispiel für ein grässliches Geschenk bedanken. In der geschäftlichen Verhandlung mag es wichtig sein, Gefühle nicht zu zeigen (Pokerface). Um in der Gesellschaft als angepasster und damit angenehmer Mitbürger zu gelten, sind spontane Affektausbrüche oft nicht angebracht.

- Aber wenn man mit Freunden zusammen ist oder sonst Sympathie erwecken will, muss man seine Gefühle unbedingt *zeigen*.

Die anderen erwarten solche Signale. Allerdings die geeigneten! Wer das nicht kann, wirkt verschlossen, unfreundlich, vielleicht auch plump, oder man hält ihn sogar für berechnend oder gefährlich.

- Die Tatsache, dass man nie alle Gedanken des anderen lesen und auch seine Gefühle nur „andeutungsweise" erkennen kann, ist eine entscheidende Quelle für Unbehagen oder gar *Stress* in der menschlichen Gesellschaft.

Stress dieser Art beruht also nicht auf aktueller Bedrohung, mit der Ihnen Angst eingejagt wird. Sie beruht auf Ihrer Angst, dass da eine Gefahr drohen *könnte*. Sie sind schon zu oft überrascht oder enttäuscht worden. Das ermittelt die emotionale Intelligenz aus Ihren Erinnerungen von ähnlichen Situationen. Die Angst kann natürlich auch aus Ihrer Unsicherheit erwachsen. Wir haben in Kapitel 10 über *chronischen Stress* und seine Folgen gesprochen.

Sympathie mit Verstand einsetzen

Natürlich kann man sich auch *verstandesmäßig* um Sympathie bemühen. Im Verkaufstraining, in vielen Ratgebern, im Neurolinguistischen Programmieren (NLP) werden entsprechende Verhaltensweisen als *klientenzentrierte Gesprächsführung* empfohlen. Mit „Spiegeln" soll man Vertrauen schaffen: die Worte des anderen wiederholen, die gleichen Redewendungen benutzen (matching), den Sinn dessen, was der Gegenüber gesagt hat, noch einmal zurückmelden (kontrollierter Dialog), auf der Beziehungsebene Vertrauen schaffen durch Zurückspiegeln von Bedürfnissen, Gefühlen, Werten oder Appellen.

Was derart als durch den Verstand kontrolliertes Verhalten einem Verkäufer empfohlen wird, um einen „Rapport" mit dem Kunden herzustellen, macht der wirklich sympathische Mensch „automatisch", und Sie wissen jetzt schon, dass es eigentlich um emotionale Beziehungen geht, die hier aufgebaut werden sollen. Wir hatten im 7. Kapitel besprochen, dass *Schauspielern* dann echt wirkt, wenn man sich bemüht, sich *gefühlsmäßig* in die zu spielende Rolle hineinzuversetzen. Und wir hatten besprochen, dass unsere emotionale Intelligenz automatisch das richtige Verhalten managen würde, wenn genügend Erinnerungsbilder mit sympathischem Verhalten im Gedächtnis als Vorlagen vorhanden wären.

Wir kommunizieren vielseitig, ohne zu reden

In der Kommunikationspsychologie differenziert man die zusammen mit der Sachbotschaft übermittelte nonverbale Information meist in drei Kategorien (Abb. 15.3 im Anhang dieses Kapitels): der „Sender" teilt

1. etwas über seine persönliche Meinung oder seinen Zustand mit,
2. über seine Ansicht zur Beziehung zwischen ihm und dem Empfänger,
3. einen Appell an den Empfänger, wie er reagieren soll.

Hier sei daran erinnert, dass manche Mimik und Gestik für gewisse Zwecke auch *betont* eingesetzt wird: Sie werden zum Beispiel beschwichtigend die Hände vorstrecken, wenn der andere schwer zu beruhigen ist. Sie werden ihm auf die Schulter klopfen, um zu unterstreichen, dass er seine Sache gut gemacht hat. Sie werden mit dem Zeigefinger an Ihre Stirn tippen, wenn Sie es ganz deutlich machen wollen, dass Sie das, was Sie von einem nicht anwesenden Dritten berichten, für völlig verrückt halten.

• Wenn eindeutige Gesten *zusätzlich* zur Rede eingesetzt werden, um deren Sinn zu verdeutlichen oder zu verstärken, spricht man von einer *mehrkanaligen* Information.

Damit sind betonte Gesten gemeint. Denn die nonverbalen Zeichen senden wir dem Gegenüber ohnehin auf verschiedenste Weise gleichzeitig. Wenn gewisse Persönlichkeiten solche Zeichen besonders häufig verwenden, gilt das mit Recht als Ausdruck von besonderer Lebendigkeit, von Temperament. Aber es trägt auch dazu bei, dass diese Menschen als *unkompliziert* gelten, weil man meint, ihre Gefühle gerade wie ihre Gesten leicht durchschauen zu können.

Davon zu unterscheiden ist die *Metakommunikation*: Gewissermaßen von einem übergeordnetem Standpunkt kommentiert der Sprechende nonverbal das, was er gerade sagt, aber vielleicht nicht ganz so meint (Hubschrauberperspektive). Er zeigt z. B. mit Augenzwinkern, Gesten oder Grimassen an, dass das, was er gerade erzählt, in Wirklichkeit nicht so ernst gemeint sein solle. Er zeigt es vielleicht nur Eingeweihten unter den Zuhörern. Mit denen kommuniziert er also gewissermaßen über einen zusätzlichen Kanal über einen anderen Sinn als den, den er dem direkt Angesprochenen mitteilt.

Zusammenfassend lässt sich feststellen, dass es also viele Möglichkeiten gibt, sich dem anderen – bewusst oder unbewusst – auch ohne Worte mitzuteilen. Wir nutzen die Möglichkeiten ständig zur Kommunikation mit anderen Menschen. Aus den zwischenmenschlichen Beziehungen kann der Eindruck von Sympathie entstehen. Wir erkennen mögliche Freunde und können mit ihnen engere Beziehungen aufbauen. Partnerschaft oder Freundschaft beruhen auf emotionalem Gleichklang. Die emotionale Intelligenz hilft uns, dies alles zu werten und unser Verhalten situationsgerecht anzupassen.

Wir haben aber auch schon gesehen, dass man das gleiche Instrumentarium nützen kann, um mögliche Feinde zu erkennen und ihnen mit gebotener Vorsicht und Zurückhaltung zu begegnen. Täglich sammeln wir neue Erfahrungen in diesem wichtigen Feld.

- Die emotionalen Fähigkeiten setzen wir täglich ein, und zwar intelligent, zu unserem Vorteil, um Freund und Feind rechtzeitig zu unterscheiden.

Den Freund vom Feind zu unterscheiden, und zwar möglichst schnell, ist wichtige Voraussetzung in einer Welt, wie die unsere nun mal ist, voller Gefahren. Das gilt im ganzen Tierreich. Wir haben die Instrumente dafür geerbt. Die besonders nützlichen finden sich in unserer *emotionalen Ausstattung*. Sie ist die Basis und die Hauptsache. Auf sie können wir uns am meisten verlassen. Mit ihr müssen wir uns beschäftigen. Den Verstand setzen wir ergänzend ein. Abbildung 15.3 soll das demonstrieren.

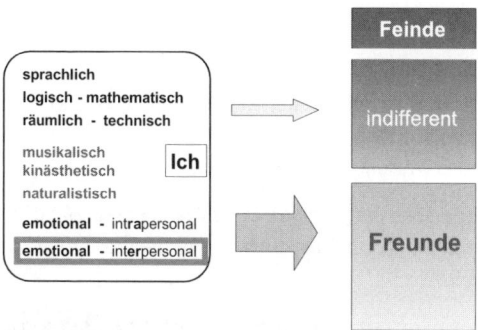

Abb. 15.3: Mit Freunden und Feinden richtig umgehen: Jeder steht im Prinzip isoliert den anderen Menschen gegenüber. Mit der interpersonalen Intelligenz besitzt der Mensch das entscheidende Werkzeug, sich unter anderen Menschen zu orientieren und auch eigenes Wollen und Wünschen geltend zu machen (dicker Pfeil: wichtiger als der Verstand). Das „Instrument" ist im Grunde älter als der Verstand: Tiere sind vom gefühlsmäßigen Erkennen vermutlich noch viel mehr abhängig als der Mensch. Insbesondere kann dieser mit seinen emotionalen Kräften Freunde gewinnen. Er braucht sie in dieser Welt mehr als alles andere: Ohne die Hilfe der Mitmenschen ist ein komfortables Leben nicht und ein Überleben schwer möglich. Die emotionale Intelligenz als „wichtigstes Instrument zum Überleben".

Menschenkenntnis wird daher ein wichtiges Thema im nächsten Kapitel sein. Wir werden darin aber noch weitere interessante Aufgaben der *inter*personalen emotionalen Intelligenz besprechen.

Was konnten Sie sich aus Kapitel 15 merken?

- Sympathie beruht auf der Synchronisation, also dem Übereinstimmen der Emotionen der beteiligten Personen.

- Um sympathisch zu wirken, muss man seine Gefühle offen zeigen.

- Spontane Sympathie ist ein wichtiges Resultat der interpersonalen emotionalen Intelligenz.

- Zusammen mit einer gesprochenen Information werden zusätzliche emotionale Botschaften übermittelt, mit denen der Sprechende über Gefühle und Erwartungen Auskunft gibt.

- Betonte Körpersprache (mehrkanalige Kommunikation) ist Ausdruck von Temperament, kann aber auch zur Verdeutlichung der Information benutzt werden.

- Auch die Beeinflussung eines anderen gelingt am besten über Sympathie und die Umstimmung seiner emotionalen Marker an den relevanten Begriffen.

- Unsicherheit über die Gefühle anderer ist eine wichtige Quelle von Unbehagen oder sogar von chronischem Stress.

Ist Ihnen schon ein persönliches Ziel eingefallen?

- Sympathie beruht auf der Synchronisation Ihrer Gefühle mit denen des Gegenüber. Also: Sie könnten bei Kontakten auf die Gefühlssituation des anderen gezielt achten und dann auch gezielt versuchen, sich selbst darauf einzustellen. Sie müssen dann Ihre Gefühle zeigen – aber ohne zu übertreiben.

- Sympathischen Menschen steht die Welt offen. Sicher kennen Sie jemanden, der Ihnen Vorbild sein könnte. Also: Überlegen Sie sich seine/ihre Qualitäten und vergleichen Sie die Ihren damit kritisch und zur Nachahmung bereit, und das immer wieder.

Darüber könnten Sie einmal kurz nachdenken:

Werben Sie oft genug in Gesprächen um Sympathie? Schaden könnte das ja nur sehr selten, hilfreich könnte es aber sein bei Menschen, bei denen man das zunächst nicht nötig zu haben glaubt. Sehen Sie sich die Regeln für ein kundenzentriertes Gespräch noch einmal an. Überlegen Sie, ob Sie diese Taktiken nicht auch gezielt ausprobieren wollen.

Nonverbale Mitteilungen kann man ungewollt machen

Komplizierte oder verdeckte psychologische Reaktionen kann man experimentell an freiwilligen Versuchspersonen untersuchen, zum Beispiel an Studenten. Man bildet Gruppen von etwa zwölf Personen und lässt Sie gewisse Aufgaben lösen, etwa Rechenoperationen oder Buchstaben- oder Wortkombinationen sortieren oder Ähnliches.

Sie werden dann in einer bestimmten Zeit im Durchschnitt eine gewisse Zahl Fehler machen. Wenn man mehreren Gruppen unter genormten Bedingungen immer die gleichen Aufgaben stellt, bekommt man ein Maß für die durchschnittliche Leistung.

Nun kann das eigentliche Experiment beginnen. So hat man zum Beispiel den Teilnehmern der nächsten Gruppe vor dem Beginn und ohne Wissen des Versuchsleiters gesagt, dieser Versuchsleiter sei ein gemeiner, unzuverlässiger Kerl. Sie sollten sich aber nichts anmerken lassen und so gut arbeiten, wie sie könnten.

Die Leistung der Gruppe war deutlich niedriger, als man aufgrund der Erfahrungen erwarten musste. Man könnte das schlechte Ergebnis damit erklären, dass die Versuchspersonen abgelenkt waren, zum Beispiel immer wieder den Versuchsleiter prüfend anschauten, ob er wirklich so unangenehm sei.

Dann hat man bei weiteren Versuchsgruppen umgekehrt dem Versuchsleiter heimlich vorher gesagt, er habe es diesmal mit einer ungewöhnlich schwierigen und unzuverlässigen Gruppe zu tun. Er solle sich aber nichts anmerken lassen, man mache ja exakte Wissenschaft, da komme es auf unvoreingenommenes, sachliches Arbeiten an.

Auch diesmal war die Leistung der Gruppe signifikant unterdurchschnittlich schlecht, und man konnte analoge Ergebnisse in Kontrollgruppen erzielen. Irgendwie musste der Versuchsleiter gegen seinen Willen den Versuchspersonen seine nachteilige Meinung mitgeteilt und sie in ihrer Leistungsfähigkeit beeinflusst haben. Und irgendwie müssen es die Teilnehmer gespürt haben, obgleich er das ja verhindern wollte und sollte.

Das Versuchsergebnis hat zum Beispiel bedeutsame Konsequenzen für die Klinik. Nicht selten haben Ärzte und Schwestern Informationen über den Gesundheitszustand des Patienten, die sie ihm nicht mitteilen wollen. Zum Beispiel könnte es sich zunächst nur um Vermutungen über eine bösartige Erkrankung handeln, zunächst auf der Basis allgemeiner Erfahrung diskutiert, die noch abgeklärt werden müssen, ehe man den Kranken damit konfrontiert.

Wenn man nun damit rechnen muss, dass der Kranke spüren könnte, dass man bei ihm ein schweres Schicksal vermutet, obgleich man versucht, ihm unbefangen entgegenzutreten, um ihn nicht unnötig zu belasten, wird die Kommunikation deutlich erschwert.

Tatsächlich haben Kranke immer wieder berichtet: „Als der Arzt sich zu mir ans Bett setzte, wusste ich, wie es um mich steht, obgleich er es mir damals nicht gesagt hat."

Eine Unterhaltung besteht nicht nur aus Worten

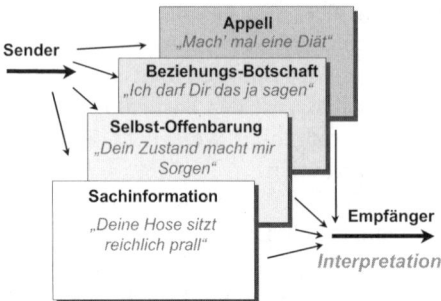

Abb. 15.4: Sprachliche Interaktion: Inhalte einer Information. Große Teile der Kommunikation finden ohne Worte (nonverbal) statt, emotionale Mitteilungen sogar zu 90%. Zusammen mit einer Sachinformation gibt man zu erkennen, wie man selbst zu dem Problem steht, welche Beziehungen man zum Gesprächspartner hat und was man noch „zwischen den Zeilen" mitteilen möchte. Hierzu werden Feinheiten der Wortstellung und Grammatik, Tonlage, Mimik, Gebärden und anderes benutzt.
Die Nachricht wird vom Empfänger so interpretiert, wie er meint, dass sie gemeint sei. Er muss, um die „ganze Wahrheit" zu erfahren, möglichst viele der Emotionen und Einstellungen, die hinter der Nachricht stehen, entschlüsseln können (in Anlehnung an F. Schulz von Thun 1981).

In jedem Gespräch wird zusätzlich zur in Worte gefassten *Sachbotschaft* eine Reihe weiterer Informationen an den Angesprochenen weitergegeben, allerdings unhörbar und ohne Worte, also *„nonverbal"*.

Der Empfänger der gesprochenen Botschaft erkennt sie aus Tonfall, Betonung und Art des Sprechens, entnimmt sie aus der Mimik, aus zusätzlichen Gesten und der ganzen Körper„sprache", auch aus der grammatikalischen Gliederung der Rede.

In der Regel kann man drei inhaltlich verschiedene Botschaften voneinander abgrenzen. So gibt der Sprechende meistens durch sein Verhalten zu erkennen, wie er selbst zum sachlichen Inhalt steht, ob er ihn also glaubt, für lächerlich hält oder Ähnliches: eine Information über sich selbst. Mit ihr wirbt er auch um Sympathie.

Ein anderer Anteil der nonverbalen Information gibt meistens darüber Auskunft, in welchem Verhältnis die beiden Gesprächspartner nach Ansicht des Redenden zueinander stehen. Freundschaftliche Beziehung oder hierarchische Unterstellungsverhältnisse, Werben um Sympathie, Achtung oder Misstrauen werden deutlich gemacht: Es gibt eine *Beziehungsbotschaft*.

Es kommt eben nicht nur darauf an, *was* man sagt, sondern auch *wie* man es sagt. Für den Untergeordneten ist zum Beispiel die Frage „Wie werde ich behandelt?" meist wichtiger als jede Sachinformation, der „Ton", in dem etwas gesagt wurde, wird später oft als Einziges erinnert und diskutiert.

Drittens ist einer Rede meistens ein *Appell* unterlegt. Im einfachsten Falle ist das die Aufforderung zur Antwort. Der Redende hat eine *Absicht*, die diplomatisch oder aus Scheu oder aus anderen Gründen verschlüsselt wird.

Der Adressat muss die zusätzlichen Signale entschlüsseln können, um richtig zu reagieren. Spätestens hier beginnt die Aufgabe der emotionalen Intelligenz. Beide, der Sprechende wie der Hörende, müssen mit der neuen Situation fertig werden. Sie müssen nicht nur geschickt herausfinden, was gerade gemeint sein könnte, sie müssen das in den allgemeinen Kontext der im Gehirn gespeicherten Erfahrung und der umgebenden Situation einkalkulieren und darauf reagieren.

Diese Aufgabe wird von den zuständigen Ebenen der Intelligenz im Hintergrund durchgeführt. Aber der Verstand kann jederzeit modifizierend eingreifen, kann zum Beispiel nachfragen.

16 Menschenkenntnis und andere Intelligenzleistungen

Wann immer Sie mit einem Menschen Kontakt haben, würden Sie ihn gerne durchschauen können, würden Sie gerne wissen, was er wirklich denkt, was er vorhat, wenn er etwas sagt, wie er reagieren würde, wenn Sie bestimmte Äußerungen tun würden, und vieles mehr.

Sie möchten sein „Innerstes" möglichst genau kennen, und das sind seine Gefühle. Nicht nur aus Neugier. Sie müssen sich ja auch schützen. Sie sollten rechtzeitig erkennen, ob er ein- oder ausrastet. Wir haben das schon angesprochen.

Da nicht alle Menschen lieb und freundlich sind, und zwar schon seit Jahrtausenden, haben wir Instrumente geerbt, die uns ermöglichen, die Mitmenschen zu beurteilen. Sie verhelfen uns zu *Menschenkenntnis*. Wir können hierzu unseren Verstand gebrauchen, können uns aus den Worten und Gedanken, die der andere äußert, ein Bild zu machen versuchen. Aber mit dem *Verstand* kommen wir nicht weit. Es ist zu leicht für den Gegenüber, anders zu reden, als er denkt. Und es ist zu kompliziert, viel zu umfangreich und zu langwierig, über alles zu sprechen, was uns am Partner interessieren würde.

- Menschenkenntnis ist ganz überwiegend eine Frage des Gefühls, genau genommen der *Empathie*, und der interpersonalen emotionalen Intelligenz.

Versuchen Sie, sich an den letzten Empfang, die letzte Party, die letzte Einladung zu erinnern. Vielleicht haben Sie da einen Menschen gesehen, der Sie gleich interessiert hat. Er *wirkte* sympathisch in der Art, wie er mit einem anderen sprach. – Sehen Sie: Da haben Sie schon eine Beurteilung über diesen Herrn angefertigt, ohne überhaupt ein Wort mit ihm gewechselt zu haben:

eine Ferndiagnose. Sie haben nicht nur seine Erscheinung beurteilt, sondern die ganze Art, wie er sich gibt, wie er seinen Gesprächspartner anlacht, seine Mimik überhaupt usw.

Seit Ihrer Jugend haben Sie geübt, Menschen schon aus Ihrer Körpersprache einzuschätzen. Wahrscheinlich haben Sie darin sogar eine erhebliche Fertigkeit entwickelt.

Der erste Eindruck ist meistens zutreffend

Natürlich ist die Ferndiagnose nur vorläufig, ist eine sehr grobe Vorabinformation. Sie müssen mit dem Herrn *sprechen*, um Ihre Beurteilung zu präzisieren. Genauer: Sie müssen ihn sprechend erleben. Also werden Sie sich vorstellen lassen oder ihn ansprechen. Wahrscheinlich wird Ihre Unterhaltung über Smalltalk nicht weit hinauskommen. Tief schürfender Meinungsaustausch ist aber auch gar nicht notwendig. Vielleicht spricht er nicht einmal mit Ihnen, sondern mit anderen in der Runde. Wenn Sie nach drei oder fünf Minuten weggehen, haben Sie dennoch einen *ersten Eindruck* gewonnen. Er besteht hauptsächlich aus Erkenntnissen im *emotionalen* Bereich und ist oft bereits sehr umfassend und informativ.

Ihre Neugier ist vielleicht schon dadurch gestillt, dass Sie ihm eine Weile beim Sprechen *zuhörten* und beobachteten. Jedenfalls ist sie das, wenn Sie erkannt haben, dass er doch nicht zu der Kategorie von Menschen gehört, mit denen Sie gerne verkehren wollen. Das können Sie in kurzer Zeit ohne Worte sehr sicher spüren. Denn Sie wissen aus Ihrer Erfahrung, dass dieser erste Eindruck meistens schon verblüffend genau die Verhältnisse trifft. Falls er dagegen interessant scheint, werden Sie das Urteil später abzusichern suchen.

Auch bei Nonverbalem kann man „nachfragen"

Vielleicht gehören Sie nicht zu denjenigen, die in Ihrem Urteil sehr treffsicher sind. Auch diese Seite der emotionalen Intelligenz wird *vererbt*. Man kann sich nicht aussuchen, wie gut man damit ausgestattet wird. Aber man kann seine diesbezügliche *Kompetenz* verbessern. Im ersten Teil haben wir das Prinzip schon besprochen. Vieles ist hier Übung. Überprüfen Sie doch gelegentlich die (etwas bösartige) Hypothese, dass bekannte „Klatschtanten" eine beachtliche Treffsicherheit in dieser Hinsicht erworben haben. Sie trainieren den ganzen Tag.

Es gibt viele Berufe, die basieren praktisch auf der Fähigkeit zur Menschenkenntnis: Verkäufer zum Beispiel oder Portier oder Personalchef. Aber sie werden nur wenige Berufe finden, bei denen gute Menschenkenntnis keine Vorteile bringt. Und bei der Entscheidung für einen Lebenspartner oder für einen Vertrauten kann man ohne sie böse hereinfallen.

Sie könnten üben, die Menschen viel bewusster zu beobachten, als Sie das normalerweise tun. Sie müssten sich zum Beispiel auf deren Augen konzentrieren, während sie sprechen, auf die Blickrichtung, auf die Lidspalte. Vielleicht beziehen Sie die Mundpartie später in Ihre Beobachtungen mit ein. Man kann sich das angewöhnen. Unterhaltsam ist es jedenfalls. Einzelheiten würden hier zu weit führen. Aber Sie könnten sich eine Anleitung für die Kunst der Menschenbeobachtung kaufen. Vieles ist ja allgemein gültig. Schon Darwin hat sich gewundert, dass blinde Kinder ihre Emotionen mit gleichen Gesichtsausdrücken zeigen wie sehende.

Einfacher kann es sein, den anderen in gewissen Testsituationen zu beobachten. Sie könnten sich angewöhnen, Ihre Zweifel an den Aussagen Ihres Gesprächspartners offen zu äußern. Sagen Sie ihm vielleicht direkt, dass Sie das eben Gesagte nicht so recht glauben. Oder fragen Sie ihn nach genauerer Begründung. Sie können es taktvoll sagen, aber sagen Sie es so, dass der andere reagieren muss. Tun Sie es, nachdem Sie sich darauf konzentriert haben, ihn nun genauer zu beobachten. Dann wird Ihnen vielleicht ein Zusammenzucken oder ein charakteristischer Zug um den Mund nicht entgehen, den Sie früher übersehen haben.

Mit der Zeit werden Sie derartige Taktiken ganz automatisch anwenden. Es interessiert ja nicht nur, ob das gerade Gesagte die Wahrheit war. Wenn Sie mit einem Menschen öfter zusammentreffen werden, wollen Sie die Welt seiner Erfahrungen kennen lernen, und zwar mit Betonung auf seinen emotionalen Bewertungen. Sie müssen ihn also gezielt zum Erzählen herausfordern und dann mitfühlend beobachten.

Sie steigen nie in denselben Fluss, Sie treffen nie denselben Menschen wieder

Menschenkenntnis ist eine Funktion der emotionalen Intelligenz, haben wir gesagt. Die Betonung wollen wir auf „Intelligenz" legen und uns schon wieder daran erinnern, dass wir Intelligenz definiert haben als die Fähigkeit, *unbekannte Probleme zu lösen.*

- Die aktuelle emotionale Situation Ihrer Partner im Gespräch oder bei Aktionen ist ständig aufs Neue so ein unbekanntes Problem, das Sie so genau und damit so intelligent wie möglich lösen müssen, um richtig reagieren zu können.

Das trifft selbst für Ihren Umgang mir Ihrer besten Freundin zu. Stellen Sie sich vor, Sie haben sie nur eine Stunde nicht gesehen, in der sie mit anderen zusammen war. Sie können dann nicht mehr genau wissen, was sie im emotionalen Bereich erlebt und verarbeitet hat. Wie ist sie jetzt drauf? Kann ich sie mit meinem Problem behelligen?

Sie merken, worauf ich hinaus will: Was hinter der Stirn unserer Mitmenschen vorgeht, ist für uns eines der wichtigsten Probleme, das immer wieder neu gelöst werden muss, fast nach jedem Gedanken. Gut, dass wir eine emotionale Intelligenz haben, die uns ständig hilft. Sie hilft nicht beim *Gedankenlesen*, sondern beim Erkennen der *Wertung*, die der andere seinen verborgenen Gedanken beimisst.

Soziale Analyse für die Interaktionen in einer Gruppe

Was für einzelne Menschen gilt, gilt entsprechend für ganze Gruppen. Wenn Sie in eine Gruppe hineinkommen, werden Sie am besten erst einmal abwarten und beobachten. Das haben wir schon im Zusammenhang mit der Sympathie festgestellt. Sie werden Ihre Beobachtungen natürlich nicht darauf beschränken, eine Sympathieskala aufzustellen.

- Die Beobachtungen, die Sie in einer Gruppe machen, fasst man als *soziale Analyse* zusammen. Das ist auch ein Feld der interpersonalen emotionalen Intelligenz.

Sie werden zum Beispiel sehr bald herausfinden, wer in der Gruppe das Sagen hat, wer zu ihm steht und wer opponiert. Sie werden vielleicht sogar verborgen schwelende Feindschaften herausspüren. Oder unerwartete oder noch unbekannte Sympathien, verstecktes Zublinzeln etwa – auch im privaten Gespräch ist so was aufschlussreich. Und es interessiert Sie natürlich, wie die einzelnen Mitglieder zu Ihnen stehen, ob sie Ihnen freundlich gesinnt sind oder Sie ablehnen.

Vermutlich haben Sie noch nie über diese Fähigkeit nachgedacht. Sie haben sie schon beherrscht, als Sie in den Kindergarten kamen. Sie haben damals schon gespürt, wen die Kindergärtnerin bevorzugte, welche Kinder häufig miteinander spielten, welche vor der Aggressivität gewisser anderer zurückwichen usw.

Heute können Sie die seit der Kindheit automatisch geübte Fähigkeit zur sozialen Analyse benutzen, um erfolgreicher in gewissen Gesprächen zu sein, um politische Hintergründe in geschäftlichen Treffen zu durchschauen, vielleicht auch einfach, um die Taktiken der Erfahrenen zu lernen. Vielleicht lernen Sie auch nur, wie man es nicht machen sollte. Es gibt noch keine Untersuchung darüber: Aber vielleicht nutzen Menschen, die Sie im Stillen wegen deren Fähigkeit zur sozialen Analyse bewundern, die langweiligen Passagen von Diskussionen und

Sitzungen nicht zum Träumen, sondern zu gezieltem (evt. unbewusstem) Beobachten?

Es sind Probleme, die Ihre interpersonale emotionale Intelligenz löst: Wenn Sie auf eine Gruppe zugehen, haben Sie meist mit Ihrem Verstand spezielle Dinge zu bedenken. Sie können sich nicht auch noch auf zwischenmenschliche Beziehungen konzentrieren. Aber wenn Sie in der Diskussion, in der weiteren Unterhaltung solche Informationen brauchen, hat Ihnen Ihre emotionale Intelligenz schon ganz automatisch ein gewisses Gefühl dafür aufbereitet, zu wem Sie was sagen dürfen und bei wem Sie gewisse Formulierungen besser nicht verwenden.

Und Sie brauchen das ständig. Selbst wenn Sie die Gruppe nur eine halbe Stunde verlassen hatten, ist sie zu einem „unbekannten Problem" geworden. Vielleicht ist zwischenzeitlich jemand belastend über Sie hergezogen, oder einer der Gruppe hat von Ihren hervorragenden Taten oder Fähigkeiten berichtet ...

Vielleicht sollten Sie sich vornehmen, die Reaktionen anderer, gerade wenn sie in einer Gruppe agieren, viel bewusster zu registrieren. Machen Sie sich ein Spiel daraus, wenn eine Konferenz oder ein Kaffeekränzchen langweilig ist. Beobachten Sie Einzelne, wie sie auf die Ausführungen anderer reagieren, versuchen Sie, sie und ihre Beziehungen untereinander psychologisch zu analysieren. Ihr Gehirn lernt Ihre Beobachtungen automatisch. Sie werden Ihnen irgendwann nützen.

Soziales Engagement

Sie werden sich wundern, liebe Leserinnen und Leser, dass ich an dieser Stelle diesen Begriff einführe: *soziales Engagement*. Es passt tatsächlich nicht in diesen Text, Sie aufzufordern, für „Brot für die Welt" zu spenden oder Mitglied des Roten Kreuzes zu werden. Obgleich Sie sich damit und mit ähnlichen Aktivitäten sozial einbringen könnten.

Wenn man im Zusammenhang mit der emotionalen Intelligenz von „sozialem Engagement" spricht, versteht man darunter die mehr oder weniger ausgeprägte Neigung der Menschen, sich für die Nöte und Sorgen der Mitmenschen zu interessieren. Könner in diesem Feld wissen nicht nur, dass die Mutter des Kollegen Müller krank oder der Sohn der Nachbarin Maier im Abitur durchgefallen ist. Sie wissen auch, wie es dazu kam, und welche Folgen es für die Betroffenen hat. Sie nehmen das in sich auf und fragen bei jeder Gelegenheit nach, bezeugen Ihr echtes Mitgefühl, bieten Ihre Hilfe an. Sie beziehen die Opfer von mehr oder weniger schweren Schicksalen gewissermaßen in Ihr Leben mit ein.

Vielleicht werden Sie einwenden, dass Ihnen das nicht liegt, und überhaupt haben Sie viel zu viel um die Ohren und können sich nicht auch noch um so was kümmern. Vom menschlichen Standpunkt ist diese Haltung schade, sie ist kaum mit widrigen Umständen, allenfalls mit wenig expressiven Anlagen erklärbar.

Aber beruflich gäbe es da ein anderes Argument: Soziales Engagement in der geschilderten Form ist *auch* ein Teil von Ihrem *Image*. Denken Sie mal zurück, von welchem Ihrer Vorgesetzten oder Lehrer man rühmend hervorgehoben hat: „Der hatte ein Herz für seine Leute." Rufen Sie sich ins Gedächtnis, wie man den geachtet hat, welche Position er einnahm im Leben. Und nebenbei, wahrscheinlich war er immer im Gespräch, wenn es galt, einen wichtigen Posten zu besetzen.

Ihnen ist ein Licht aufgegangen? Vielleicht wäre es Ihrer Karriere dienlicher, diese Seite Ihres Ansehens vermehrt auszubauen, als ein paar Akten mehr zu erledigen. Sie müssten sich das nur angewöhnen: Mitmenschen überhaupt mehr anzusprechen, sich für ihren persönlichen Kummer oder den Ihrer Bekannten (oder deren Freunden!) zu interessieren und dann so mitzufühlen, dass Sie bei jeder erneuten Begegnung daran denken.

- Früher oder später hat jeder Mensch Sorgen, die ihn bedrücken. Anteilnahme und freundschaftliche Hilfe sind dann die beste Psychologie.

Meinen Sie immer noch, dass so etwas Sie psychologisch zu sehr belastet? Vielleicht nicht einmal. Manche Schicksale werden Sie innerlich aufrütteln, aber Sie werden auch viel Dankbarkeit und Freude erleben. Vielleicht sollten Sie diese Variante der Verhaltensänderung doch mal wenigstens in die innere Wahl Ihrer guten Vorsätze hineinnehmen.

Wie man wirklich Freude bereiten könnte

Wenn ich Sie trotz allem noch nicht zur Image-Verbesserung durch soziales Engagement überreden konnte, sollte ich auch die heitere Seite dieser Form der Mitmenschlichkeit erwähnen. Sie könnten ja mal damit anfangen, sich die Geburtstage Ihrer Mitmenschen, oder was die sonst noch zu feiern haben, zu merken oder wenigstens zu notieren. Sie müssten sich dann jedes Mal rechtzeitig daran erinnern (lassen) und eine kleine Überraschung planen, ein lustiges Geschenk, ein Gedicht, Blumen oder ein Glas Sekt und einen netten Spruch.

Sie kennen sicher Menschen, die Meister darin sind, anderen mal eine unerwartete Freude zu machen. Deren emotionale Intelligenz fördert dann zwar nicht direkt den Erfolg der Arbeit, indirekt aber umso mehr. Es gibt viel zu wenig Menschen mit diesem Talent, vor großer Konkurrenz brauchen Sie also keine Angst zu haben. Andererseits garantiere ich Ihnen viel und nachhaltige Freude über jede gelungene Aktion.

Sie brauchen nicht einmal selbst zu dichten oder das Geschenk auszusuchen, wenn Sie sich das nicht zutrauen. Gute Motivation anderer ist vielleicht sogar besser. Gründen Sie für den Spaß ein Event-Komitee. Wahrscheinlich werden Sie überrascht sein, welche Talente wo schlummern und wer alles mitmachen will, nachdem die ersten Kurz-Gratulationen ein Erfolg waren. Die Möglichkeiten, anderen mal eine unerwartete Freude zu machen, sind nahezu unerschöpflich. Es muss ja nicht ausufern. Entwickeln Sie eine Kompetenz!

Wer viele Menschen kennt, hat viele Chancen

Wenn wir nun dem Begriff *Menschenkenntnis* schon eine erweiterte Bedeutung im Sinne von Kenntnis des Umfeldes der Menschen untergeschoben haben, können wir das Wort auch mal im Sinne von „viele Menschen kennen" verstehen und das als neues Stichwort benutzen.

Sie kennen sicher auch Extremisten in dieser Beziehung, jemanden, der wie ein bunter Hund überall bekannt ist und der seinerseits *fast jeden kennt.* Von allen möglichen Leuten weiß er über Verwandtschaftsverhältnisse oder Besonderheiten der Karriere zu berichten. Und wenn Sie irgendetwas billiger oder schneller kriegen wollen, hat er mindestens einen guten Tipp oder einen Freund, der weiterhilft.

Solche Typen werden oft belächelt, werden als „Hans Dampf in allen Gassen" oder ähnlich abgetan. Dabei nutzen sie nur eine überaus nützliche Facette der interpersonalen emotionalen Intelligenz. Man spricht vom *Knüpfen sozialer Netze.*

Primär mag es einfach *Neugier* sein, was uns treibt, andere näher kennen zu lernen. Diese Neugier ist uns angeboren, dem einen mehr, dem anderen weniger. Sie bezieht sich nicht nur auf Menschen und ihr Schicksal, sondern auf alles Neue, Unbekannte. Und wenn Sie einen Hund haben, können sie beobachten, dass auch Tiere sehr neugierig sind.

Aber die gewonnenen Informationen werden eingebettet in ein Netz von Beziehungen. Irgendwann könnte man solches Wissen benötigen. Vielleicht arbeiten Sie in einer großen Firma. Irgendwann braucht man dringend eine Information oder ein besonderes Werkzeug oder Ersatzteil, meistens auch noch ausgerechnet nach Feierabend. Wer in solcher Not nicht nur weiß, wo er das Benötigte oder sonstige Hilfe finden kann, sondern dann auch noch die nötigen „guten Beziehungen", helfende Freunde besitzt, um diese Hilfe dann auch tatsächlich zu bekommen, der hat riesige Vorteile.

● Beziehungsnetze machen sich immer bezahlt.

Die Zeit, die die Mitarbeiter in das Knüpfen und in die Pflege solcher Netze investieren, rentiert sich für jede Firma doppelt. Es geht ja nicht nur um die schnelle und realisierbare Information im Notfall. Mindestens so wichtig sind letztlich die menschlichen Kontakte, die über lange Zeiträume bestehen und das *Arbeitsklima* bestimmen. Wir kommen später noch darauf zurück.

Übrigens gilt das nicht nur für die Berufswelt, sondern auch privat in der Schule, in der Nachbarschaft oder sogar im Hochhaus. Um diese Kompetenz zu intensivieren, brauchen Sie keine guten Vorsätze, die man meistens sowieso erst mal aufschiebt. Sie könnten noch heute anfangen.

Viele Kontakte bedeuten viel Information

Verstehen Sie mich nicht falsch: Es sind keineswegs nur Männer, die solche Fähigkeiten haben – im Gegenteil. Allerdings kann die Neigung zum Sammeln vielseitiger Informationen dann in Verruf kommen, wenn es an der notwendigen *Diskretion* mangelt. Natürlich ist das Bedürfnis danach, *sich anderen mitzuteilen*, auch eine angeborene Funktion, die für die *Kontaktfreudigkeit* und damit für das Aufbauen und die Festigung zwischenmenschlicher Beziehungen wichtige Dienste leistet. Wenn man aber etwas Wissenswertes erfahren hat, was man *nicht* weitererzählen soll, ist es blauäugig, darauf zu vertrauen, dass die nächsten Freundinnen verschwiegener sind als man selbst.

● Unter dieser Einschränkung ist es für alle, die keine geborenen Talente vielseitiger Kommunikation sind, ratsam, sich bewusst um das vermehrte Knüpfen von Kontakten zu bemühen.

Auch Sie sollten sich also vornehmen, offener auf andere zuzugehen, mit mehr Menschen ins Gespräch zu kommen und auch Beziehungen zu denen zu pflegen, mit denen Sie keinen besonders engen Kontakt wünschen.

Wir haben also nicht nur festgestellt, dass man sich die *Menschen* genau auf ihre Eignung als Partner hin ansieht. Wir haben gesehen, dass entsprechende Diagnosen bezüglich der inneren Bezüge in einer *Gruppe* wichtig sind für den Kontakt mit denselben und für unser Verhalten darin. Wir haben erkannt, dass es nicht nur aus menschlicher Sicht gut ist, sich um andere zu kümmern und ihnen mal eine Freude zu machen. Wir haben gesagt, dass man offen auf die Mitmenschen zugehen soll, die einem liegen, und dass man die, die einem nicht passen oder gar gefährlich werden könnten, rechtzeitig erkennen, aber keineswegs ausgrenzen sollte.

Wir gehen auf die Menschen zu, weil wir Geselligkeit und Gemeinschaft wünschen. Wir gehen aber *auch* auf sie zu, wenn wir *ihre Hilfe* brauchen. Im nächsten Kapitel werden wir überlegen, wie man andere Menschen *beeinflussen* kann, damit sie das tun, was wir von ihnen wollen.

Was konnten Sie sich aus Kapitel 16 merken?

- Menschenkenntnis beruht ganz überwiegend auf dem Lesen und Deuten von nonverbalen Signalen der Mitmenschen.

- Die Verarbeitung dieser nicht ausgesprochenen Informationen des anderen wird von unserer interpersonalen emotionalen Intelligenz „im Hintergrund", also in der Regel unbewusst durchgeführt.

- Da die Mitmenschen ihre Meinung rasch ändern können, ist das eigene System der emotionalen Beurteilung ständig und sekundenschnell gefordert.

- Soziale Analyse bedeutet, die emotionalen Beziehungen in einer Gruppe zeitnah zu erspüren, um das eigene Verhalten danach ausrichten zu können.

- Wer viele Menschen kennt, hat deren Besonderheiten in seinem Gehirn zu sozialen Netzen verknüpft, die im Bedarfsfalle zu wichtigen Informationen führen.

- Bekanntschaften fördern das zwischenmenschliche Klima gerade auch im Betrieb und rechtfertigen weitgehend die auf sie verwandte Zeit.

- Die emotionale Intelligenz unterstützt soziales Engagement, indem sie Sorgen wie Freuden der Mitmenschen im Umgang mit ihnen berücksichtigt.

Ist Ihnen schon ein persönliches Ziel eingefallen?

- Es ist wichtig, Stimmungs- und Meinungsänderungen bei Partnern rechtzeitig zu erkennen und zu durchschauen. Also: Konzentrieren Sie sich künftig – wenn der Gesprächsverlauf es zulässt – auf die Beobachtung von Mimik, Stimmlage und Körperhaltung Ihrer Gesprächspartner.

- Soziale Netze können unerwartet von größtem Nutzen sein. Sie fördern das zwischenmenschliche Klima. Also: Vielleicht sollten Sie offener und gesprächsbereiter auf andere Mitmenschen zugehen. Stellen Sie sich darauf ein, auch Ihre eigene Hilfsbereitschaft anzubieten.

Darüber sollten Sie einmal kurz, aber ernsthaft nachdenken:

Entscheiden Sie, ob Sie eher ein kommunikativer Typ oder ein Eigenbrötler sind. Im ersteren Falle können Sie mal sorgfältig überlegen, wie das mit Ihrer Verschwiegenheit ist. Falls Sie lieber alleine bleiben, könnten Sie für sich oder zusammen mit Freunden überlegen, ob dem Bequemlichkeit oder aber eine gewisse Angst wegen Schwerfälligkeit oder Ähnlichem zugrunde liegt.

Wie gut kann man einen anderen Menschen kennen?

Milliarden Sinneszellen melden unserem Gehirn ständig Informationen über die Außenwelt. Dadurch können wir uns zurechtfinden, dadurch können wir z. B. auch Menschen erkennen und unterscheiden. Aber wie korrekt ist unser Bild von der Welt und den Menschen wirklich?

Die Philosophen haben es lange diskutiert, und die Naturwissenschaft hat es bewiesen: Unser Weltbild ist nicht nur *unvollständig*, weil wir zu wenig Sensoren haben, es ist auch *subjektiv*. Bezüglich der Unvollständigkeit befinden sich immerhin alle Menschen in etwa der gleichen Lage: Keiner kann z. B. Ultraschall hören wie die Fledermäuse, keiner kann UV-Licht sehen wie die Bienen. Auch viele andere Besonderheiten kennen wir nur indirekt über wissenschaftliche Geräte.

Aber wir wissen auch nicht, was unser Nachbar bei der Farbe Rot *wirklich* sieht oder bei einem Flötenton hört. Selbst wenn er es noch so genau beschreibt, er kann es ja nur vergleichen mit anderen Farben oder Tönen der Umwelt, nicht mit deren Repräsentation *in meinem* Gehirn.

Die Sinneszellen reichen ja nicht Farben oder Töne ins Gehirn weiter, sondern *Nervensignale*. Das sind Folgen von elektronischen Spannungsunterschieden, die vorübergehend auch in biochemische Überträgerstoffe übersetzt werden, die ihrerseits wieder Veränderungen der Durchlässigkeit von Zellwänden oder der Aktivität von hoch spezialisierten Stoffwechselvorgängen moderieren. Eine Farbe oder ein Ton wird daraus niemals wieder.

Ganze Kaskaden und Netzwerke von Zellen werden aktiviert oder gedämpft, komprimieren die gewaltige Informationsmenge in „Karten", die schließlich irgendwie zu *Erregungsmustern* führen, aus denen unser Bewusstsein aufgrund vielfältiger

Erfahrung *schließt*, dass die Farbe Rot oder der Flötenton c′ in einer bestimmten Konfiguration und Richtung bemerkt wurde.

Nicht jeder findet, dass die gelbe Bluse zum grünen Kleid der Nachbarin passt. Das ist nun mal Geschmackssache. Vielleicht liegt es daran, dass die Verarbeitung der Signale der Sehzellen zu unterschiedlichen Resultaten im Vorstellungsraum führt. So wie sich die Menschen in ihrem *äußeren* Erscheinungsbild unterscheiden, könnten sich ja auch ihre *nervösen* Verarbeitungsapparate zu einen individuellen „sensorischen Phänotyp" entwickelt haben.

Mit großer Wahrscheinlichkeit wird es aber auch unterschiedliche *Wertungen* der Erregungsmuster in verschiedenen Gehirnen geben müssen, weil wir sie mit früheren Erinnerungsbildern vergleichen, weil sie von höchst persönlichen *Erfahrungen* beeinflusst werden.

Vollständig ist das Problem aber frühestens umschrieben, wenn wir bedenken, dass *Gefühle* den Bewusstseinsprozess ständig begleiten, und dass keiner auch nur annähernd sagen könnte, *wie* der andere *fühlt*. Auch Gefühle werden im Gehirn von Nervenzellgeflechten unter Mithilfe von Hormonen generiert, wie wir schon besprachen.

Jeder lebt also in seiner eigenen Welt. Jedem ist genau diese eigene Vorstellungswelt wichtig. Sie ist *seine Identität*. Sie ist das Zentrum seiner Vorstellungen und der Ausgangspunkt seines *Verhaltens*.

Wenn wir also aus unserer eigenen Identität heraus dem andern etwas mitteilen oder ihn zu etwas auffordern, müssen wir einkalkulieren, dass er das mit den Maßstäben seiner eigenen geistigen *und* emotionalen Welt interpretiert. Aus der heraus wird er reagieren.

Jede Testung der emotionalen Intelligenz bleibt subjektiv

Die *rationale* (verstandesmäßige) Intelligenz eines Menschen kann man bis zu einem gewissen Grade testen, denn der Verstand erzeugt Resultate, wenn er Aufgaben löst, und diese Resultate kann man messen. Das Resultat der *emotionalen* Intelligenz ist ein komplexes, situationsgebundenes Verhalten. Zum direkten Test müsste man die Testpersonen etwa 100 verschiedenen genormten, reproduzierbaren Situationen aussetzen und diese zudem so einrichten, dass der Verstand der Testperson „nichts merkt" und das Ergebnis daher nicht verfälschen (schönen) kann. Das ist nicht möglich, die direkte Messung der im Gehirn ablaufenden Vorgänge ist gänzlich unmöglich.

Immer wieder gibt es aber im Personalwesen Bedarf für verlässliche Informationen über die emotionale Kompetenz.

- Wer sich bewerben will, möchte wissen, ob er der zu erwartenden Konkurrenz auf der emotionalen Ebene gewachsen sein wird.
- Der aufstrebende Mitarbeiter andererseits könnte gezielt den Ausgleich von Schwächen in speziellen Kompetenzen trainieren wollen.
- Für die Personalabteilungen der Firmen schließlich wären konkrete Informationen über die emotionale Eignung neuer Mitarbeiter wichtig, um künftigen Problemen im Bereich der innerbetrieblichen Kommunikation vorbeugen zu können.
- Vielleicht will die Firma einem unentbehrlichen Mitarbeiter sogar gezielt helfen beim Ausgleich gewisser Schwächen in seinem sozialen Verhalten.

Allerdings stößt das Testen der gefühlsmäßigen Reaktionsnormen eines Menschen auf erhebliche methodische Schwierigkeiten. Die einzige praktikable Beurteilungsmöglichkeit ist die

Selbsteinstufung mit Hilfe von strukturierten Fragebögen. Und selbst da wird man ehrliche Antworten nur erwarten können, wenn man strikte Anonymisierung garantiert. Und man muss mit erheblicher Subjektivität rechnen.

Dieser Fehler kann weitestgehend vermieden werden, wenn man den Bewerber mit dem gleichen Fragebogen zusätzlich von einer vertrauten Person, vielleicht einem Vorgesetzten oder Arbeitskollegen, charakterisieren lässt (*Fremdbeurteilung*), und wenn beiden dieses Vorgehen bekannt ist. Auch wird man versuchen, Versuche einer Schönung der Angaben durch Plausibilitätsprüfungen zu erkennen.

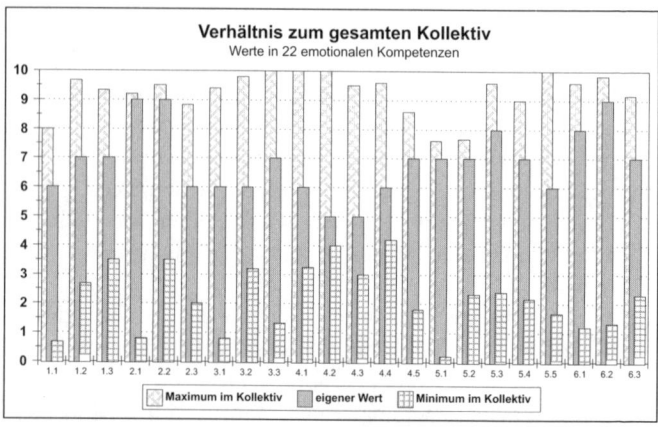

Abb. 16.1: Beispiel der grafischen Ergebnisdarstellung eines Testes für die emotionale Intelligenz. Selbstbeurteilung mit Hilfe eines Fragebogens. Die 22 blauen Säulen stellen die Auswertung von 115 Antworten dar. Sie sind den Ergebnissen der jeweils besten und der schlechtesten 3% des Gesamtkollektivs gegenübergestellt. Man erkennt erhebliche Schwankungsbreiten. Diese insgesamt 22 Segmente der emotionalen Kompetenz sind für den beruflichen Bereich bedeutungsvoll. Sehr gute Werte kann der Einzelne höchstens in fünf dieser Bereiche erzielen. Niedrige Einzelwerte mag man als charmante Eigenheiten tolerieren, sie können sogar notwendig sein: Ordnungsliebe und Kreativität schließen sich z. B. weitgehend aus, wie die Alltagserfahrung zeigt.

Wegen der sehr unterschiedlichen praktischen Relevanz der 25 Felder (Kasten in Kap. 5 und 17) ist ein Quotient (wie beim IQ) ohne jeden Wert für den realen Einsatz. Das individuell ermittelte (primäre) Testergebnis muss mit anderen Größen in Beziehung gesetzt werden (sekundäres Ergebnis), damit verglichen und beurteilt werden kann. Hier bietet sich einmal der Vergleich mit einem möglichst großen Kollektiv oder einer kleinen Gruppe mit gleicher Zieldefinition an. Mittel- oder Höchstwerte, Streuungsbreiten oder der Prozentrang können beurteilt werden. Als Vergleichsraster kommt andererseits ein Anforderungsprofil in Frage. In Zusammenarbeit mit der beauftragenden Firma werden die erfahrungsgemäß bedeutsamen sozialen Komponenten gewertet und als Screeninggrundlage für die Auswahl geeigneter Bewerber herangezogen.

17 Beeinflussung: andere zum Handeln veranlassen

Haben Sie gelegentlich schon versucht, jemanden zu beeinflussen? Die Antwort müsste, wenn Sie den Wortlaut der Frage genau nehmen, „nein" heißen: Sie tun es nicht gelegentlich, sondern *ständig*. Falls Sie zum Beispiel Kinder haben, verbieten oder befehlen Sie viel öfter, als Ihnen bewusst ist. Sie müssen das wahrscheinlich im Rahmen Ihrer Erziehungsaufgaben. Ständig bitten Sie alle möglichen Dienstleister vom Verkäufer bis zum Kellner oder Handwerker um ganz bestimmte Handreichungen. Sie bitten Ihren Gesprächspartner um Zigaretten oder Ihren Gastgeber um ein zweites Stück Kuchen, Sie beauftragen im Beruf Ihre Sekretärin oder fremde Lieferanten, mahnen Säumige, motivieren Nachlässige. Sie erwarten von Ihrem Lebensgefährten mit sanftem Druck Gefälligkeiten oder Liebesbezeugungen ...

Sie können diese Liste noch lange weiterführen und denken vielleicht an den ersten Absatz von Kapitel 13 zurück: Nahezu alles, was wir brauchen, kriegen wir von anderen Menschen. Selten können wir es einfach nehmen, selten kriegen wir etwas, was wir gut brauchen könnten, freiwillig. Wir müssen andere dazu bringen, es uns zu geben.

- Andere zu beeinflussen ist eine wichtige Fähigkeit: Es ist eine intelligente Fähigkeit, weil man jedes Mal einen eigenen geeigneten Weg finden muss.

Es ist eine Gabe, die manche geradezu raffiniert beherrschen, andere nur plump und mangelhaft. Allerdings variieren die Strategien, mit denen das Ziel angestrebt wird. Man kann *eigene Stärken* einsetzen oder die *Schwächen des anderen* ausnutzen. In jedem Falle muss man den anderen so beeinflussen, dass er nun etwas machen möchte, das er vorher nicht vorhatte. Wir haben das Prinzip der persönlichen Zielsetzung schon in Kapitel 6 besprochen. Jetzt geht es nicht um unsere Motivation, sondern um die des anderen. Auch er macht nur das, was ihm Vorteil oder Freude einbringen könnte – oder weniger Nachteile.

Die Intensität der Beeinflussung

Stellen Sie sich vor, Ihre Kinder würden schon eine Weile derartigen Lärm machen, dass Sie sich einfach nicht konzentrieren können. Sie finden es wichtig, Ihre Kinder regelmäßig und eindeutig auf die Notwendigkeit von sozialem Verhalten hinzuweisen, in diesem Falle auf Rücksichtnahme. Schon in Kapitel 2 waren wir uns einig, dass man ihnen in Ruhe alle Umstände erklären sollte, denn dann lernen sie fürs Leben.

- Wenn Ihre Nerven es also jetzt noch zulassen, werden Sie dementsprechend verfahren, werden in (erzwungener) Ruhe *argumentieren*.

- Sie könnten sich auch aufs *Bitten* verlegen und an das Verständnis der Kinder appellieren. Vermutlich hat das Erfolg, da diese ja nicht das erste Mal so laut toben und da sie ohnehin viel verständiger sind, als man gewöhnlich annimmt, also längst wissen, worum es geht. Wenn der Krach nicht von Ihren Kindern, sondern vom Nachbarn ausgehen würde, würden Sie ohnehin wohl diesem Weg den Vorzug geben.

- Natürlich könnten Sie auch ganz plötzlich und wirkungsvoll mit einem Donnerwetter *dazwischenfahren*, also brutal Ihre Macht als Erziehungsberechtigter ausspielen. Gemessen an der aktuellen Verhaltensänderung der Kinder ist das die wirkungsvollste Taktik.

Ich habe als Beispiel eine Situation gewählt, die wiederholt auftritt, in der Sie also nicht mehr lange die Vor- und Nachteile der einen oder anderen Strategie gegeneinander abwägen, sondern einfach „typisch" reagieren. Sie wissen es nun schon: Ihr *Denken* richtet sich auf Wesentliches, auf das Ziel und eventuelle Folgen. Ihre *emotionale Intelligenz* analysiert im Hintergrund die Aspekte der gegenwärtigen Situation, sucht aus den abgespeicherten Erinnerungsbildern dasjenige heraus, das in vergleichbarer Lage das beste Ergebnis brachte, also den günstigsten emotionalen Marker trägt, und wird Sie zum entsprechenden Einwirken auf die Kinder veranlassen.

- Ihr Verstand kann die emotional begründete Entscheidung überspielen und korrigieren.

Vielleicht ist heute ein Nachbarkind eingeladen. Daher geben Sie sich *bewusst* einige Grade kameradschaftlicher, nehmen Rücksicht auf die zarte Seele dieses fremden Kindes – oder auf die Meinung, die dessen Eltern später vom Erzieher seiner Spielgefährten haben, weil es nämlich zu Hause alles haarklein erzählen wird.

- Den anderen so zu beeinflussen, dass er meinem Willen folgt oder nachgibt, ist also weitgehend eine Frage von *Erfahrung*. Erfahrung ist die Auswertung abgespeicherter Erinnerungen.

Die Erfahrung bezieht sich zunächst darauf, die Argumentationen und die emotionale Einstellung *des anderen* richtig einzuschätzen. Letzteres haben wir bei der Empathie schon besprochen.

Charme und andere Qualitäten: Jeder hat seine bevorzugte Taktik

Wesentlicher Bestandteil unseres Vorgehens sind natürlich unsere eigenen individuellen Fähigkeiten. Und natürlich kommt es darauf an, die Strategie auszuwählen, die aktuell gerade den meisten Erfolg verspricht. Jeder von Ihnen hat viele Möglichkeiten:

- Man kann seinen *Charme* spielen lassen, seinen Witz oder besondere Reize einsetzen, mit seinem Verstand blenden, seine Bedürftigkeit herausheben.
- Der eine hat die besten Erfahrungen mit einem befehlenden Ton gemacht, der andere glaubt mit nüchternen *Argumenten* am weitesten zu kommen, einem Dritten kann man seine inständigen Bitten nicht abschlagen, ein Vierter gewinnt mit Fröhlichkeit und ansteckenden Scherzen.
- Man *kann beim anderen Freude* erzeugen oder Bewunderung, Mitleid, vielleicht gar Angst.
- Nicht nur Demagogen verstehen es, mit ihrem eigenen emotionalen Schwung andere mitzureißen. Aber auch Lachen steckt an.
- Man könnte den anderen in eine Zwangslage *manövrieren* und ihn dann erpressen.

Beeinflussung ist eine erstaunlich vielseitige Kunst. Das Gehirn benutzt dazu seine *Intelligenz*, persönliche *Erfahrungen* und/oder angeborene und erworbene Talente.

- Beeinflussung ist damit eine übergeordnete intelligente Fähigkeit ähnlich wie die Führungsqualität, die sich spezieller anderer psychischer Potenziale einschließlich anderer intelligenter Funktionen bedient.

Immer aber muss man – intelligent – seine Strategie den aktuellen Umständen anpassen. Ein *äußerer* Umstand wäre etwa, ob man seinem „Objekt" alleine gegenübersteht oder ob Zeugen dabei ihre Ohren spitzen oder ob gleich Feierabend ist und der andere schon seine Tasche gepackt hat. Eine *innere* Bedingung wäre die Stimmung und die Intention der Zielperson, also die Launen der Sekretärin oder die Prinzipien des Chefs – oder umgekehrt.

Welche *Lehren* könnten Sie nun, liebe Leserinnen und Leser, aus dieser theoretischen Abhandlung einer so großen Variationsbreite ziehen? Wir können nicht alle Möglichkeiten von

Schwerpunkten und Schwachpunkten, die Sie selbst vielleicht
haben, einzeln besprechen.

Auch zeigt die obige Aufzählung, dass es gar nicht den einzigen Königsweg geben kann, mit dem Sie immer und überall
durchkommen könnten. Auch wären Sie *mit nur einer Taktik
berechenbar*, der andere könnte sich rechtzeitig auf Gegenstrategien vorbereiten.

Schließlich werden Sie Ihre Taktik auch gelegentlich ändern,
um *flexibel* reagieren zu können. Wenn Bitten und Betteln nicht
hilft, ist vielleicht ein Umsteigen auf Fordern oder auf die
lustige, kumpelhafte Tour richtig.

Es würde Ihnen also wenig nützen, jetzt ein einziges persönliches Vorgehen zu perfektionieren. Natürlich werden Sie Ihre
am besten bewährten Methoden, vielleicht Ihren Charme,
bevorzugt einsetzen, schon weil Ihr größtes Selbstvertrauen
dahinter steht. Erfolgsversprechend wäre aber vielleicht, dort
einige zusätzliche Schritte einzuüben, wo Sie selbst wissen, dass
Sie weniger brillant agieren.

Wenn Sie ohnehin schon den Schluss gezogen haben, dass Sie
nicht zu den großen Könnern auf dem einen oder anderen
Gebiet des Überzeugens und Überredens gehören, wenn Sie also
meinen, dass irgendwo gewisse Chancen für größeren Erfolg
verborgen liegen, müssten Sie die letzten Seiten nochmal nach
Anregungen durchsehen, wo Sie schlummernde Potenziale vermuten, die besondere Anstrengungen für eine Selbstschulung
rechtfertigen könnten.

Zum Befehlen sollte man autorisiert sein

Einen Bereich der Beeinflussung möchte ich allerdings noch
etwas genauer ausführen, weil er für die nächsten Kapitel dann
auch von zentraler Bedeutung ist: *Befehlen* und *Autorität*.

Vielleicht haben Sie es gemerkt: Ich habe bislang das Wort
„*befehlen*" vermieden. Es ist bei uns sehr negativ besetzt. Fast
so wie bei „kommandieren" denkt man gleich an einen Ober-

feldwebel auf dem Kasernenhof. Heute spricht man lieber von „anordnen", was ich auch nicht sehr mag, weil ich das mit einer schwerfälligen, praxisfernen Bürokratie assoziiere, die über Novellierungen ihrer Verordnungen brütet, weil sie sich nicht traut, klar zu entscheiden.

Ein Befehl ist in der Regel eindeutig, ihm sollte eine klare *Entscheidung* zugrunde liegen. Ob er auch klug und zielführend ist, können wir hier außer Acht lassen. Aber schnelle, exakte Entscheidungen werden in unserer Welt so häufig gebraucht, dass wir um eine kurze Besprechung dieser Form der Beeinflussung anderer Menschen nicht herumkommen.

Haben Sie selbst irgendwie die Berechtigung, Befehle zu erteilen? Oder fragen wir moderner nach einer Weisungsbefugnis. Wahrscheinlich haben Sie eine. Beruflich? Im Verein? In der Familie?

- Um befehlen zu können, braucht man irgendeine Legitimation.

Sie müssen *vorher* irgendwie geklärt haben, warum sie die besseren Karten, also eine gewisse Macht haben und warum der andere Ihrem Befehl folgen, also genau das machen muss, was Sie sagen.

Im einfachsten Falle ergibt sich das aus einem *Unterstellungsverhältnis*, beim Militär zum Beispiel. Die Befehlsgewalt hat dort stets der, der den höheren Rang hat. Bei genauerem Hinsehen ist das allerdings auch derjenige, der über die größere *Erfahrung* verfügt.

Auch sonst im Leben wäre Erfahrung das beste Prinzip, auf dem Weisungsbefugnis aufgebaut werden könnte. Wenn Erfahrung zum Beispiel die Regel wäre, nach der Positionen nicht nur vergeben und Unterstellungsverhältnisse organisiert, sondern auch anerkannt werden, hätten wir eine rationell aufgebaute und effektive Welt. Erfahrung, Wissen und Können sind das, was letztlich zählt. Und wer lässt schon gerne ohne überzeugenden Grund über sich bestimmen?

Der Rekrut gehorcht. Übrigens meistens automatisch, also ohne den Befehl kritisch zu hinterfragen. Er hat nicht nur seinen Verstand, sondern auch seine *innere* Motivation, seinen Willen abgeschaltet. Er ist extern bzw. extrinsisch motiviert.

Der *Lehrling* in Ihrem Betrieb akzeptiert ebenfalls die doppelte Legitimation seines Meisters in Form von Erfahrung einerseits und andererseits der Macht, schlechte Zeugnisse zu schreiben. Älteren Mitarbeitern müsste der Abteilungsleiter seine Befehle schon mal erklären. Sie wollen heute meistens mitdenken und dann das *Gefühl* (!) aufbauen, aus *eigenem* Antrieb, als freier Mensch dem anderen Folge zu leisten. Wenn wir im Kapitel 19 über Führung sprechen werden, müssen wir diese Bevorzugung einer inneren Motivation berücksichtigen.

Diese Tendenz des Individuums, möglichst nur dem eigenen Willen zu folgen, kalkuliert heute fast jeder ein, der Befehle zu geben hat, oder sagen wir lieber „Weisungen". Sowohl vom Chef wie vom Lehrer oder von der Mutter wird ein werbendes „Würdest Du bitte ..." formuliert. Es lässt nicht nur eine Diskussion zu, die uns hier nicht interessiert, sondern auch die Illusion, dass der Angesprochene aus einer eigenen, intrinsischen Motivtion handelt. Eindeutig wird diese Taktik, wenn der Befehlende sagt: „Du wolltest doch ..."

Es ist letztlich der zaghafte *Versuch eines Befehls* und hat den großen Nachteil, dass der Befehl als Bitte missverstanden und glatt verweigert werden kann, falls er nicht zu einer ausreichenden Motivation führte. Wir lernen daraus unter anderem, dass hinter einer extrinsischen Motivation eine *überzeugende Kraft* stehen muss. Oben haben wir von Macht gesprochen...

Ähnliche Verhältnisse kennen Sie aus der *Schule*. In den ersten Klassen ist nicht strittig, dass der Lehrer dominiert. Mit den älteren Schülern kann er seine liebe Not bekommen, auch wenn er die größte Erfahrung besitzt. Seine Macht ist lächerlich gering.

Bezüglich der Machtstrukturen in der *Familie* schließlich wissen Sie, dass der geistige und emotionale Reifungsprozess der

Kinder heutzutage einen Wandel im Dominanzverhalten der Eltern anmahnt. Die Motivationskompetenz der Erziehungsberechtigten wird oft auf eine harte Probe gestellt.

Autorität ist die beste Art, sich durchzusetzen

Vielleicht haben Sie selbst zwar viel Erfahrung in irgendeiner Sparte, aber Schwierigkeiten, Ihre richtigen Ansichten mangels zusätzlicher objektiver Macht durchzusetzen. Woran mag es liegen, dass andere ihre Mannschaft im Griff haben? Ein Schlüsselfaktor ist hier die *Autorität*. Haben Sie Autorität?

1. Man kann Autorität aufgrund von äußeren Befugnissen haben, also durch eine *Position*, die es dem Inhaber ermöglicht, dem Nachgeordneten glaubhaft Nachteile anzudrohen oder sie ihm wirklich zuzufügen. Die Autorität entspringt dann der Macht.

2. Oder man kann Autorität haben auf der Basis außerordentlichen fachlichen *Könnens und Wissens*, also durch Achtung gegenüber einer Leistung und durch Ansehen, das man sich erwirbt und das man ständig erneut beweisen muss.

3. Schließlich kann man Autorität genießen aufgrund *innerer Werte*, aus seiner Persönlichkeit heraus, zum Beispiel wegen einer bewundernswerten ethischen Haltung, wegen Zivilcourage oder auch mehr allgemein infolge überlegener sozialer Kompetenz.

Die dritte Form muss uns interessieren. Ich frage also gezielt, ob *Sie* eine derartige Autorität in irgendeinem Umfeld haben. Da wir ja unter uns sind, sollten Sie das mit möglichster Selbstkritik überlegen. Gehen Sie die Funktionen, die Sie in Beruf, Freizeit und Familie haben, in Ruhe durch.

Es kommt dann nämlich gleich die nächste Frage: Wann und wo hatten Sie zuletzt Schwierigkeiten in dieser Hinsicht? Hier zählen offensichtliche Probleme mit Nachgeordneten geradeso wie geheime Eingeständnisse, die Sie sich nach gewissen Situatio-

nen hinsichtlich *mangelndem Durchsetzungsvermögen* gemacht
haben könnten. Andere müssen da gar nichts gemerkt haben.

Lassen Sie sich zu dem Bestreben, sich zu verbessern, motivieren durch die Feststellung:

● Persönliche Autorität infolge sozialer Kompetenz ist eine der
besten, geradezu die vornehmste Form der *Beeinflussung* anderer.

Das sollte ein schwerwiegendes Argument für Sie sein, über die
Voraussetzungen für diese Autorität nachzudenken. Solide *Charaktereigenschaften*, die wir nicht rein zufällig im ersten Teil
besprachen, sind zum Beispiel unabdingbar.

Ehe wir das lange definieren, könnten wir uns aus dem
Zusammenhang zwischen Autorität und Anweisungen lösen
und die Persönlichkeit, die eine solche Autorität ausstrahlt, aus
einem anderen Blickwinkel betrachten: als *Vorbild*. Die notwendigen charakterlichen Qualitäten treten in der Vorstellung
von einer vorbildlichen Haltung klarer zutage.

Und der Kreis schließt sich ja sofort: Ihrem Vorbild werden
Sie eine Bitte so wenig verweigern können, wie Sie bei einem
Mächtigen einen Befehl verweigern. *Ihr Vorbild hat diese Auto-
rität.*

Wenn wir nach dieser Klarstellung auf Ihre Erwägung zurückkommen, in diesem Bereich etwas in Ihrem Verhalten zu
ändern, könnten Sie sich also fragen, in welcher Beziehung Sie
noch kein so gutes Vorbild sind ...

Sobald Sie Handlungsbedarf für sich entdeckt haben, sollten
Sie sich Notizen machen und künftig vielleicht in dieser Hinsicht an sich arbeiten. Sie können nur gewinnen.

● Autorität ist ein hervorragendes Mittel der Beeinflussung,
wenn man *verantwortlich* damit umgeht.

Die Versuchung zum Missbrauch ist groß. In der Autorität liegt
eine gewisse *Macht* über andere. Zur Autorität, besonders zu
ihrem Vorbild, blicken die Menschen auf. Sie liegen ihm gewis-

sermaßen zu Füßen, ohne Böses zu ahnen. Für manchen ist die Versuchung groß, das zum eigenen Vorteil auszunutzen. Die Geschichte ist voll von abschreckenden Beispielen.

Denken Sie nicht nur darüber nach, ob und wo Sie Autorität haben, sondern auch, was Sie damit machen.

Fassen wir zusammen, wann Beeinflussung am besten gelingt: Mit Sympathie und durch Autorität. Vielleicht denken Sie jetzt: Der hat gut reden. In dieser Welt regiert die Macht. Sie ist die anzustrebende Strategie, offen oder subtil verborgen, besonders im Beruf.

Das stimmt nur bedingt und eher kurzfristig. Es gibt eine Aufsehen erregende Beobachtung aus jenen antiautoritär geführten Kindergärten, die von der so genannten 68er Generation im Umfeld streng individualistischer Kommunen entstanden und in denen es in den Augen Außenstehender drunter und drüber ging. Beobachter stellten fest, dass sich die Kinder in solchem Chaos nicht unter Führung der stärksten Schlägertypen zusammenscharten. Die Kinder zog es vielmehr zu denjenigen, die am besten Spiele organisieren konnten und auch sonst infolge besonderer *sozialer Kompetenz* eine Art *Ansehen* genossen.

Vielleicht konnte ich Sie in diesem Kapitel überzeugen, dass die Einflussnahme auf die Mitmenschen ein ungeheuer vielseitiges Feld zwischenmenschlicher Beziehungen ist, dass wir hier ständig gefordert werden, dass wir zwar alle Fachleute, dabei aber meistens nicht gut genug sind. Es ist Voraussetzung für nachhaltigen Erfolg und für Lebensqualität.

Jeder ist auch Objekt einer Beeinflussung

Natürlich konnten wir nicht jeden Aspekt der Einflussnahme besprechen. Zu wenig kam vielleicht die Problematik zur Sprache, die sich ergibt, wenn man *selbst Objekt der Beeinflussung* durch andere ist. Vielleicht haben Sie den Eindruck, dass Sie selbst zu weichherzig und zu nachgiebig sind. Vielleicht ist mangelnde Standhaftigkeit sogar Ihr größtes Problem im Leben.

Dann lesen Sie doch das Kapitel nochmal, aber gewissermaßen aus der Sicht der anderen. Überlegen Sie, wo die Mitmenschen mit Ihnen besonders leichtes Spiel haben, bei welcher
Masche Sie sich nachträglich immer ärgern, weil Sie sich über-
fahren fühlen. Sie werden erkennen, wo Sie *Abwehrstrategien*
besonders nötig hätten.

Diskutieren Sie mit Freunden über Autorität. Nehmen Sie
sich den Mut, an Ihrer eigenen Autorität Kritik üben zu lassen.
Vielleicht können Sie Wichtiges lernen.

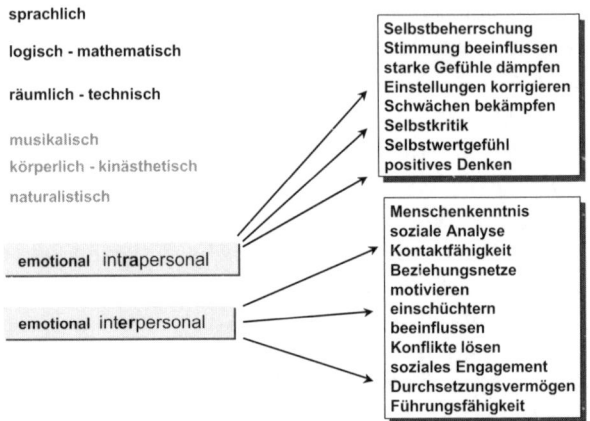

Abb. 17.1: Felder der emotionalen Intelligenz. Erweiterung der Liste der intelligenten
Hirnfunktionen aus Abb. 5.2. Links sind wieder die acht Hauptfelder aufgelistet. Rechts
wurden die wichtigsten Bereiche der nächsten Stufe für die emotionalen Intelligenzen
in Kästen zusammengestellt. Jeder kann alles, aber Meister kann man nicht auf allen
Gebieten sein, und Lücken kann man durch bewusstes Erwerben einer Kompetenz auf-
füllen. Die interpersonale emotionale Intelligenz ist entwicklungsgeschichtlich jünger.
Sie ist daher den Reaktionen der intrapersonalen untergeordnet: Wenn man sehr
wütend ist, kann die Höflichkeit auf der Strecke bleiben! Sie wird auch nicht im Mandelkern, sondern temporoparietal (seitlich) in der Hirnrinde (!) gespeichert und geschaltet (in Anlehnung an Gardner 1999 und Goleman 1996).

In den letzten Kapiteln des zweiten Teils haben wir wichtige
Felder der interpersonalen emotionalen Intelligenz besprochen.
Die Abbildung 17.1 ordnet diese Felder in die Hierarchie der

Intelligenzen ein. Die beiden untersten Bereiche, also Durchsetzungsvermögen und Führungsfähigkeit, müssen uns noch interessieren. Mit der Besprechung von Autorität und Vorbild waren wir schon auf dem Weg dahin. Führung von Mitarbeitern, Führungsstrukturen und Führungsstrategien werden weitere Hauptthemen sein.

Allerdings werden wir im folgenden Kapitel erst einmal überlegen, woher das Streben kommt, auf andere Menschen zuzugehen, was uns als soziale Wesen treibt, bei anderen angesehen zu sein, bei anderen Schutz und Hilfe zu suchen. Wir werden über *angeborene soziale Bedürfnisse* und über die aus ihnen erwachsenden Konsequenzen reden.

Was konnten Sie sich aus Kapitel 17 merken?

- Beeinflussen bedeutet, den anderen zu Reaktionen zu veranlassen, die er nicht vorhatte.

- Es bedeutet folglich, gewisse Wertvorstellungen und Überzeugungen beim anderen zu ändern.

- Da der andere diese Wertvorstellungen fast nur nonverbal äußert, ist eine wache Empathie wichtig.

- Beeinflussung wird erleichtert durch große Variabilität der persönlichen Vorgehensweise.

- Der Befehl setzt ein Abhängigkeitsverhältnis voraus, das der Gehorchende vorher akzeptiert hat.

- Autorität gewinnt man entweder durch eine Machtposition, besser durch überragendes Wissen und Können, oder durch vorbildliche innere Haltung.

- Von einem Vorbild nimmt man Beeinflussungen am leichtesten an.

- Auch Abwehrstrategien gegen ungewollte Beeinflussung durch andere kann man trainieren.

Ist Ihnen schon ein persönliches Ziel eingefallen?

- Wer andere überreden möchte, sollte über ein vielfältiges Repertoire von Beeinflussungsmöglichkeiten verfügen. Also: Um welche Fähigkeit beneiden Sie Ihre Konkurrenten am meisten? Anordnen, Bitten, Scherzen o. a.? Wählen und trainieren Sie zusätzliche Kompetenzen.

- Menschen akzeptieren Beeinflussungen am leichtesten von denen, die sie als Vorbild anerkennen. Also: Überlegen Sie, ob Sie sich dort, wo Ihnen an persönlichem Einfluss gelegen ist, wirklich vorbildhaft verhalten. Suchen Sie nach Verbesserungsmöglichkeiten.

Darüber sollten Sie einmal kurz, aber ernsthaft nachdenken:

Neigen Sie dazu, viel von anderen Menschen zu erwarten und zu verlangen, oder neigen Sie dazu, manches lieber selber zu machen, ehe Sie andere bitten müssen? Finden Sie das optimal?

Interpersonale emotionale Intelligenz

Im Textkasten in Kapitel 5 wurde besprochen, dass es nicht nur eine intrapersonale und eine interpersonale emotionale Intelligenz gibt, sondern von beiden zahlreiche Facetten, die isoliert aktiv werden und betrachtet werden können. Im ganzen ersten Teil und damit in Kapitel 5 wird die intrapersonale emotionale Intelligenz abgehandelt, jetzt im zweiten Teil die interpersonale.

Sie ist entwicklungsgeschichtlich jünger, hat eigene Zentren und regelt soziale, also zwischenmenschliche Beziehungen.

Wir hatten auch schon festgestellt, dass nicht alle Intelligenzfelder gleichzeitig optimal wirken können: Ein kreativer Künstler ist nicht auch ein ordentlicher und akurater Pedant. Die individuelle Ausprägung ist jeweils genetisch vorgegeben und nur begrenzt zu trainieren.

In Kapitel 17 sehen wir zusätzlich, dass es sowohl übergeordnete wie auch eher nachgeordnete Facetten der Intelligenz gibt. Die *Beeinflussung* ist die intelligente Haupttaktik, und Umgarnen oder Einschüchtern sind dafür benötigte Spezialtaktiken. Sie können sich offensichtlich trefflich ergänzen und werden dann auch kombiniert eingesetzt.

Ähnlich sind auch bei der *Führungsqualität* häufig mehrere der unten aufgezählten Felder aktiv. Die folgende Liste konzentriert sich auf Bereiche, die im Berufsleben relevant sind.

Felder der interpersonalen emotionalen Kompetenz:
(Fortsetzung der Tabelle im Textkasten Kapitel 5 (Intrapersonale emotionale Intelligenz))

4.   **Empathie:**
4.1 Wünsche und Sorgen der anderen sicherer erkennen und verstehen ...
4.2 Die Fähigkeiten anderer geschickter fördern, sie motivierender belohnen können ...

4.3 Intuitiv die Bedürfnisse anderer befriedigen und ihre Loyalität an sich binden ...

4.4 Die Vielfalt der Fähigkeiten anderer durchschauen und für sich nutzen lernen ...

4.5 Politische Zusammenhänge treffender erfassen und intuitiv nutzen und beeinflussen ...

5. Führungsqualität:

5.1 Andere gewinnender überzeugen und nutzbringend beeinflussen ...

5.2 Verständnisvoller und beeindruckender kommunizieren ...

5.3 Konflikte erspüren, diplomatischer vermeiden oder beilegen ...

5.4 Andere einfühlsam ausbilden und inspirieren können ...

5.5 Die rechte Zeit für den Wandel erkennen, ihn durchsetzen und lenken ...

6. Teamfähigkeit:

6.1 Persönliche Beziehungen zu Netzen ausbauen und Kontakte sicherer pflegen ...

6.2 Kooperatives Klima für gemeinsame Ziele aufbauen und in die Tat umsetzen ...

6.3 Für Hilfsbereitschaft und Synergie begeistern ...

Eine entsprechende Aufteilung der intrapersonalen emotionalen Intelligenz finden Sie am Ende von Kapitel 5.

Die Placebowirkung als Beispiel für eine Beeinflussung

Ein besonders interessantes Kapitel für die emotionale Beeinflussung anderer Menschen ist der *Placeboeffekt*, also die ärztliche Behandlung mit pharmakologisch wirkungslosen Zuckertabletten oder Kochsalzinjektionen. Das Placebo muss als ein *Symbol für die heilende Funktion des Arztes* angesehen werden. Der Zucker selbst hilft natürlich nicht.

Aus vielen Untersuchungen weiß man, dass schon die *Erwartungshaltung* des Patienten wichtig ist. Man kann im Experiment zeigen, dass nicht selten die Wirkung schon eintritt, bevor die Zuckertablette überhaupt gegeben wurde. Wenn man zum Arzt oder Zahnarzt geht, werden die Schmerzen oft noch vor der Praxistüre weniger, eben um den Betrag, der aus emotionalen Gründen hinzugekommen war.

Der Erfolg der Placebogabe ist sodann stark an die *Situation* gebunden. Genauso, wie eine Wunderheilung nicht in einem Nachbarort von Lourdes zustande kommen kann, hilft ein Placebo, das man dem Patienten ohne Kommentar auf den Nachttisch stellt, nicht. Der Ritus entspricht der Erwartungshaltung. Er erzeugt eine positive Änderung der Einstellungen.

So hat man in einer Untersuchung zur Wirkungsbeurteilung eines *Schlafmittels* die Patientinnen einer Klinik zufallsmäßig in drei Gruppen eingeteilt. Während die erste Gruppe das Medikament in üblicher Weise zur Verfügung gestellt bekam, wurde es der zweiten von der Stationsschwester mit genauen Anweisungen überreicht: Es sei *das* Medikament, das der Herr Oberarzt persönlich für sie ausgesucht habe. Sie müsse vorher fünf Schluck Wasser trinken, dann die Tablette mit Wasser herunterschlucken und nach drei Minuten nochmal fünf Schluck Wasser trinken. Die in einer strukturierten Befragung festgehaltene Wirkung war doppelt so groß wie in Gruppe eins.

Zur dritten Gruppe ging der Chefarzt persönlich und erzählte, dass er zwar furchtbar viel Arbeit habe und noch einen wichtigen Termin, dass er aber *trotzdem* noch schnell bei ihr vorbeikomme, um ihr die Tablette zu bringen, die *seiner* Frau auch immer so gut helfe. Die massive emotionale Beeinflussung erzielte fast den vierfachen Effekt verglichen mit der ersten Gruppe.

Schließlich kann die Placebowirkung durch das *soziale Umfeld* wesentlich verstärkt werden. Hier wirken z. B. Hoffnungen der Mitpatienten oder des Pflegepersonals. So hat man nachgewiesen, dass neue Medikamente wie zum Beispiel seinerzeit das Valium sehr viel besser halfen, solange beim Klinikpersonal noch keine Informationen über dessen Nebenwirkungen bekannt waren. Nach einem halben Jahr, als diese sich herumsprachen, nahm die Wirkung des Valium um ein Drittel ab.

Das *Symbol der ärztlichen Heilfähigkeit* wird auf der Schiene des Placebo in die *Annahmenwelt* übertragen. Ob der Arzt auch fachlich gut oder ein Scharlatan ist, spielt keine Rolle. In Abhängigkeit von der Intensität der Autorität des Heilers wird die psychische Markierung der *Annahme* stärker oder schwächer ausfallen. Entsprechend groß wird der Stimmungsgewinn sein.

Übrigens haben Psychologen gezeigt, dass der Mensch umso leichter zu beeinflussen ist, je mehr er *Angst* hat. Dies entspricht jahrhundertelanger allgemeiner Erfahrung und ist einer der Gründe, weshalb Spritzen besser wirken als Tabletten und weshalb oft Medikamente injiziert werden, obgleich die Substanz auch peroral wirksam wäre.

Der Einsatz von Placebos birgt auch Gefahren, die aber nicht in unser Thema gehören.

Das Placebo hat nicht nur heilende Funktionen in der Medizin, es ist auch für die Beurteilung von *Medikamentenwirkungen* wichtig. Man schätzt nämlich, dass bei 80% aller Erkrankungen die Symptomatik durch psychische Elemente verstärkt wird. Die Wirkung eines neuen Medikaments muss daher oft im Doppelblindversuch mit derjenigen eines Placebo verglichen werden, um den psychischen Anteil an der Wirkung beurteilen zu können.

Beeinflussen heißt, jemanden zu etwas zu motivieren

Es gibt eine eigene Motivationsforschung, einerseits eher mit *prinzipiellem* Ziel in der Psychologie, andererseits mehr *anwendungsbezogen* in der Soziologie und Betriebswissenschaft. Erstere fragt vorwiegend, was Motivation überhaupt ist, letztere eher, wie man damit höhere Leistungen erzielen kann (s. Kap. 19). Im vergangenen Jahrhundert wurden mit weit über 1.000 wissenschaftlichen Arbeiten zum Thema vergleichsweise wenig handgreifliche Ergebnisse und wenig Einigung über dieselben erzielt.

Der Lehrling holt sich ein Brötchen, weil er Hunger hat. Er hat eine *gerichtete* Motivation für eine *bestimmte* Tätigkeit im Gegensatz zur *ungerichteten* Motivation, als deren Komponente wir in Kapitel 8 die Stimmung kennen gelernt hatten, die grundsätzlich für mehr oder weniger Aktivität bei der Ausführung von *allen* anliegenden Vorhaben sorgt.

Die *gerichtete* Motivation kann man wiederum unterteilen in eine extrinsische und eine intrinsische. Die *extrinsische*, also von außen auf das Individuum einwirkende Motivierung interessiert in diesem Kapitel im Rahmen der Beeinflussung. Sie *ist* eine Beeinflussung, z. B., wenn *der Meister* den Lehrling zum Brötchenholen schickt.

Wenn man also jemanden beeinflusst, „motiviert" man ihn, *etwas zu tun*. Man gibt ihm einerseits irgendeine Form von psychischer *Energie*, damit er überhaupt das Gewünschte tut, und gibt ihm andererseits mit dem eigentlichen „Motiv" ein *Ziel*, für das er es macht. Dazwischen liegt die Organisation und Durchführung der Tätigkeit.

Entscheidender Gegenstand sehr vieler Untersuchungen war die *Bedeutung des Ziels*. Ein Resultat war schließlich die Zielsetzungstheorie von Locke. Sie besagt, dass der Mensch sich umso mehr anstrengt, *je höher* ein vorgegebenes Ziel ist, wobei man bei einem hohen Ziel mit einer Erfolgswahrscheinlichkeit von nurmehr 10 bis 15% rechnet.

Ganz so einfach lässt sich der Mensch allerdings nicht zu höchsten Leistungen manipulieren. Er überlegt nämlich, wie Atkins später mit seiner „Erwartungs-Wert-Theorie" belegte, zweierlei, bevor er anfängt (Abb. 17.2).

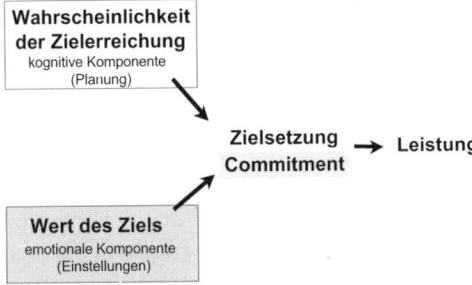

Abb. 17.2: Die „Erwartungs-Wert-Theorie", die schon in Abb. 2.2 erwähnt wurde, besagt im Prinzip, dass man vor jeder Handlung kalkuliert, ob sich der Einsatz lohnt. Hierzu steuert der Verstand die Berechnung bei, welche Chancen man hat, das Ziel zu erreichen. Das Gefühl bestimmt, ob und wie viel einem die Mühe einerseits und das Ziel andererseits die Aktion wert sind. Der Soziologe benutzt diese Beziehung z. B. für die Frage, unter welchen Bedingungen ein Arbeitnehmer bereit ist, sich für eine gegebene Aufgabe ausreichend oder maximal einzusetzen, wie man ihn also am besten „motivieren" kann (vergleiche damit die Abb. 6.1).

Erstens überlegt er mit dem *Verstand*, wie groß die *Wahrscheinlichkeit* für ihn wirklich ist, dass er das Ziel erreicht. Und zweitens wägt er im *emotionalen* Bereich ab, ob das Ziel ihm die Anstrengung überhaupt wert ist. Vielleicht kriegt er die Arbeit in den nächsten Stunden gar nicht hin, und jedenfalls ist ihm das Geld für die Überstunden weniger wert als eine gemütliche Skatrunde mit seinen Freunden.

Atkins rannte mit riesigen wissenschaftlichen Mitteln und gegen viel Widerstand der Kollegen die (für den Laien) offene Tür ein, dass der Mensch sich eben nicht einfach für immer höhere Ziele immer mehr anstrengt. Es gibt ein *Maximum*, und dann lohnt es sich immer weniger.

Um wenigstens ein Stück weit zu verhindern, dass die Leistung bei immer höheren Zielen wieder nachlässt, muss man schon besondere Kunstgriffe zur Verstärkung anwenden, z. B. *Lob* oder Belohnung einerseits oder die Drohung mit *Tadel* oder Bestrafung andererseits.

Weitere Kunstgriffe sind, dass man die Ziele *spezifiziert*, also Zwischenziele nach Einzelabschnitten vorsieht, oder dass man *Feedback* gibt, also Zwischenresultate bespricht und damit die Aufmerksamkeit, Zielstrebigkeit u. Ä. verstärkt.

Spätestens mit den letzten beiden Begriffen sind wir aber im Bereich der intrinsischen Motivation. Zielstrebigkeit ist beispielsweise ein angeborenes inneres Bedürfnis, das wir in Kapitel 18 besprechen werden. Wir sehen aber schon jetzt, dass sich extrinsische und intrinsische Motivation nur theoretisch und allenfalls in geschickten Experimenten trennen lassen. Ein Lehrer z. B. kann noch so pädagogisch gekonnt (extrinsisch) zum Lernen motivieren: Wenn das Kind sich nicht konzentriert oder gerade nicht den *angeborenen* (! intrinsischen) Drang zum Lernen verspürt, weil das Interesse für die attraktive Klassenkameradin noch größer ist, wird das Ergebnis schlecht sein.

Siehe hierzu Abb. 17.2 . Einige Aspekte dazu besprechen wir auch im nächsten Kapitel.

18 Leistung durch angeborene Bedürfnisse

Aus dem Gesichtswinkel der Beeinflussung hatten wir schon im vorigen Kapitel über die Einwirkung einer Führungskraft auf ihre Mitarbeiter gesprochen. Wir hatten überlegt, dass der Mitarbeiter am liebsten die externe in seine interne Motivation ummünzt, also lieber selbst über sein Handeln bestimmt. Wir hatten auch festgestellt, dass man einfach *Befehle* geben könnte, dass man aber besser auf dem Weg über eigene *Autorität* und Ansehen verstandesmäßige und emotionale Türen öffnen und dadurch die eigenen Ansichten auf die anderen übertragen kann.

Einige weitere Aspekte der *Kommunikation zwischen Führungskraft und Mitarbeiter* werden wir in den nächsten Kapiteln herausarbeiten. Das Prinzip gilt natürlich in jeder Form menschlichen Zusammenlebens, also in der Familie und im Freundeskreis, in der Schule und in der Freizeit auch. Im Folgenden soll die Berufswelt lediglich als Beispiel im Vordergrund stehen, schon weil ihre Struktur einheitlicher ist. Aber die generelle Relevanz werden wir ständig wiedererkennen. Und sie erfordert immer nicht nur Verstand und Redegewandtheit, sondern sehr viel emotionale Kompetenz. Wir bleiben also beim roten Faden.

Wir werden von der *direkten* Beeinflussung noch einmal ausgehen, aber eher unter dem Gesichtswinkel der *Effizienz*. Wie viel kann ich beim anderen durch welches Einwirken erreichen? Wir werden einmal mehr erkennen, dass es letztlich darauf ankommt, dass der andere die gleichen oder ähnliche Ziele hat wie ich. Aber mit welcher Strategie kommt am meisten dabei heraus?

Worin bestehen denn die Hauptaufgaben einer Führungskraft? Wir wollen uns diesem sehr komplexen Thema der Ein-
fachheit halber zuerst mal mit den Augen des Aktienbesitzers
(Shareholders) oder des Firmeninhabers nähern: „Die Führungskraft soll dafür sorgen, dass die Nachgeordneten *möglichst viel leisten.*"

Vielleicht haben Sie, liebe Leserin und lieber Leser, diese Aufgabe ja auch. Dann werden Sie mit Anweisungen, Aufrufen,
Ratschlägen, Mahnungen, Verlockungen und Versprechungen
von Gehaltsaufbesserungen oder Beförderung auf die Mitarbeiter eingewirkt haben. Damit bewegen Sie sich nicht nur in sehr
guter Gesellschaft fast aller Kollegen, sondern Sie bewegen sich
auch auf einem Pfad, den die Wissenschaft inzwischen breit
untermauert hat. In Abbildung 18.1 habe ich die Ergebnisse
von über 100 Experimenten und wissenschaftlichen Untersuchungen zusammengefasst, grob schematisierend natürlich.

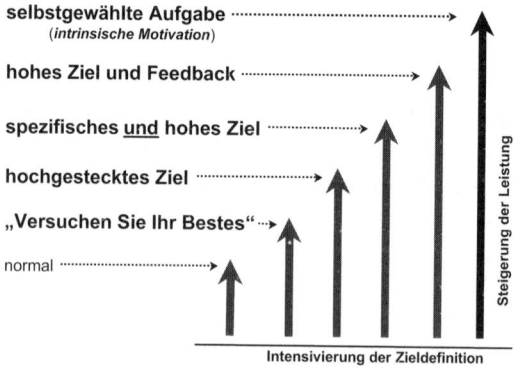

Abb. 18.1: Zielsetzungstheorie: Je höher und definierter das Ziel ist, desto größer die
Leistung! Die Modalitäten der Zielsetzung beeinflussen die Leistung. Ein schwieriges
Ziel vermag vermehrte Impulse zu geben, mobilisiert aber noch größere Kräfte, wenn
seine Einzelheiten definiert sind. Laufende Rückmeldungen spornen zusätzlich an. Am
wirksamsten ist die Selbstmotivation, also die Internalisierung des Ziels = man hat das
Ziel zu seinem eigenen gemacht (rein qualitative Darstellung der prinzipiellen Resultate
sehr vieler Einzeluntersuchungen aus der Literatur, z. B. Locke 1990, Tubbs 1986 u. a.)

Ziele vorzugeben will gelernt sein

Letztlich wird bewiesen, was Sie aus allgemeiner Lebenserfahrung gut nachvollziehen können: Wenn Sie einem Mitarbeiter sagen, er möge bitte sein Bestes geben, wird er mehr leisten als vorher. Sie haben ihn dazu motiviert. Der Unterschied zwischen der ersten und der zweiten Säule in Abb. 18.1 soll das zeigen. Wie groß aber dieser Unterschied nachher wirklich ist, hängt von vielen weiteren Umständen ab. Uns soll nur das Prinzip interessieren.

Wirklich anstrengen wird sich Ihr Mitarbeiter allerdings erst, wenn Sie ihm ein *hohes Ziel* vorgeben. Darunter versteht man Schwierigkeitsgrade, die er nur noch mit einer Wahrscheinlichkeit von etwa 15% erreichen wird. Die Erkenntnis, dass die Menschen sich zu so hohen Leistungen herausfordern lassen, hat bei Bekanntwerden dieser Messungen in der Fachwelt Verwunderung hervorgerufen.

Nun muss es gar nicht die Arbeit sein. Denken Sie an einen sehr stark übergewichtigen Freund, dem der Arzt geraten hat, dass er unbedingt abnehmen sollte. Wenn Sie dem sagen, er solle *in einem halben Jahr* 15 kg Gewicht herunterhungern, wird er es wohl nicht schaffen. Bei der langen Zeit sind 15 kg eigentlich nicht furchtbar viel, aber er wird sehr vielen Versuchungen zu widerstehen haben.

Wenn Sie ihm aber vorgeben, er müsse im Rahmen dieses Vorhabens *in jeder Woche* 600 Gramm abnehmen, wird er es wahrscheinlich hinkriegen, wie die vierte Säule von links andeutet. Der lange Weg bis zum Ziel war sein Hauptproblem. Die Wirkung der (extrinsischen) Motivierung würde langsam abnehmen. Ihre Unterteilung (*Spezifizierung*) macht, dass das Ziel besser erkennbar, das Motiv wirksam bleibt. Und wenn Sie ihm nun noch *Feedback* geben, indem Sie jede Woche einmal das Ergebnis und insbesondere die Gründe für Misserfolge mit ihm durchsprechen, wird er auch ein noch höheres Ziel erreichen können.

Es geht ums Prinzip. Man hat in den Untersuchungen alle zusätzlichen Einflüsse abgeschirmt. Dafür gelten die Befunde nun nicht nur für berufliche Arbeit wie Zusammensetzen eines Gerätes, Verkaufen von Zahnpasta oder Staubsaugern, sondern auch für alle anderen Situationen, in denen Menschen Leistung erbringen sollen, wie zum Beispiel auch bei sportlichem Training oder bei schulischen Anforderungen (500 Vokabeln in sechs Wochen wiederholen).

- Man bezeichnet diese Anreize als *extrinsische* Motivation: Die Motivierung zur Leistung wirkt von außen auf den Menschen ein.

Sie kennen das alle aus Ihrem Alltag nur zu gut. Aber vielleicht hilft Ihnen das Wissen um die Gesetzmäßigkeit, die in der Abbildung 18.1 klar wird, diese Instrumente der Beeinflussung systematisch und damit erfolgreicher einzusetzen. Sie könnten einfach bei der Planung eigener Leistungen anfangen.

Es geht nichts über eigenes Engagement

Natürlich ist Ihnen nicht entgangen, dass die *höchste* Leistung in Abbildung 18.1 mit „selbstgewählte Aufgaben – *intrinsische* Motivation" bezeichnet ist. Und Ihnen wird sofort eingeleuchtet haben: Klar, wenn man eine Aufgabe ganz zu seiner persönlichen macht, wenn man sich mit seinem vollen Interesse dahinterklemmt, dann wird am meisten dabei herauskommen. Der wissenschaftliche Beweis, die saubere Abgrenzung dieses Faktors „intrinsische Motivation" von allen anderen Faktoren, die auch immer mit hineinspielen, war nicht so einfach.

Man fand als *einen* ganz entscheidenden Faktor, auf den es ankommt, die *Selbstbestimmung*.

- Jeder Mensch legt großen Wert auf *Autonomie*, möchte also selbst bestimmen können, was er wie macht.

Als Individuum anerkannt zu werden, bestimmen zu können, was zu tun ist, was man selbst will, das ist nicht nur eine Marotte einiger Freiheitsfanatiker. Es ist ein *Bedürfnis*, das jedem Menschen *angeboren* ist, dem einen stärker, dem anderen weniger. Wenn Sie Kinder haben, beobachteten Sie das schon, als sie gerade laufen konnten: Erst freut man sich, dass der Kleine etwas schon alleine machen kann, dann merkt man, dass er vieles *alleine machen will* und motiviert ihn, mit diesem Wunsch auch noch mehr zu tun („schau mal, jetzt darfst Du schon ganz alleine …"), um ihn beschäftigt und selbst Ruhe zu haben … Und früher oder später wird der eigene Wille der Sprösslinge dann zum Problem.

- Selbstbestimmung ist ein angeborenes Bedürfnis.

Wenn man dann wirklich selbstbestimmt handelt, bewirkt das Stolz, Genugtuung, Zufriedenheit, sogar Freude. Sie nimmt zu, je weniger einem Vorgesetzte oder solche, die meinen, es zu sein, dreinreden. Zur Verdeutlichung: Wir besprechen hier *nicht den Wegfall* von Ärger über ungerechtfertigte Kritik, über den man sich natürlich auch freuen könnte. Gemeint ist die *intrinsische (!) Motivation*, die aus dem eigenen Bedürfnis nach Selbstbestimmung erwächst und mit Befriedigung und Wohlbefinden einhergeht. Sie können das natürlich nachvollziehen, können sich in ein solches Erfolgserlebnis hineinversetzen. Und Sie erkennen, dass wir hier an einem zentralen Kern des Anliegens dieses Buches angelangt sind: Möglichst viel aus dem Leben herauszuholen – wirkliche innere Freude, Lebensqualität.

Intrinsische Motivation kann in unterschiedlichem Ausmaß bei einer Handlung beteiligt sein und die Wirkung der üblichen *extrinsischen* Motivation (also Anregungen von außen, z. B. Lob, Tadel) entsprechend verstärken. Ryan und Deci haben vorgeschlagen, das Ausmaß der Selbstbestimmung zwar als kontinuierlichen Variationsbereich aufzufassen, aber in *vier Grade* einzuteilen (Abb. 18.2). Eine entsprechende Skala kann man als Ordinate auftragen und mit der erzielten Leistung in Relation setzen, wie das rein qualitativ in Abbildung 18.3 angedeutet wird.

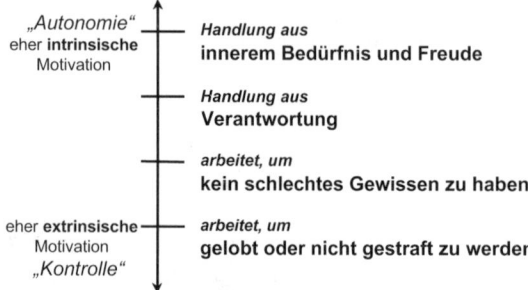

Abb. 18.2: Gradeinteilung der Internalisierung einer extrinsischen Motivation. Das persönliche Engagement bei einer Handlung, also die intrinsische Motivation, kann unterschiedlich groß sein. Die Skala reicht von noch weitgehender Fremdbestimmung bis zur völligen Selbstbestimmung bzw. von äußerer Kontrolle bis zur Autonomie bei der Durchführung. Ryan und Deci schlugen aus praktischen Erwägungen vier Intensitätsgrade vor. Sie haben sich bei den Untersuchungen über die Auswirkungen der intrinsischen Motivation auf verschiedene Aktivitäten bewährt, weil man die Ergebnisse verschiedener Untersucher dann besser vergleichen kann (s. Text).

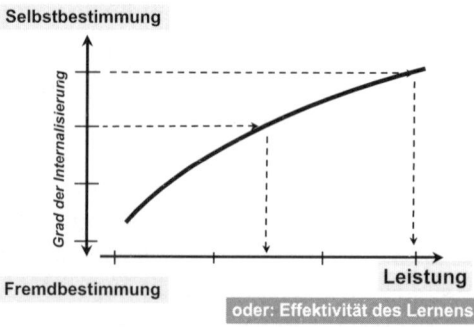

Abb. 18.3: Die Leistung korreliert mit dem Grad der Selbstbestimmung. Trägt man zu der Ordinate der Selbstbestimmung die Leistung als Abszisse auf, bekommt man eine zweidimensionale Beziehung, die hier wegen der vielen anschließend zu besprechenden Werte rein qualitativ, also in Verallgemeinerung von erhobenen Messwerten gezeichnet ist. Dann ergibt sich z. B.: Je höher die Selbstbestimmung, desto höher wird die Leistung (bis an den Rand der Leistungsfähigkeit). Man hat in vielen Versuchen auch die Effektivität des Lernens gemessen und eine entsprechende Abhängigkeit gefunden.

- Je stärker die intrinsische Motivation ist, desto größer ist auch die Leistung.

Diese Beziehung zwischen der Stärke der Motivation und der dadurch gewollten Leistung hätte jeder *vermutet*. Nun ist nicht alles, was wir aufgrund unserer Erfahrung als richtig annehmen, wirklich wahr. Daher ist es gut, wenn man es nicht nur vermutet, sondern auch *exakt nachgewiesen* hat. Gut ist auch, dass die erstaunliche Stärke des intrinsischen, also des *eigenen* Antriebs so klar demonstriert wurde.

Motivation für viele Lebenssituationen

Bei den psychologischen Experimenten wurde es dann wirklich interessant, als man den Einfluss der *Autonomie* nicht nur bei verschiedenen berufstypischen Tätigkeiten prüfte, sondern zum Beispiel beim *Lernen*.

- Auch die Effektivität des Lernens ist abhängig davon, ob man aus eigener Entscheidung lernt oder auf Weisung von außen.

Die Konsequenzen für die Pädagogik liegen auf der Hand, in der Schule wie bei Fortbildungsveranstaltungen. Kommt der Mitarbeiter *aus eigenem Antrieb* zum Symposium, wird er viel lernen. Kommt er auf Befehl des Chefs oder einfach, weil es da unterhaltsamer ist als bei der Arbeit, wird er deutlich weniger behalten.

Und wie kriegt man Schüler aus eigenem Antrieb in die Schule? Man lässt sie (im Gegensatz zum straff strukturierten Frontalunterricht) zuweilen Probleme selbst finden und dann selbst lösen. Sie sind bei derartigem „selbstorganisierten Lernen" stärker motiviert und behalten die selbst erarbeiteten Inhalte besser im Gedächtnis. Der Zeitaufwand lohnt sich, *falls* der Stoff einen wirklichen Gewinn fürs ganze Leben bringt. Wir kommen im letzten Kapitel darauf zurück.

Aber am Beispiel der Kinder sei vorweggenommen: Es gibt ja noch andere intrinsische Bedürfnisse. Ihr Kind mag ehrlich die innere Motivation haben, die englischen Vokabeln zu lernen. Aber vielleicht herrscht im Augenblick gerade das Bedürfnis vor, etwas Neues zu untersuchen oder der Trieb zum Spielen oder gar dasjenige Bedürfnis, das uns zum anderen Geschlecht hintreibt ... Denken Sie mal an Ihre eigene Jugend zurück.

Ähnlich wie mit der Leistung verhält es sich auch mit der *Zufriedenheit*. Ich hatte ja schon angedeutet, dass sie in der Regel umso größer ist, je selbständiger jemand handeln kann. Wir hatten aber diese Form der Zufriedenheit als Gratifikation schon kennen gelernt, als wir in Kapitel 9 nachvollzogen, dass eine (Vogel-) Mutter glücklich ist, wenn sie ihr Kind *triebgemäß* gefüttert hat. Angeborene Bedürfnisse sind den Trieben gleichzusetzen. Wir besprechen das gleich noch.

- Sogar das *Selbstwertgefühl* kann man, wenn man jemanden selbständiger arbeiten lässt, entsprechend erhöhen, denn es hängt auch vom Grad der Autonomie ab.

Merken Sie, dass ich den Bezugspunkt geändert habe? Versetzen wir uns doch in die *Rolle der Führungskraft*, die einen zufriedenen Mitarbeiter haben möchte und über dessen Arbeitsbedingungen wacht. Das Rezept, das aus dem Gesagten folgt, ist einfach: die Arbeit so einrichten, dass der Mitarbeiter das Gefühl größter Selbständigkeit hat.

Das kann man natürlich nicht an jedem Arbeitsplatz bieten. Aber dort, wo es geht, kann man dann sogar weitere Vorteile bemerken: Auch die *Ausdauer* und die *Qualität der Arbeit* steigen mit größerer Autonomie, also nicht nur einfach die Größe der Leistung. Mehr noch: Man hat auch die *Kreativität* der Mitarbeiter gemessen. Auch sie steigt. Wenn Sie darüber nachdenken, können Sie sich vorstellen, dass ein Mitarbeiter, dem man mehr Selbständigkeit zugesteht, auch öfter einen Verbesserungsvorschlag macht oder sonst auf einen guten Gedanken kommt.

Vielleicht wird die Leistung in Ihrem Betrieb gar nicht gemessen, vielleicht interessiert Sie das Lernen kaum. Aber vielleicht beunruhigen Sie ja Probleme mit dem *Arbeitsklima* in Ihrer Abteilung. Da gilt das gleiche Prinzip.

• Mit dem Grad der Selbständigkeit steigt auch die soziale Integrationsfähigkeit.

Sie können auch den Beweis dieses Satzes sicher aufgrund Ihrer eigenen Erfahrung nachvollziehen. Wenn jemand bezüglich seiner Tätigkeit seinen Willen hat und ein höheres Selbstwertgefühl entwickelt, wird er auch mit seinen Kollegen auf einer anderen Ebene kommunizieren können und (meistens) mit ihnen besser auskommen. Gehen Sie mal vom Gegenteil aus: Wer unzufrieden ist, weil er herumkommandiert wird ...

Das Selbstwertgefühl auf dem Boden einer angesehenen Position hat übrigens seine eigene Bedeutung im Bereich des *Ehrenamtes*. Nicht selten gibt es in Vereinen Zwistigkeiten, weil viele der Mitglieder unter anderem dort sind, um auch mal „befehlen" zu dürfen. Man sollte dem Verständnis entgegenbringen: Sie haben im Beruf und zu Hause wenig zu sagen, sind nämlich auf der Positionspyramide nicht hoch genug gekommen, und suchen nun eine *„Ersatzpyramide"* für ihr Dominanzstreben. Wenn Sie denen nun im Verein keine vakanten hohen Positionen zu bieten haben, geht das Mobbing los. Also müssen Sie eine geeignete Nische mit viel *Selbständigkeit* schaffen und diese zu einer Nebenpyramide aufwerten.

Während Sie vielleicht noch über Anwendungsmöglichkeiten der geschilderten Zusammenhänge in Ihren Lebensbereichen nachdenken, möchte ich schon mal eine Zwischenbilanz ziehen: Als Führungskraft haben Sie wahrscheinlich mehr Möglichkeiten, als Sie auf den ersten Blick erkennen, um *sowohl* die Leistung Ihrer Mitarbeiter *als auch* deren Wohlbefinden und ganz besonders *auch* das Arbeitsklima in Ihrer Abteilung zu verbessern.

Aber auch wenn Sie eine *nachgeordnete Position* haben – und in größeren Betrieben hat man meistens beides gleichzeitig –

können Sie vielleicht auf eine Weichenstellung hinwirken, die Ihnen selbst mehr Selbständigkeit und in deren Gefolge zahlreiche Vorteile bringt. Nicht jeder Chef wird mitmachen wollen. Sie müssen Ihre größere Autonomie geschickt begründen.

Einen besonders wichtigen Vorteil habe ich noch nicht einmal aufgezählt.

- Es ist auch eindeutig bewiesen, dass Menschen, die selbständiger arbeiten können, *gesunder und vitaler* sind.

Man hat das nicht nur durch geringere Fehlzeiten bewiesen. Und wieder gilt das natürlich nur im Durchschnitt. Aber es ist doch ein gutes Argument für Ihre nächste Abteilungsbesprechung oder für eine Zielvereinbarungssitzung.

Wir sprechen hier natürlich über die zwischenmenschlichen Beziehungen. Aber warum sollten Sie nicht auch kurz mal an sich denken, also an die eigene Gesundheit und Vitalität? Vielleicht lässt sich Ihr Bedürfnis nach Selbstbestimmung auf einer neuen Basis arrangieren?

Angeborene Triebe oder gelernte Bedürfnisse?

Wenn es derart viele und wichtige Vorteile bringt, dem angeborenen Bedürfnis nach Selbstbestimmung zu entsprechen, ist es angezeigt, das Problem von einer höheren Warte aus zu betrachten. Bedürfnis ist – grob vereinfacht – ein vornehmer Ausdruck für psychische Phänomene, die man beim Tier als *Triebe* bezeichnet. Da gibt es viele. Man spricht beim Menschen aber lieber von einem *Bedürfnis* nach Annäherung an den Sexualpartner oder von einem Streben nach eigenständiger Meinung anstatt von Sexualtrieb und Machttrieb. Man hat dafür gute Gründe.

Unsere Welt ist ja viel komplizierter als die der Tiere. Daher müssen wir die ererbten Triebe an die speziellen Gegebenheiten unseres Lebens anpassen. Wir müssen sie durch *Lernen* differenzieren. Und das macht jeder Mensch für sich, eben für *seine* Bedürfnisse. Angeboren ist nur die Grundkraft, der Trieb.

Ich erwähne das schon hier, damit Sie erkennen, worum es geht. Wir sind noch Wesen der Natur. Man hat zum Beispiel bei Vögeln, Ratten, Hunden und natürlich beim Affen einen *Trieb zur Geselligkeit* oder *Spaß am Wettkampf* und vieles andere mehr festgestellt. Wir empfinden jedenfalls Ähnliches. Es sind Motivationen zum Handeln, sind innere Kräfte, die uns zur Aktivität antreiben. Sie sind in der psychischen Struktur angelegt und verankert, weil sie sich seit Jahrmillionen als vorteilhaft für das Überleben in sozialen Gemeinschaften erwiesen haben.

Wir Menschen haben sie auch geerbt. Manchmal sind sie ja lästig in der gesitteten Gesellschaft vieler zivilisierter Menschen. Denken Sie an den Sexualtrieb. Aber es ist weise, sie *angepasst* zu nutzen und *nicht langfristig zu unterdrücken*. Es gibt nämlich begründete Hinweise, dass Letzteres zu *gesundheitlichen Schäden* führen kann. Bezüglich des Sexual- und Machttriebes sind ganze psychiatrische Lehrgebäude auf dieser Annahme aufgebaut (Freud, Jung, Adler). Dazu finden Sie noch einige Informationen am Ende des Kapitels.

Neben dem Bedürfnis nach Selbstbestimmung gibt es nun wenigstens vier *weitere Bedürfnisse*, die für Arbeitgeber und Arbeitnehmer von Interesse sind. So hat jeder Mensch ein gewisses *Bedürfnis nach sozialer Zugehörigkeit*. Er möchte zu der Arbeitsgruppe, der er zugeteilt wurde, dazugehören. Untersuchungen haben ergeben, dass seine Leistung tatsächlich umso mehr steigt, je mehr man ihm *dieses Gefühl* der Zugehörigkeit glaubhaft vermittelt, also ihn als gleichberechtigtes Mitglied in die Gruppe aufnimmt.

Wieder sollten Sie sich fragen, wie das in Ihrer Abteilung, wie das bei Ihnen selbst ist. Könnte man da irgendwo etwas verbessern?

Die inneren Bedürfnisse bewirken mehr Lebensqualität

Es geht ja weiter. Es gibt ein *Bedürfnis nach Mitbestimmung*. Sie können sich vorstellen, in der vorhin betrachteten Abb. 18.3 sei die Ordinate nicht mit „Selbstbestimmung", sondern mit „*Mit*bestimmung" bezeichnet. Jemand, der nur seine Aufgabe verrichten soll, dessen Meinung aber im Team nicht für voll genommen wird, wird sich weniger einsetzen und daher weniger leisten als einer, der weiß, dass man seine Ansichten ernst nimmt. Das hat natürlich mit Selbstbewusstsein zu tun. Aber folgen Sie der oberen punktierten Linie in der Abbildung – er bringt eine hohe Leistung. Das entspricht nicht nur unserer Lebenserfahrung, das ist nun auch wissenschaftlich klargestellt worden. Allerdings gibt es dann auch einen positiven Regelkreis, also eine automatische Verstärkung: Wer nun gute Arbeit verrichtet, dessen Meinung wird auch eher gehört.

Wahrscheinlich würden Sie langsam skeptisch, wenn ich wieder raten würde, dass man folglich alle Mitarbeiter möglichst viel mitreden lassen sollte. Auch ich hatte schon genügend Mitarbeiter, deren Ratschläge ich nicht dauernd hören wollte, auch auf die Gefahr hin, dass sie dann etwas weniger Leistung brachten. Was wir besprechen, sind Regeln, die Ausnahmen haben, besonders im richtigen Leben.

Durch *mangelnde* Gelegenheit zur *Mitbestimmung* werden nicht nur die positiven Beweggründe von *Arbeitskräften* unterdrückt. *Kinder* leiden darunter viel häufiger und vermutlich viel intensiver. Und sie werden dadurch auch in ihrer geistigen Entwicklung gehemmt. Ich wollte Ihnen nicht zu nahe treten, falls Sie Kinder haben. Ich wollte nur zeigen, dass das Thema Mitbestimmung als angeborenes Bedürfnis auch außerhalb von Betrieben gilt.

Aber lassen Sie uns die Literatur weiter durchstöbern. Man hat auch das *Bedürfnis nach Kompetenz* in Bezug auf die Leistung untersucht. Manchem Zeitgenossen werden Sie es kaum zutrauen wollen. Aber jeder möchte im Grunde das Gefühl haben, dass er gut ist. Wenigstens das Gefühl. In unserem Kontext hier hat das zwei Konsequenzen. Damit er möglichst viel leisten kann, müssen Sie ihm erstens eine Aufgabe geben, in der er überhaupt gut sein *kann*, die also seinen Fähigkeiten und seiner Ausbildung entspricht. Und Sie müssen ihn dann auch spüren lassen, dass er gut ist. Wenn er es verdient, sollten Sie oft genug *loben* – und nicht nur wegen der höheren Leistung. Das *Bemühen* verdient Anerkennung.

Wieder ist eine kurze Besinnung darauf angebracht, dass ein Betrieb ein vieldimensionales System ist, und dass Sie vermutlich nicht nur eine Führungsposition innehaben, sondern auch überlegen müssen, ob Sie selbst auf dem Posten sind, auf dem Sie den Erwartungen entsprechen – Ihren und denen der Vorgesetzten. Falls Sie *nicht* das Gefühl haben, hohe Kompetenz zu besitzen oder in absehbarer Zeit zu erreichen, ist vielleicht auch ein Zielvereinbarungsgespräch – vielleicht sogar eines außer der Reihe – für Ihre innere Ruhe und für weniger Stress gut. Jedenfalls hätten Sie dann einen guten Grund, sich Veränderungen zu überlegen und sie auch energisch anzustreben.

Ich könnte jetzt auch das *Bedürfnis nach Ansehen* mit Ihnen durchsprechen. Sie werden vielleicht im Textkasten am Schluss des Kapitels noch weitere finden, die in ihrem Lebenskreis Bedeutung haben. Sie wollen sicher die für Sie interessanten Teile des Problems um die angeborenen Bedürfnisse allein weiter durchdenken oder mit Bekannten besprechen.

Dann und dafür will ich Ihre Vermutung bestätigen: Wir hatten ja für die Selbstbestimmung viele vorteilhafte *Auswirkungen* kennen gelernt wie:

- Vermehrung der Effektivität des Lernens, von
- Selbstwertgefühl und
- Zufriedenheit, von
- Ausdauer und Qualität der Arbeit sowie von
- Kreativität, der
- sozialen Integrationsfähigkeit und auch von
- Gesundheit und Vitalität.

Sie alle gelten *für alle anderen* eben aufgeführten angeborenen *Bedürfnisse* auch. Also können Sie diese vorteilhaften Auswirkungen erzielen, wenn Sie folgende Bestrebungen unterstützen: solche nach

- sozialer Zugehörigkeit, nach
- Mitbestimmung, nach
- Kompetenz und nach
- Ansehen.

Es ist alles in Diplom- oder anderen wissenschaftlichen Arbeiten untersucht und bewiesen.

Es dürfte somit eine riesige Zahl von Arbeitsplätzen und von Führungspositionen geben, die auf die eine oder andere der skizzierten Weisen an die Bedürfnisse der Mitarbeiter besser angepasst werden könnten. Und ich will jetzt nicht nochmal auf die höhere Leistung, sondern ganz ausdrücklich auf das *Arbeitsklima* hinweisen. Man könnte es vielleicht auch in Ihrem Umfeld verbessern. Und das ist nicht nur eine Aufgabe für die Führungskräfte allein. Bei entsprechendem Problembewusstsein – und das muss man natürlich schaffen – können und müssen die Mitarbeiter das ihre dazutun.

Energie für lebenswichtige Tendenzen

Nun sollten wir uns ganz dezidiert fragen, was das alles mit emotionaler *Intelligenz* zu tun hat. Nun, die intrinsischen Motivationen sind natürlich Auslöser, Motivatoren für Aktionen, die die emotionale Intelligenz herausfordern.

Es könnte sein, dass einer Ihrer Mitarbeiter in einer Diskussion mit einer Bemerkung durchblicken lässt, dass er seine Entscheidungsfreiheit für absolut unzureichend hält. Seine *nonverbalen* Zeichen signalisieren Ihnen sehr viel eindrücklicher, dass er darüber unglücklich ist. Ihr Verstand hat mit dem Hauptthema der Diskussion zu tun. Aber im Unterbewusstsein haben Sie die Signale des Mitarbeiters verstanden, und eine „innere

Stimme" sagt Ihnen nebenbei, dass Sie mit dem Kollegen bald mal über seine Arbeitsbedingungen reden sollten. Wenn Sie sich schon darauf trainiert haben, auf Ihre innere Stimme zu horchen, machen Sie sich wenigstens schnell eine Notiz.

Wirksam war in diesem Beispiel zunächst Ihre *Empathie* für die allgemeine Not des anderen, die Sie sensibilisiert. Sie lässt Sie aber auch mitfühlen mit dem Bedürfnis des anderen, indem Sie sich an Ihre eigenen Gefühle in ähnlichen Fällen erinnern. Ihre emotionale Intelligenz – hier die *interpersonale* – setzt das für Sie zusammen zu einem optimalen Vorschlag.

- Ihr tägliches Umfeld ist voll von Menschen, die mit Hindernissen für das Entfalten ihrer heimlichen Bedürfnisse kämpfen müssen, gegen Widerstände von außen und gegen widerstreitende andere eigene Wünsche.

Natürlich muss nicht jeder jeden Trieb ausleben. Aber Sie könnten sich vornehmen, eine größere Sensibilität für das, was in anderen vorgehen mag, zu entwickeln. Mit manchem Menschen können Sie angeregter über solche Zusammenhänge reden als über Wetter oder Politik. Und nicht selten sind solche Gespräche ein Gewinn für beide.

Konflikte durch konkurrierende Bedürfnisse

Und was geht in Ihnen vor? Es könnte ja sein, dass es da auch gegenläufige Bedürfnisse und Bestrebungen gibt. Es könnte ja sein, dass Sie zu den Schüchternen, Bescheidenen gehören. Dass Sie aus einem gewissen *Sicherheitsbedürfnis* heraus schön in Deckung bleiben und sich lieber im Schatten kräftigerer Naturen ducken. Das mag so lange eine auskömmliche Strategie sein, wie nicht doch ein gewisses *Geltungsbedürfnis* in Form von *Ehrgeiz* in Ihrem Innersten dagegen opponiert.

- Solche *Konflikte durch widerstrebende triebhafte Tendenzen* erzeugen bei vielen Menschen innere Unruhe, langfristig Stress.

„Zwei Seelen wohnen – ach – in meiner Brust ...“ lässt Goethe den Faust sagen. Alle Dramatiker konstruieren daraus bedauernswerte Konstellationen und malen sie in aufwühlenden Farben.

Im ganzen Buch habe ich Sie zur Beachtung der eigenen psychologischen Tendenzen angehalten. Aber an dieser Stelle muss ich nun davor warnen, ins falsche Fahrwasser zu geraten, indem man sich verleiten lässt, *in sich selbst* die Ansätze für eine *tragische Figur* zu suchen. Gar manche oder mancher hat sich schon in schwer korrigierbare Theorien über die eigenen seelischen Probleme hineingesteigert. „Ich habe ja nun leider diese unglückliche Veranlagung. Ich kann ja nichts dafür. Ich wäre so gerne unkompliziert. Und da ich nun mal so bin, muss man halt darunter leiden“ (und die Umgebung auch). Sie kennen Beispiele.

Klar, jeder hat Anlagen, die weniger günstig sind, gerade auch solche, die für das Zusammenwirken mit anderen Bedeutung haben. Aber ich erinnere Sie an das, was wir vorher besprochen hatten: Man spricht nicht von Trieben, sondern von Bedürfnissen, *weil* neben der ererbten Tendenz große Anteile *dazugelernt* sind. Eingetrichtert, könnten Sie bei manchen sozialen Verhaltensvorschriften sogar sagen, da an deren korrekter Funktion die Umwelt ein Interesse hat: Zurückhaltung, Bescheidenheit, Schüchternheit, Ehrerbietung sind in Grenzen lobenswert, Zeichen der Selbstbeherrschung. Als naturwidrige *Dressur* erzeugen sie Konflikte.

Wo bleibt mein guter Rat? Wir haben es ja beim Charakter in Kapitel 7 schon besprochen:

- Was man gelernt hat, kann man ändern, kann man „umlernen“. Das gilt für Bedürfnisse im zwischenmenschlichen Bereich auch.

Sehen Sie es positiv: Sie haben keine neuroseträchtigen Konflikte. Sie haben eben schwer vereinbare, aber *verbesserungsfähige* Angewohnheiten. Wenden Sie sich denjenigen zu, bei deren Förderung Sie sich den größten Erfolg versprechen.

Kennen Sie den „Flow"-Zustand?

Je mehr angeborene Bedürfnisse eines Menschen befriedigt werden können, desto mehr wandelt sich sein Wohlbefinden in eine Art Trance-Zustand. Er kommt in einen Zustand des *Arbeitseifers* hinein, der ihn alles andere um sich herum vergessen lässt und der höchste Effektivität garantiert. Das Bewusstsein ist ganz von der Aufgabe ausgefüllt, auf sie richtet sich die Konzentration ausschließlich. An Essen und Trinken oder den Feierabend denkt er nicht, Ärger und kleine Sorgen verschwinden.

Csikzentmihalyi hat diesen Zustand „*Flow*" (Fließen) genannt. Man findet ihn unter guten Arbeitsbedingungen in bis zu 50%, in der Freizeit deutlich seltener (20%, da überwiegt nach diesen Untersuchungen Apathie! Gemeint sind wohl Unterhaltung, Fernsehen, Tagträumen). Die meisten von Ihnen werden den Zustand des Flow sehr gut kennen, wenn auch nicht unter diesem Namen.

Zusammenfassend können wir festhalten, dass man große Energien im Menschen freisetzen kann, wenn man ihm ermöglicht, seine angeborenen Bedürfnisse zu verwirklichen. Zu den nachweisbaren Effekten gehört neben höherer Leistung zum Beispiel das effektivere Lernen, bessere Konzentrationsfähigkeit, Kreativität und selbst Gesundheit und Vitalität.

Da einerseits die soziale Integrationsfähigkeit und andererseits das Wohlbefinden gesteigert werden, ergeben sich beachtenswerte Vorteile für das *Arbeitsklima* und die *Lebensqualität*. In der Abbildung 18.4 ist noch einmal zusammengefasst, welche Tendenzen zum Besseren gemeint sind. Dazudenken muss man sich neben „Leistung" die vielen Einzeleffekte, die gleichsinnig verstärkt werden und die wir im Text besprochen haben.

Der Energieeinsatz kann so umfassend werden, dass der Betreffende ganz in seiner Arbeit aufgeht und die Umwelt vergisst. Und dass sie ihm wichtiger ist als alles andere. Wer sich seine Arbeitsbedingungen selbst einrichten kann, wird fast automatisch diese Bedingungen anstreben, wird zum Beispiel danach trachten, selbständig zu werden, ein eigenes Geschäft

aufzumachen oder in möglichst hohe Positionen einer Firma
aufzusteigen. Und dann sind Wochenarbeitszeiten von 50 oder
60 Stunden keine störende Belastung.

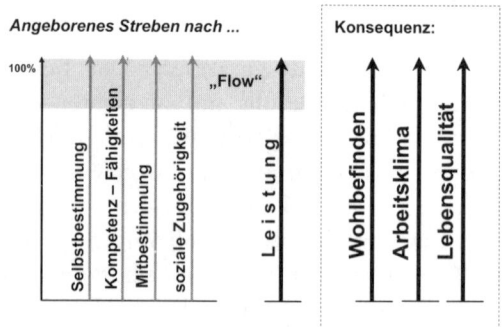

Abb. 18.4: Die Förderung der angeborenen Bedürfnisse führt zu optimalen Leistungen: Die vier Grundbedürfnisse, die im Text schon erwähnt wurden, sind hier nochmals
als Ordinaten, die alle die prinzipiell gleiche Korrelation zur Leistung zeigen, aufgeführt.
Dieses (angeborene) Streben hat jeder Mensch in mehr oder weniger starker Ausprägung. Können eine oder mehrere von ihnen maximal zum Tragen kommen, kommt es
zum Aufgehen des Bewusstseins in die Aufgabe („Flow" nach Csikzentmihalyi 1995). In
diesem Stadium erreicht man die besten und höchsten Leistungen. Sie lassen sich allerdings noch steigern, wenn man in nicht kontingenter Form Geld bietet, also so, dass es
nicht zum Eindruck einer Kontrolle kommt: eine Gehaltserhöhung, aber keine Stück-
prämien!

Fragen Sie doch umgekehrt mal Bekannte, von denen Sie wissen, dass sie so viel arbeiten, nach der Erfüllung ihrer angeborenen Bedürfnisse aus. Sie werden erfahren, dass sie weitgehend
autonom arbeiten, bestimmen oder mitbestimmen, sich kompetent fühlen ..., eben sich ihre Bedürfnisse erfüllen. Eigentlich ist
es kein Wunder, dass diese Menschen zum „Workaholic" werden. Schöner als bei der Arbeit könnten sie es ja kaum haben.

Wenn sich allerdings einer dieser Bekannten zu so viel Arbeit
gezwungen fühlt, sollten Sie ihm dringend zum Stellenwechsel
oder zum Lesen dieses Buches und damit zur Besinnung oder zu
beidem raten. Denn dann hat er *chronischen Stress*, der ihm
Probleme machen könnte.

Hoffentlich haben Sie nicht vergessen, dass ich zu Beginn des Kapitels sagte, dass die Berufswelt hier als Beispiel für ein allgemeingültiges Prizip gewählt wurde. Für den Künstler können Sie sich zum Beispiel den Zustand des Flow noch besser vorstellen, auch für den Wissenschaftler oder den Hobbybastler. Und im Ruhestand sollte man gezielt nach solchen Tätigkeiten suchen, wenn man sie noch nicht hat.

- Der richtig (!) beschäftigte Mensch ist offenbar ein glücklicher Mensch.

Besonders bedenkenswert scheint mir die Möglichkeit, auch in der Rolle der *Mutter* und damit der „Hausherrin" volle Befriedigung finden zu können. Brausen Sie nicht gleich auf. Man sollte es in Ruhe diskutieren. Es soll ja nicht für alle gelten. Aber man sollte nach Möglichkeiten suchen, diesbezügliche gesellschaftliche Wege zu ebnen, von der fachgerechten Einweisung in diese Aufgaben bis zu ihrer Berücksichtigung bei der Rente. Sträflich vernachlässigt wurde hier besonders das angeborene Streben nach Anerkennung, das jeder Mensch hat. Und gesellschaftliche Anerkennung der mütterlichen Bemühungen wäre ja wirklich berechtigt.

Den Kindern würde es gut tun, wir alle hätten dadurch Vorteile. Es ist ein Versuch, Lebensqualität zu verbessern. Ich meine sogar, ein überlebenswichtiger für unsere Gesellschaft.

Wir haben einige angeborene Bedürfnisse ausgespart. Alle einzeln zu behandeln, wäre ja wohl auch langweilig. Wir wollen nur das Prinzip kennen lernen, um es anwenden zu können. Aber *ein* Trieb bzw. Bedürfnis, nämlich das *Dominanzstreben*, bietet uns noch einige beachtenswerte Aspekte. Wir kommen darauf im folgenden Kapitel. Führungsstile und weitere Regeln des Führers werden wir daran anschließend zu besprechen haben bis hin zu der Frage, was man unter Autorität versteht, und wie man sie mehren kann.

Was konnten Sie sich aus Kapitel 18 merken?

- Intrinsische Motivationen können größere Leistungen bewirken als extrinsische, also als Aufforderungen, Feedback, Lob und Tadel.

- Im Berufsalltag sind angeborene Bedürfnisse wie das Streben nach Selbstbestimmung, nach Mitbestimmung, nach Kompetenz oder Ansehen von großer Bedeutung.

- Können intrinsische Bedürfnisse besser ausgelebt werden, werden auch Lernen, Ausdauer, Kreativität, Gesundheit u. a. analog gesteigert.

- Optimale Befriedigung von Bedürfnissen führt zum Zustand des Flow, in dem man in der Arbeit aufgeht und die Umwelt vergisst.

- Angeborene Bedürfnisse können sich gegenseitig behindern, zu Konflikten und langfristig zu Krankheiten führen.

- Soweit die Bedürfnisse gelernte Anteile haben, kann man sie auch verändern.

- In der Berücksichtigung der Bedürfnisse der Mitarbeiter liegen sehr große Chancen für das Arbeitsklima.

Ist Ihnen schon ein persönliches Ziel eingefallen?

- Angeborene Bedürfnisse könnten Ihren Mitarbeitern/Freunden/ Familienangehörigen erhebliche Freude bereiten oder Leistungen ermöglichen, wenn die Umstände sie nicht hindern würden. Also: Sie müssen sich darauf einstellen, Problemsituationen zu erspüren. Entwerfen Sie für sich eine Routine, die Sie daran denken lässt. Achten Sie häufiger auf nonverbale Signale und auf Ihre innere Stimme.

- Divergierende intrinsische Motivationen können zu Konflikten führen, wenn sie sich schlecht miteinander vereinbaren lassen. So könnte sich heimlicher Ehrgeiz nicht mit Selbstbescheiden vertragen, Ängste nicht mit Dominanzstreben, Hilfsbereitschaft nicht mit Aggressivität. Also: Sehen Sie sich niemals als tragische Figur. Überlegen Sie, welche Ihrer widerstrebenden Tendenzen gestärkt, welche gezähmt werden sollte, und welche erlernten (!) Anteile davon geändert werden könnten. Dann beginnen Sie ein langfristiges Trainingsprogramm.

Das könnten Sie schon mal überlegen:

Welches der erwähnten angeborenen Bedürfnisse ist bei Ihnen stark, welches am stärksten ausgeprägt? Machen Sie eine Liste und überlegen Sie, welches am stärksten in Beruf/im Alltag/in der Familie eingeschränkt scheint. Vielleicht fallen Ihnen dann auch gangbare Wege für eine Abhilfe ein.

Dem Menschen sind zahlreiche Bedürfnisse angeboren

Jedem Menschen sind triebhafte Motivationen angeboren. Sie prägen das Verhalten großenteils unbewusst. Es sind Schaltungen des Zentralnervensystems. Viele finden sich auch bei Tieren. Hormone spielen zum Teil eine wichtige Rolle.

Man unterscheidet *biologische* (physiologische) Triebe wie Hunger, Aufmerksamkeit, Durst, die die Körperfunktionen regeln helfen, von *psychologischen* wie Streben nach Gerechtigkeit, Selbständigkeit, oder *sozialen*, bei denen es um Gemeinschaft, Anerkennung, Beliebtheit geht.

Die beiden letzteren bezeichnet man beim Menschen lieber als angeborene *Bedürfnisse*, weil sie viele erworbene Anteile enthalten, die im Laufe des Lebens moderierend dazugelernt werden. Die treibenden Kräfte für diese individuelle Weiterentwicklung sind Anpassung an die Gesellschaft und Beeinflussung der anderen Menschen.

Einige sind schon beim Säugling oder Kleinkind nachweisbar. Sie sind individuell unterschiedlich ausgeprägt, zumal sie teilweise gegensätzliche Tendenzen fördern. Vermutlich können sie bis zu einem gewissen Grade trainiert werden. Gerade viele soziale Bedürfnisse werden erst im Erwachsenenalter wirksam.

Ihre Durchführung ist mit Gefühlen des Wohlbefindens oder der Befriedigung oder der Freude verbunden. Man geht davon aus, dass ihre Unterdrückung jedenfalls in langfristigen schweren Fällen zu psychischen Schäden führen kann.

Die Anzahl und Definition wird seit Jahrzehnten diskutiert. Die nachfolgende Aufzählung folgt Untersuchungen von Murray, 1943 und Edwards, 1959.

Intrinsische Motivationen werden beim Menschen in folgenden Bereichen beobachtet:

Leistung: sich anstrengen, erfolgreich sein, Aufgaben meistern, Autorität anstreben.

Selbstbescheiden: andere beachten, sich unterordnen, sich Gepflogenheiten anpassen.

Ordnung: Ordnung halten, vorausplanen, Arbeit und Vorhaben organisieren, Sauberkeit.

Selbstdarstellung: Aufsehen erregen durch Sprache, Witz, Kleidung; Angabe.

Autonomie: selbständig reden und handeln können, frei entscheiden.

Geselligkeit: Freundschaften, Beziehungen zu Gruppen knüpfen, Kommunikation.

Menschenverständnis: Motive und Gefühle anderer verstehen, tolerant beurteilen.

Sicherheit: Hilfe und Zuwendung anstreben, Ermutigung und Mitgefühl suchen.

Dominanz: eigener Standpunkt, Führung anstreben, andere überwachen und lenken.

Selbsterniedrigung: sich schuldig fühlen, Schuld übernehmen, Minderwertigkeitsgefühle.

Hilfsbereitschaft: Freunden helfen, andere mitfühlend behandeln, Vergebung, Zuneigung.

Abwechslung: neue Aufgaben, neue Bekanntschaften, neue Moden, Gags.

Ausdauer: bis zum Ende durchhalten bei Aufgaben, auch bei erfolglosen und schwierigen.

Sexualität: das andere Geschlecht suchen, sich verlieben, sich attraktiv machen.

Aggressivität: Meinungen angreifen, sich rächen, andere anschuldigen, Gewalt.

19 Machttrieb oder Führungskompetenz?

Es ist also vielfach vorteilhaft, wenn man diese angeborenen Bedürfnisse „ausleben" kann, die wir im vorigen Kapitel besprachen. Die Untersuchungen haben klare Vorteile ergeben für die Leistung, aber auch für das Verhalten in vielerlei Hinsicht und selbst für die Vitalität. Speziell für das Streben nach Mitbestimmung oder nach Ansehen ist das bewiesen, haben wir gelernt.

Jetzt sehen Sie sich Ihre Mitmenschen nochmal an. Wollen die wirklich nur *mit*bestimmen, wollen sie *nur* Ansehen? Oder ist es nicht doch eher *Macht*, nach der sie streben? Wollen sie nicht doch früher oder später *bestimmen, nicht nur* mitbestimmen? Vermutlich oft.

Die Grenzen zwischen den Bedürfnissen nach Selbstbestimmung, Mitbestimmung, Ansehen oder Macht sind offenbar fließend, vielleicht sogar künstlich. Sie sind entstanden in Anbetracht der gewaltigen Vielfalt unseres Zusammenlebens. Aber sie sind nicht eindeutig und nicht zwingend.

- Der Machttrieb scheint sogar das primäre, das eigentlich zentrale Bedürfnis zu sein.

Horchen Sie auch mal in sich selbst hinein. Wenn Sie irgendwo *mit*bestimmen wollen, dann haben Sie eine Meinung, die Sie für richtig und für beachtenswert halten. Der Weg von da bis zur Überzeugung, dass Ihre Ansicht die beste oder gar einzig richtige ist, ist oft schon vorgegeben. Dann ist es aber auch nur konsequent, wenn Sie darum „kämpfen", dass Ihre Überzeugung auch die ihr gebührende Spitzenposition erhält. Mit der *Überzeugung* haben Sie sich selbst mit ihr identifiziert. Also geht es jetzt *auch* um Ihre eigene Position gegenüber den anderen in dieser Angelegenheit.

Wenn Sie sich dann durchgesetzt haben, sind Sie derjenige, der bestimmt. Sie haben eine *Machtposition* errungen. Vielleicht haben Sie sich das so nicht klar gemacht, wollten ja nur der guten Sache zum Durchbruch verhelfen. Aber wenn man „Macht" so sieht, gibt es eben in unserer differenzierten Welt viele Positionen, in denen man nichts zu „befehlen" hat und doch über irgendeine Macht verfügt.

Überlegen Sie also mal, wie oft es Ihnen um das Sagen, um das Rechthaben geht. Wie oft legen Sie in einem Gespräch Wert darauf, dass Sie die Entwicklung vorausgesehen oder gar vorausgesagt haben? Also wollen Sie derjenige sein, der es zuerst richtig wusste. Der King unter den Propheten.

Das *Streben nach einer Machtposition* ist ein legitimes Erbe von unseren tierischen „Vorfahren". Aus Naturfilmen kennen Sie das längst: Bei Löwen oder Affen hat das stärkste Tier nicht nur das „Recht" erkämpft, die Weibchen der Herde zu begatten. Das Leittier führt auch im Kampf an und frisst als Erstes die besten Stücke.

Auch für die meisten Menschen ist das Recht des Stärkeren unter dem Deckmantel des *Leistungsstrebens* ganz in Ordnung. Jeder sucht sich den für seine Fähigkeiten geeigneten Austragungsbereich des Positionskampfes: wirtschaftliche oder politische Erfolge, Sport, Kunst oder Wissenschaft.

Offensichtlich verschafft die Spitzenposition dem Sieger zusätzlich zum realen Vorteil auch eine Art *Triumphgefühl* oder Genugtuung. Jeder kennt das zumindest aus Streitgesprächen. Wir sind ihm übrigens bei der Befriedigung anderer Triebe wie der Brutpflege auch schon begegnet. Die Natur „will" das so, wenn man es ausnahmsweise final betrachtet. Es bringt den eigenen Genen Vorteile. Jedenfalls ist der Testosteronspiegel im Blut des dominierenden Affenbullen ungewöhnlich hoch. Wenn das Leittier einer Pavianherde von einem stärkeren Rivalen aus seiner Position verjagt wird, geht sofort die Menge dieses männlichen Sexualhormons in seinem Blut auf normale Werte zurück.

Beim Menschen sind mir entsprechende Laborbefunde nicht bekannt. Trotzdem rate ich jedem, bei dem der Abschied in den Ruhestand naht, sich rechtzeitig nach einer neuen, profilierenden Anschlussbeschäftigung umzusehen. Wer einmal eine dominierende Position innehatte, wird wieder nach Entscheidungsfreiheit streben, einfach weil es seiner „Natur" entspricht. In den angestammten Wirkungsbereich des Lebenspartners als Rentner mit einzusteigen, vielleicht beim Kochen und Einkaufen mitzuhelfen, dürfte oft der friedlichen Koexistenz unzuträglich sein.

- Für zwischenmenschliche Beziehungen ist das Bedürfnis nach Dominanz, also nach Macht über andere, jedenfalls ein stets einzukalkulierender Antrieb.

Das meine ich erst einmal sehr allgemein.

Jede Position ist *auch* eine Machtposition

Einige Ihrer Kollegen in der Firma oder in der Partei haben sich eine Machtposition in der Firmenhierarchie durch ihre „Ellenbogen" errungen. Andere sind vielleicht wegen ihrer ruhigen und toleranten Art die letzten auf der Leiter nach oben. Vom Standpunkt des inneren Bedürfnisses sind *beides* Machtpositionen, die eine am Anfang, die andere auf der Höhe des Strebens. Wie bei den olympischen Wettkämpfen ist es auch hier nicht immer richtig, nur auf den Sieger zu schauen. Die anderen haben diese Position auch angestrebt.

Versuchen wir, uns in die Gefühlssituation dieser Kollegen hineinzuversetzen: Die oberste Position wird bei ihrem Inhaber Zufriedenheit oder Triumphgefühl, die niedrige Ehrgeiz oder Entsagung, Ärger oder Beschämung auslösen. Und für beide wird es ein Antrieb zu weiterem Streben sein.

- Anders als beim Nahrungstrieb wegen Hunger gibt es beim Machttrieb keine ausreichende Sättigung.

Das gilt entsprechend auch für jede dominierende oder weniger ehrenvolle Position, die man sich zum Beispiel durch gute Argumente in einer *Diskussion* erringt, oder auch durch Toreschießen in der Fußballmannschaft.

Sie selbst können in diesem „Kampf" sowohl als Nachgeordneter in das Getümmel verwickelt sein als auch lenkend als Mentor oder Coach oder verantwortliche Führungsperson. Meistens beides. Meistens werden Sie in irgendwelche konkurrierenden Spannungsfelder einer Hierarchie einbezogen sein, werden versuchen, Ihre Position nach oben zu erweitern, während man von unten daran nagt.

Der Kampf um die Hackordnung findet täglich statt

Es ist gut, wenn Sie bereits wache Antennen für dieses unentwegte Streben entwickelt haben und über *Beurteilungskriterien* verfügen. Andernfalls sollten Sie künftig das Leben um Sie herum gezielt aus diesem Gesichtswinkel beurteilen. Was man versteht, wirkt weniger bedohlich.

Was macht Ihr wieder mal „ungehorsamer" Sohn anderes, als zu versuchen, die Grenzen dessen, was er darf, zu verschieben? Natürlich hatten Sie ihm wiederholt verboten, die steile Treppe alleine hochzukrabbeln. Er weiß das nur zu gut. Warum macht er es trotzdem wieder? Etwas treibt ihn, Ihren Willen zu durchbrechen, jedenfalls einen Machtkampf anzuzetteln. Nicht nur Kinder erproben das den ganzen Tag ...

Wir sollten ein pädagogisches Problem, das hinter diesen täglichen Machtkämpfen steht, kurz ansprechen, denn es ist ein zentrales. Ihr Sohn *fühlt* vermutlich schon, was Sie und ich wissen: Eines Tages wird er es können *und* dürfen. *Beides*, den Mut, sich einer Obrigkeit nicht einfach zu unterwerfen, und den Drang, Neues zu versuchen, beides müssen Sie ihm lassen, müssen Sie bei Schüchternen sogar unterstützen.

Was er zusätzlich braucht, ist aber *soziale Kompetenz*, ist Rücksichtnahme, in diesem Falle auf Sie, die Sie für ihn Verantwortung übernehmen. Die Fähigkeit, sein inneres Drängen im entscheidenden Augenblick auch mal zu zähmen, muss er noch lernen, von Ihnen. Es wird lange Zeit brauchen, bis er das drin hat. Eine lange Zeit der Erziehung und Selbsterziehung. Es wird auch lange dauern, bis Sie bzw. Erzieher überhaupt *gefühlsmäßig* zu differenzieren gelernt haben, einerseits den natürlichen Drang zu respektieren, aber andererseits sehr entschieden die soziale Anpassung einzufordern. Diese Grenze zwischen der „freien" Entwicklung der kindlichen Persönlichkeit auch gerade im emotinalen Bereich und der *Rücksichtnahme auf die Rechte der Mitmenschen* ist oft schwer zu erkennen und noch viel schwerer zu lehren. Und ganz zuletzt kommt dann immer, es automatisch richtig zu machen – mit einer emotionalen Kompetenz.

Bei Kindern ist jenes natürliche Machtstreben noch unzureichend gebremst durch eine dosierte Anpassung an die Gemeinschaft, oft viel zu ungebremst wegen mangelhafter oder zu permissiver Erziehung. Um hier konsequent gegenzusteuern, bedarf es höchster Führungskompetenz mit einem fein abgestimmten Machtinstinkt. Nennen wir es lieber *pädagogisches Durchsetzungsvermögen.*

Greifen wir doch dieses Stichwort noch schnell auf. Man gelangt in die typischen Führungspositionen in der *Schule* nicht mit Hilfe von *Durchsetzungsvermögen* wie in der Wirtschaft, sondern aufgrund von Fachwissen, das man mit anderen Qualitäten, etwa Fleiß, Ausdauer und Konzentrationsvermögen, ansammelt, wenn wir mal nur die *emotional* intelligenten Fähigkeiten berücksichtigen. Jedenfalls im höheren Lehramt werden die Lehrkräfte nicht bezüglich pädagogischer Fähigkeiten oder Führungsqualität ausgewählt, *nicht* einmal hinsichtlich ihres Durchsetzungsvermögens *geschult.*

Wer sich wundert, dass in der Schulpraxis dann gewisse Defizite offenbar werden, der hat das System nicht verstanden. Früher bedeutete die *Position eines Lehrers als solche* Macht und Ansehen. Sie wurden dem Lehrer gewissermaßen automatisch verliehen, er brauchte nur noch Wissen und Weisheit mitzubringen, allenfalls auch pädagogisches Verständnis. Das System Lehrer–Schüler konnte weitgehend ungestört auf hohem geistigen Niveau funktionieren.

Heute bekommt der Lehrer einen *Arbeitsplatz*. Für Einfluss und Respekt muss er selber sorgen – zu allem Unglück gegen den Widerstand von manchen Eltern und Medien. Das kostet ihn viel von seiner Kraft und seiner Zeit.

- Der Lehrer muss sich *als Erstes* durch seine Autorität durchsetzen. *Als Zweites* muss er die Schüler motivieren, und *erst dann* kann er sie sein Wissen lehren.

So funktioniert effektives Führen, und das bedeutet Päd-„agogik" (agein im Griechischen heißt führen).

Durch Idealismus und Fachkenntnisse kann man individuelle Schwächen in den ersten beiden Schritten schlecht ausgleichen. So gesehen kann einem das Schicksal nicht weniger ehrlich bemühter Lehrkräfte Leid tun, das ja durchaus in Verbitterung und Krankheit enden kann. Man hat sie schlecht vorbereitet vor eine Aufgabe gestellt, in der nicht durch Wissbegier motivierte Erwachsene informiert oder vor dem Einschlafen bewahrt, sondern stürmische Kinder zwischendurch immer wieder gezähmt werden müssen ...

Wenn Sie also Lehrkraft sind, könnte es wichtig für Ihren weiteren Lehrerfolg und für Ihr seelisches Gleichgewicht sein, Ihre Kompetenz hinsichtlich Durchsetzungsvermögen schwerpunktmäßig auszubauen. Das wird im pädagogischen Bereich am besten mit professioneller Hilfe gehen.

Verständnis für die Mitarbeiter

Nicht wenigen Menschen scheint das tägliche Machtgeplänkel Spaß zu machen. Andere wiederum *leiden* unter diesem ständigen Gedrängel nach oben. Sie fühlen sich diesem *meist unterschwelligen* Positionskampf nicht gewachsen, zu Recht oder zu

Unrecht. Die wenigsten sprechen darüber. Ihr schüchterner oder eingeschüchterter *Mitarbeiter* wird Ihnen zunächst nicht sagen, wie sehr er darunter leidet, dass die Kollegen ihn unterdrücken oder gar mobben. Schon gar nicht wird er offenbaren, dass es ihn wurmt, dass er es nicht schafft, die andern mal zu überflügeln, obwohl er sich selbst eigentlich für viel besser hält.

Aber er bringt es nonverbal zum Ausdruck. Ihre „Stimme aus dem Bauch" muss Ihnen solche *Hilferufe* verständlich machen, muss Ihnen zu Vermutungen verhelfen dafür, was es zu berücksichtigen oder zu klären gilt. Ihre emotionale Intelligenz hilft Ihnen zu einem verständnis- oder rücksichtsvollen Ton ihm gegenüber, auch wenn Sie gerade Wichtiges zu denken und zu besprechen haben. Sie könnte auch zu einem offenen persönlichen Gespräch „raten".

Wir werden später im Zusammenhang besprechen, dass nicht jeder ein ausgeprägtes Bedürfnis nach Macht hat. Hier soll nur deutlich gemacht werden, dass der im Positionskampf Überlegene tunlichst nicht rücksichtslos voranstürmen sollte. Meist wird er nicht so schnell vorankommen, dass er mit den Überholten gar nichts mehr zu tun hat. Dann ist es klüger, sich um ihn zu kümmern. Es geht um die Lebensqualität im eigenen Umfeld.

Ihr *Töchterchen* – um die Szene zu wechseln – wird morgens über Bauchschmerzen klagen und *nicht* darüber, dass aggressive Schulkameraden ständig ihren Ehrgeiz behindern oder dass die Lehrerin sie immer viel niedriger einstuft, als sie es verdient zu haben glaubt. Sie äußert es nicht nur nonverbal, sondern *auch noch* durch eine psychosomatische (psychophysische) Reaktion. Letztere kann der Laie nicht unbedingt deuten. Aber dass da etwas nicht stimmt, sollten Sie spüren – bei einiger emotionaler, empathischer Aufmerksamkeit.

Ihre Empathie und Ihre emotionale Intelligenz suchen nach Parallelen in Ihrer eigenen Kindheit. Dadurch empfinden Sie die Lage des Kindes. Und dann müssen Sie natürlich Ihren Verstand und geschickte Gesprächstaktiken gebrauchen, um die eigentlichen Ursachen einer nachlassenden Leistung oder irgendwelchen Fehlverhaltens aufzudecken.

Wieder und wieder erkennen wir es: Verstand und Emotion sind keine Gegensätze. Sie ergänzen sich, arbeiten Hand in Hand. Natürlich weise ich immer wieder auf Unterschiede hin, weil wir lernen wollen, die Rolle der emotionalen Welt in uns gebührend zu würdigen – und dann auch diese bislang zu wenig beachteten Möglichkeiten gezielt einzusetzen. Aber bleiben wir bei der Empathie:

Manche Menschen spüren sofort, wenn es jemandem nicht gut geht, wenn er Sorgen verbirgt. Andere sind zu sehr mit sich oder ihrer Aufgabe beschäftigt. Wenn Ihnen das so geht, sollten Sie sich möglichst regelmäßig auf die nonverbalen Signale anderer konzentrieren, vielleicht ganz speziell auf ihre Probleme mit Machtpositionen. Wie wäre es, wenn Sie es sich bei einer bestimmten, periodisch wiederkehrenden Situation, zum Beispiel einer Montag-Morgen-Konferenz oder bei den Vorstandssitzungen Ihres Vereins oder bei Elternabenden, zur Gewohnheit machen, alle Teilnehmer in dieser Hinsicht im Stillen zu „überprüfen"?

Nicht jede Beförderung bringt Freude

Sie kennen das „Peter-Prinzip"? In Hierarchien, besonders in der Verwaltung, wird man so lange auf höhere Positionen befördert, wie man gut ist, wie man die Materie souverän im Griff hat. Das Befördern hat ein Ende, wenn man schließlich auf einer so hohen Stufe sitzt, dass man den Anforderungen *nicht* mehr genügt, *über*fordert ist. Also ist der Beamte nach dieser Hypothese seiner (dann endgültigen) Lebensposition in der Regel nicht gewachsen.

Wir wollen uns an dieser Stelle nicht über die Leistungen in hierarchischen Bürokratien oder ähnlich strukturierten Betrieben unterhalten. Wir wollen die psychischen Spannungen der beteiligten Menschen zu *verstehen* suchen. Und die erwachsen unter anderem einerseits aus dem Missverhältnis zwischen der relativ zu großen Machtfülle, die mit der Position als solcher verknüpft ist, und andererseits aus dem Defizit an Verstand oder gar an sozialer Kompetenz des Inhabers der Position.

Denken Sie an seine Annahmen: Immer wieder denkt er: „Das müsste ich jetzt gut erledigen können", und dann klappt es wieder nicht. Schließlich wird er schon mit einer negativen Erwartungshaltung morgens ins Büro kommen. Die möglichen Gründe für schlechte Laune manches Kollegen ahnen Sie jetzt. Seine verborgene Unzufriedenheit spürte Ihre Empathie vielleicht schon immer.

Deswegen müssen Sie ja nun nicht gleich bei Ihrem nächsten Gang zum Amt ein Gespräch über Krisenbewältigung beginnen. Aber manche Überheblichkeit wie auch mancher Frust, manche Gleichgültigkeit sehr vieler Amtsträger hat ihren Grund darin, dass sie Probleme mit der Macht haben und daher keine wirkliche Befriedigung und Ausgeglichenheit finden können. Wenn Sie jeweils daran denken, werden Sie künftig manches Verhalten Ihrer Mitmenschen „psychologischer" deuten. Und wenn Sie oft daran gedacht haben, werden Sie ihm schließlich ganz „automatisch" verständnisvoller, also emotional *intelligent*, entgegentreten. Zunächst geht es also um das Oft-daran-Denken.

Sie könnten mal eben innehalten im Lesen und einige „schwierige" Menschen Ihrer Umgebung aus dieser Perspektive betrachten. Vielleicht entdecken Sie hier einen Ansatz, ein Problem in Ihrer Umwelt zu verkleinern. Vielleicht besprechen Sie es später mal mit einem Vertrauten ...

Jedes Ding hat zwei Seiten. Abschreckende Beispiele von ungeschickten oder unfähigen Vorgesetzten halten leider manches Talent davon ab, Herausforderungen anzunehmen, die in einer neuen Aufgabe, speziell in einer Leitungsfunktion liegen. Schade ist das besonders im Ehrenamt, beispielsweise in den Vereinen. Der scheidende Amtsträger verbreitet fast obligatorisches Jammern über die angeblich schreckliche Überlastung und den vielen Ärger, um seine Verdienste herauszustreichen.

Das verschreckt potenzielle Nachfolger. Dabei könnten sie im Verein *fast risikolos ihre Fähigkeiten testen*. Und fast immer entdeckt man schlummernde Talente. – Zu viele Menschen haben unnötige Angst, aber auch fehlendes Selbstbewusstsein, das man ja ohnehin erst mit wachsender Erfahrung aufbaut, wie Sie spätestens seit Kapitel 11 wissen.

Einsatz der Macht: Befehlen oder Führen

Dominanzstreben ist ein weites und vielseitiges Feld im menschlichen Alltag. Und vielleicht haben Sie bei meinen Ausführungen schon gedacht, dass Sie da nicht immer unbedingt von „Macht" reden würden. Wir hatten es oben ja schon vermutet:

- Die Grenzen zwischen eindeutigem Machtstreben und Streben nach *Ansehen* oder Streben nach *Mitbestimmung* oder nach *Kompetenz* sind fließend.

Überall geht es um gesellschaftliche Positionen, überall erlebt das Individuum Widerstände, gegenüber der Außenwelt oder seinem Inneren. Überall muss oder möchte es sich dann mit ihnen auseinandersetzen.

Wir dürfen also gerechterweise sagen, dass es keineswegs *immer* um Machtpositionen geht, in denen man *befehlen* kann oder muss. Aber sehr oft geht es dann doch um *Führen*. Zum Beispiel gegenüber Schülern in der Schule, oder wenn ein neuer Kollege in die Aufgaben der Abteilung eingewiesen werden soll.

Im *Notfall* bedeutet Führung sicherlich, dass der Erfahrenste ganz klar autorisiert ist, eindeutige *Befehle zu erteilen*. Wir haben schon gesagt, dass man das heute lieber Richtungs- oder Weisungskompetenz nennt. Die Richtung vorzugeben, das trifft moderne Verhältnisse besser als Befehlen, bei dem man an den Zwang zu sturem Befolgen assoziiert, und das nicht nur beim Militär. Dort marschiert der Führer heute ja auch nicht mehr vor seinen 200 Soldaten voran, die in Reih und Glied aufgestellt sind, auf einzelne Befehle das Gewehr anlegen, feuern und dann vorwärts stürmen. Er ist wahrscheinlich über Funk mit Fahrer und Spezialisten an Zielgerät, Kanone und Funkgerät verbunden. Diese tragen mit spezialisierten Fachkenntnissen dazu bei, dass sein konkreter, aber doch eher prinzipiell gehaltener Befehl, nämlich zu einem bestimmten Zeitpunkt an einer bestimmten Position ein bestimmtes Ziel anzugreifen, zum Erfolg führt. Der Nachgeordnete entscheidet, genau genommen, über die korrekte Anwendung seines Spezialkönnens, angepasst an die aktuelle Situation.

Auch Sie werden es mit Spezialisten zu tun haben und werden wissen, dass das Vorgeben einer klaren *Strategie*, also die Entscheidung über den Einsatz der verschiedenen Ressourcen und über den geeigneten Zeitpunkt, eine hervorragende Aufgabe der Führung ist. Aber es ist *nur eine*. Mindestens so wichtig ist der Umgang mit den Gruppenmitgliedern und ihre Motivation und ihre Einstimmung in die anstehende Aufgabe. Führung bedeutet einerseits Organisation. Das ist eine Aufgabe für den Verstand. Führung bedeutet andererseits *„innere"* Führung der Mitarbeiter. Das ist unser Thema.

Der Geführte bestimmt Ihren Führungsstil

Man unterscheidet verschiedene Formen der Führung. Wir müssen sie hier nicht wie im Managementtraining durchnehmen. Denn Sie haben ja alle mehr Erfahrung in dieser Hinsicht, als Sie denken. Ich muss Sie nur daran erinnern.

Zu Führungspositionen gelangt man allerdings nicht nur durch Streben nach Macht, sondern manchmal auch durch Können oder durch Zufall. Manchmal könnte man sagen, sie „wächst einem zu", wenn wir an die Kindererziehung denken. Kein Zweifel, Kinder muss man auch führen. Alle Menschen, jedenfalls auch alle meine Leser, haben da Erfahrung, jedenfalls als Geführte. Warum sollten wir nicht die vier oder sechs verschiedenen Führungsstile, die man heute im Managementtraining diskutiert, am Beispiel einer Kinderparty erläutern?

Also: Eines Ihrer Kinder hat Geburtstag. Sie laden seine besten Freunde ein. Sie waren vielleicht mit ihnen im Zoo, oder sie haben mit den Kindern zusammen einen Tierfilm angesehen. Jetzt sollen die Kinder einen Zoo basteln, jedes ein Tier mit einem zugehörigen Käfig oder einem Nest.

Lena, die älteste unter den fünf Kindern, hat so was schon mal mitgemacht. Bei der allgemeinen Einführung hatte sie sich gleich für das Pferd entschieden. Sie können ihr die selbständige Durchführung der Aufgabe vertrauensvoll überlassen und an sie auch noch die Verteilung der Materialien *delegieren*.

Von Sophia wussten Sie, dass sie sehr geschickt im Basteln ist, überhaupt eine künstlerische Ader hat. Sie ist selbst stolz darauf. So sehen Sie ihr nur gelegentlich über die Schulter und geben mal einen wichtigen Tipp. Ihr sehr hübsch geratener Hahn wollte auf seinen dünnen Beinen nicht stehen. So raten Sie ihr, ihre Fähigkeiten an einem bunten schwimmenden Enterich zu beweisen. Der gelingt dann auch bestens. Sie haben sie lediglich *unterstützt*.

Die kleine Jennifer beschäftigt sich nicht so gerne alleine und bleibt auch nie lange bei einer Aufgabe. Wirkliche Erfahrung im Basteln hat sie schon deshalb nicht. Da Sie sie und ihre Art kennen, begleiten Sie den Fortschritt ihrer Arbeit in kurzen Abständen, loben Sie, verbessern selbst, was sie nicht so gut gemacht hat, um sie zum Weitermachen zu motivieren, und geben ihr Zwischenziele vor, bis zu denen sie leichter durchhalten kann. Eigentlich wollte sie ja nur eine Schlange produzieren, weil das einfach ist und schnell geht. Sie überreden sie zu einem Krokodil, auf das sie schließlich (dank Ihres *Trainings*) wirklich stolz sein kann.

Katharina ist die Jüngste und hat noch nie ernstlich Tiere modelliert. Mit großem Eifer ist sie nun dabei. Sie müssen ihr bei ihrem Hasen natürlich fast jeden Handgriff erklären. Sie haben ihr zwei Bilder als Vorlagen hingelegt. Wegen ihrer Unerfahrenheit mussten Sie ihr Vorgehen in Einzelheiten *dirigieren*.

Giovanni schließlich ist zwar sprunghaft, aber sehr engagiert. Mit seiner technischen Begabung hat er schnell und völlig selbständig die Käfige für alle gebastelt. Aber mit dem Modellieren eines Hundes hatte er sich noch nie abgegeben. Sie müssen ihn situationsgebunden, also *differenziert führen*: Bei den Ställen erklären Sie ihm nur Ihre Vorstellung vom Ganzen, delegieren also die Aufgabe an ihn. Beim Modellieren dagegen benötigt er Ihre intensive Hilfe, Sie müssen ihn dirigierend führen.

Führen bedeutet auch Rücksicht nehmen

Wir haben in diesem Beispiel gesehen, dass es *mehrere Führungsstile* gibt. Sie verstehen sich eigentlich von selbst. Jede Mutter kann das. Und Sie haben das bei diesem Kindergeburtstag ebenfalls richtig gemacht. Zusätzliche Führungsstile kennt man nicht einmal in den obersten Führungsetagen von modernen Weltfirmen: Auch da hat sich herumgesprochen, dass man mit Befehlen allein nicht sehr weit kommt.

Man muss diese Erkenntnis sehr begrüßen. Und man muss sie im Betrieb sehr viel ernster nehmen, als Ihnen das bei meiner Schilderung der Kinderparty vorgekommen sein mag. Ich wollte ja nur zeigen, wie allgemeingültig diese Erkenntnis ist. Denken Sie auch an die Schule.

- Nur bei störrischen Mitarbeitern muss man *befehlen*.
- Wenig erfahrene Mitarbeiter muss man natürlich engmaschig überwachen und ihre Aktivitäten *dirigieren*.
- Wo es noch an der ausreichenden Übung fehlt, muss man das richtige Verhalten *trainieren*.
- Motivierte Nachwuchskräfte mit guter Ausbildung benötigen lediglich noch *Unterstützung*.
- An erfahrene Mitarbeiter werden Sie geeignete Aufgaben vertrauensvoll *delegieren*.

Ihrem Einfühlungsvermögen wird auch nicht entgehen, dass mancher Mitarbeiter *differenziert* geführt werden sollte. Er hat *mehrere Aufgaben* zu erfüllen, und es ist kein Wunder, dass er einige davon noch nicht, andere schon perfekt beherrscht. Das Beispiel vom kleinen Giovanni sollte diese Situation abbilden. Ihre emotionale interpersonale Intelligenz wird Ihnen in der Regel den für die aktuelle Situation geeigneten Weg zeigen.

● Die Wahl des optimalen Führungsstils richtet sich nach dem speziellen Können und der Einstellung (Motivation) des Nachgeordneten. Verstandesmäßige *und* emotionale Kompetenz sind von Bedeutung.

Als „geborene" Führungskraft haben Sie bisher wahrscheinlich ganz intuitiv richtig gehandelt, wenn Sie Ihre Mitarbeiter anleiteten. Es ist ganz klar eine Frage der *Empathie*. Man muss spüren, wann das eigene Verhalten beim anderen ankommt, was man ihm zumuten kann oder sollte. Und es ist damit natürlich eine Frage der *Erfahrung*, wann und wie man das angestrebte Ergebnis am besten erzielt. Ihre emotionale Intelligenz wird auf diese Erfahrungsbilder in Ihren Gedächtnisspeichern zurückgreifen und dann die optimale Strategie für die aktuelle Situation auswählen, wie wir das schon in Kapitel 18 besprachen.

Ihr Gefühl wird Ihnen sagen, dass die Mitarbeiter mit Freude dabei sein sollten. In diesem Sinne müssen Sie sie anleiten, also *führen*. In diesem Sinne müssen Sie ihnen die Arbeit ermöglichen. Und damit sind wir auch schon wieder bei den angeborenen Bedürfnissen. Das hatten wir im vorhergehenden Kapitel. Es bleibt bedeutungsvoll.

Vergleichen Sie diese Schilderung des Führens einen kurzen Augenblick mit dem Verhalten eines schlechten Chefs, der Sie ja hoffentlich nicht sind. Er ordnet an, sachlich oder herrisch. Wenn er irgendwelches „ja, aber" im Verhalten der Untergebenen spürt, unterdrückt er dieses sofort, indem er noch bestimmter, härter, lauter wird. Dann rauscht er davon in Erwartung einer perfekten Ausführung …

Man geht heute noch ein Stück weiter. Man erwartet von der guten Führungskraft, dass sie eine Art *Resonanz* bezüglich der

Einstellung zur Arbeit und ihren Zielen zu erzeugen vermag. Beide sollten *auch motivationsmäßig* gleich schwingen, auf der gleichen Wellenlänge voran wollen. Angestrebt wird eine Art Motivation durch gemeinschaftliches Wollen, falls Sie sich darunter etwas vorstellen können. Gefordert wird jedenfalls ein sehr aufwändiges Eingehen auf den Nachgeordneten.

• Führen ist eine Art emotionales Judo: Sie müssen die Kräfte des anderen erkennen und dann für Ihre eigenen Zwecke einsetzen.

Stellen Sie sich vor, dass Sie eine Mannschaft in Ihrem Sportverein auf ein Turnier vorbereiten. Sie werden dann diese Art der Führung mittels Resonanz dringend benötigen. Von der psychologischen Tagesform des Teams wird der Sieg abhängen. Sie müssen bei allen *den gleichen* Willen zum gemeinsamen Sieg entfachen. Alle werden ein „Wirgefühl" spüren, wenn sie emotional gleich schwingen.

Aber vermutlich werden Sie sich insgeheim fragen, wer denn so viel Zeit für Rücksichtnahmen auf Nachgeordnete hat im üblichen hektischen Tagesgeschäft. Wer hält das lange Zeit durch? Und rentiert sich das letztlich? Es gibt belegte Beispiele für den Erfolg dieses Vorgehens aus sehr großen Weltfirmen.

Lehnen Sie sich einen Augenblick zurück und vergleichen Sie die beiden Bilder. *Resonanz*, also das Mitschwingen der Emotionen der anderen, die *erzeugt* einer, der Führer. Um *Synchronisation* der Gefühle, mit der wir das Phänomen der Sympathie in Kapitel 15 erklärt haben, *bemühen* sich beide Partner.

Auch Delegieren erfordert emotionale Kompetenz

Der Begriff „Delegieren" wird im Zusammenhang mit der Führungsfähigkeit auch in einer anderen Bedeutung verwendet als oben bei den Führungsstilen. Man sagt, gute Führung erweise sich an der Fähigkeit, zu *delegieren*. Damit ist gemeint, dass man möglichst viele Aufgaben an andere übertragen und diese

Menschen dann lieber richtig führen solle, anstatt alles selber machen zu wollen und schließlich in der Fülle der Pflichten und Tätigkeiten unterzugehen. Durch umsichtiges Delegieren kann man sich sehr viel Zeit und auch den Kopf freihalten und ist dennoch effektiver – wenn man die gewonnene Zeit auf bessere Führung verwendet.

Angesprochen ist damit nicht nur das Organisationstalent, das sich die Arbeit vom Halse hält, angesprochen ist auch die Fähigkeit, *gute Mitarbeiter zu gewinnen*, die überhaupt zur selbständigen Durchführung solcher Aufgaben fähig sind, und gemeint ist die innere Größe, ihnen zu *vertrauen*.

Das führt nun aber noch zu einem weiteren psychologischen Aspekt, der die Führung von Nachgeordneten betrifft. Wenn Sie zum Beispiel eine gewisse Führungsaufgabe an einen tüchtigen Mitarbeiter übertragen möchten, müssen Sie herausfinden, ob dieser Mitarbeiter das überhaupt will. „Downward Delegation" von Entscheidungsbereichen bedeutet nämlich für den Nachgeordneten nicht nur Ehre und eine höhere Machtposition. Der neu gewonnene Entscheidungsfreiraum bedeutet für ihn auch *Verantwortung*.

Nicht jeder möchte sie übernehmen. Denn er muss ein gutes Stück sozialer Geborgenheit und Sicherheit aufgeben. Er wird exponiert sein. Verantwortung bedeutet auch Risiko. Seine Position wird instabil. Vielleicht möchte er also ablehnen. *Aber* er muss sich bei seinem Vorgesetzten für das Vertrauen bedanken und möchte sich auch keine Nachteile durch eine Absage einhandeln. Er wird diese Nöte also nicht herausplaudern. Seine Einstellung müssen Sie spüren und dann erfragen. Er braucht Ihren Rat und Zuspruch. Vielleicht wird er dann doch zustimmen, weil er weiß, dass Sie ihn verstehen und ihm (zunächst) helfen werden.

Vielleicht sollte ich hier kurz die thematische Grenze aufzeigen, um nicht missverstanden zu werden: Im *fachlichen* Bereich sollte man den Mitarbeiter natürlich auch nicht überfordern.

Aber das ist eine Frage der *rationalen* Intelligenz, die wir nicht diskutieren wollen.

Sie wissen es auch ohne meine Beispiele: Es erfordert Empathie, die Mitarbeiter zu verstehen, es erfordert emotionale interpersonale Intelligenz, mit Ihnen richtig umzugehen. Vermutlich meinen Sie, selbst alles wenigstens weitgehend richtig zu machen. Sie sollten sich Ihrer Sache nie zu sicher sein. Vielleicht täuschen Sie sich. Vielleicht denken und fühlen Ihre Mitarbeiter oder Ihre Kinder ja ganz anders. Versuchen Sie, irgendwie objektives Feedback zu bekommen. Sie wissen ja längst, dass Sie störende Eigenarten bei einiger Ausdauer ändern könnten, und dass Sie dadurch Lebensqualität gewinnen.

Wenn Sie keinen Vertrauten haben, der Sie objektiv genug kritisiert, und wenn Sie eine offene Diskussion über Ihren Führungsstil mit Ihren Mitarbeitern scheuen, müssen Sie wenigstens selbst in Gedanken die obigen Führungsstile bei jedem Ihrer Mitarbeiter durchgehen (oder bei anderen Nachgeordneten, bei von Ihnen abhängigen Kindern). Dann überlegen Sie in Ruhe und losgelöst von jedem Alltagsärger mögliche Optimierungen und deren Auswirkungen. Anfangen müssen Sie bei den Kollegen, bei denen Sie spüren, dass die Kommunikation nicht ganz reibungslos funktioniert. Wahrscheinlich bitten Sie dann um ein Gespräch unter vier Augen …

Der Begriff „Führen" muss natürlich viel weiter gefasst werden. Er bezieht sich nicht nur auf die Art, wie man die Nachgeordneten behandelt. Der Begriff umfasst mindestens noch drei Bereiche.

Grundvoraussetzung für das Führen ist zum Beispiel, dass man selbst *weiß*, was man will. Je konkreter die eigenen Vorstellungen sind, desto verständlicher kann man sie vermitteln. Über eine Führung, die inkonsequent ist oder auch stur, oder die gar keine definitiven Ziele aufstellt, haben Sie sicher selbst geschimpft. Das bezieht sich also auf *Denken* und auf *Entscheidungen*.

Das hat aber mit unserem Thema Emotionen vordergründig nichts zu tun. Allerdings impliziert diese Entscheidung auch zum Beispiel:

● Gute Führung muss stets einen Mittelweg zwischen Konsequenz und Anpassungsfähigkeit an Unerwartetes finden.

Konsequenz und *Anpassungsfähigkeit* sind natürlich Bereiche der emotionalen Kompetenz. Wir haben sie schon im ersten Teil erörtert. Da war das unser Thema.

Zum Zweiten möchte ich hier wenigstens erwähnen, das jemand, der führt und damit *entscheidet*, auch die daraus folgende *Verantwortung* übernehmen muss. Soweit sich Verantwortung auf verstandesmäßige, also auf wirtschaftliche, juristische, gesundheitliche oder andere Konsequenzen bezieht, ist sie wieder nicht unser Thema. Das viel zitierte Verantwortungs*gefühl* ist sehr komplex. Viele Einzelbereiche werden in anderem Zusammenhang abgehandelt, sodass ich die Erörterung des Gesamtbegriffes in einem Textkasten am Ende des Kapitels untergebracht habe. Und auf die Entscheidungsfreude kommen wir in Kapitel 21 zurück.

Ein drittes Feld für Erörterungen ist dann aber, wie man die *eigene Haltung anpassen* will. Wir kommen damit wieder zum Thema des zweiten Teils, weil wir dann nämlich über das zwischenmenschliche, interpersonale *Verhalten* reden.

● Führung erfordert gegenüber dem, den man führen will, Einfühlungsvermögen, also Empathie.

Gut, eigentlich hatten wir das schon. Wie verträgt sich aber solche Einfühlsamkeit mit der Autorität? Wir hatten im vorangegangenen Kapitel festgehalten, dass die Autorität *eine* Wurzel in der Integrität des Verhaltens hat. Eine andere ist nun durchaus der „Draht", den Sie zu den Mitarbeitern aufbauen können.

Autorität beruht auch auf Gegenseitigkeit

Sie wollen Beziehungen zu den emotionalen Bereichen der Nachgeordneten herstellen können, in denen diese zu *beeinflussen* sind. Über *Sympathie* haben wir ja in Kapitel 15 gesprochen. Führungskompetenz benutzt ähnliche *Synchronisierungsprozesse* im emotionalen Bereich, und zwar auch in der Rolle der Autorität.

In heutigen Führungspositionen, zumal wenn man den Begriff auf den außerbetrieblichen Alltag, also zum Beispiel auf die Pädagogik, ausdehnt, ist man selten der „Befehlende" und damit Mächtige, der den anderen *zur Anpassung zwingt* und selbst *seine Allüren auslebt*. Das funktioniert schon in der Familie allenfalls begrenzte Zeit. Anfängliche Unterwürfigkeit wird sich bald zu versteckter Auflehnung und schließlich offener Opposition und Revolte weiterentwickeln.

- Ganz entsprechend ist Autorität keine emotionale Einbahnstraße.

Man unterscheidet ja auch nur ungern zwischen Führung und *abhängig* Beschäftigten. Es hat sich herumgesprochen, dass die Führungspersönlichkeit von Motivation und Mitarbeit der Nachgeordneten *gerade so abhängig* ist, wie diese von ihm. Leistung und Erfolg der Führenden definieren sich aus der Mitarbeit der Geführten. Wir haben das entsprechende Urteil von Topmanagern ja in der Einleitung zum zweiten Teil aus den Abbildungen 13.1 und 13.2 ablesen können.

Klar, Sie wollen im Betrieb wie in der Familie, dass die anderen nicht nur Ihre Argumente verstehen, sondern dass sie sie auch akzeptieren und dabei von einer ähnlichen Motivation beseelt sind wie Sie selbst. Dann üben Sie Ihre Autorität nicht auf dem Boden der Macht aus, sondern *als helfender Freund* oder als Motor für eine gemeinsame Aufgabe. Als solcher können Sie ja trotzdem in gewissen Beziehungen so viel kompetenter sein, dass der andere zu Ihnen als dem anerkannt Besseren aufschaut.

- So gesehen sind Befehlen und Führen zweierlei. Ersteres beruht auf Einschüchterung und Erzeugung von Gehorsam bis Furcht, Letzteres auf Verständnis und gemeinsamer Motivation. Kein Zweifel: Wirkliches Führen ist die langfristig fruchtbarere Zusammenarbeit.

Erinnern Sie sich an das, was wir in Kapitel 17 über das *Beeinflussen* anderer gesagt haben. Rufen Sie sich ins Gedächtnis zurück, was Sie sich da eventuell in Bezug auf das eigene Verhalten merken wollten. Aus dem Blickwinkel des Führens können Sie Ihren „Bedarf" vielleicht etwas präziser eingrenzen. Wenn Sie genügend Zeit haben, nehmen Sie sich doch vor, das Kapitel 17 aus diesem Blickwinkel nochmal durchzusehen.

Wo liegen in dieser Hinsicht Ihre Stärken und Schwächen, wenn Sie Ihr Führen in letzter Zeit überdenken? Wo erwarten Sie Schwierigkeiten bei Ihren nächsten Vorhaben? Achten Sie darauf, wie die anderen reagieren. Hängen sie zustimmend an Ihren Lippen? Drücken sie Ihnen gegenüber Sympathie aus? Dann machen Sie wohl vieles richtig. Vielleicht haben Sie aber doch das Gefühl, dass da ein spöttischer Zug um einen Mund war, vielleicht blickten viele weg oder verbargen absichtlich unvollständig Kritik und Zorn? Werden die Teenager gar zu ausfallend?

Wahrscheinlich ist hier ein weites und fruchtbares Feld für künftige Hubschrauberperspektiven auf das Verhältnis zwischen Ihnen als Führendem und den Geführten. Sie erkennen das Problem an der Wurzel:

- Sie sollten sich auf die, die Sie führen wollen, einstellen, und das nicht nur argumentativ, also mit dem Verstand, sondern auch emotional, mit Ihrer Empathie.

Man muss die Nachgeordneten nicht nur von der Richtigkeit der eigenen Ideen überzeugen, man muss sie dafür auch *moti-*

vieren können. Und dazu muss man nicht nur ihre bisherigen Gedanken und Denkgewohnheiten durchschauen, sondern eben auch ihre innere *Einstellung* und ihre Art, emotional zu reagieren und sich zu verhalten.

Vielleicht haben Sie es so noch gar nicht gesehen, dass Sie sich als Führender nicht selten auch an die Geführten bis zu einem gewissen Grade *anpassen* müssen. Aber wenn Sie heute zum Beispiel Jugendliche wirkungsvoll führen wollen, müssen Sie einfach deren moderne Trends *verstehen* können. Sie sollten wenigstens die wichtigsten ihrer Vorlieben, Schwärmereien, Abneigungen usw. kennen.

- Sie müssen, ja Sie dürfen dabei Ihre eigenen berechtigten Grundsätze nicht aufgeben.

Aber Sie müssen auf die zu Führenden im Denken und Fühlen irgendwie *zugehen*.

Was aber für Jugendliche richtig ist, gilt für kleine Kinder oder für Nachgeordnete aus einer anderen sozialen Schicht oder aus einem anderen Land oder Glaubensbereich in analoger Weise. Auch diese müssten Sie zunächst gut verstehen. Man sollte es sich vornehmen. Es gehört auch zur Kunst, besser zu leben.

Führen ist eine anspruchsvolle Aufgabe

In der Tat, Führen jeglicher Art ist nicht einfach ein Job. Es ist eine außerordentlich vielseitige *Aufgabe für eine Persönlichkeit*. Wir haben von der nötigen Durchsetzungsfähigkeit gesprochen, von der Beachtung der Fähigkeiten, aber auch des Fühlens, der Wünsche, der Bedürfnisse der Nachgeordneten, vom Gespür für die eigene richtige Einstellung zu ihnen, davon, dass das alles nötig ist, um sie zu motivieren und einen Gleichklang, eine Resonanz mit dem eigenen Wollen herzustellen.

Viele Menschen sind für Führungsaufgaben geeignet, aber nur einige *können es wirklich*. Diese haben eben die entsprechende emotionale Intelligenz ...

Ja, ja, ja, ich weiß, dass es allmählich lästig wird, wenn ich immer wieder darauf hinweise und hinzufüge, dass Sie wie alle anderen eine entsprechende Kompetenz erwerben oder verbessern können. Aber vielleicht kann ich ja doch einige Leserinnen und Leser, die sich bisher nicht angesprochen fühlten, auf wichtige Chancen hinweisen.

Vielleicht tröstet es nicht nur, sondern spornt an: Nachholbedarf in Führungsfähigkeiten haben eigentlich sehr viele Leute. Schauen Sie einmal in die Medien. Es gibt eine erstaunlich große Zahl selbstgerechter, selbstzufriedener, ja selbstherrlicher Leute in den oberen Rängen der Führungspositionen, nicht nur in der Politik oder Wirtschaft, sondern überall: Wissenschaft, Sport, Kunst. Wenn diese Leute wirklich *keine* heimlichen Zweifel an ihrer Rundumkompetenz haben, ist es allenfalls gut für ihr Selbstvertrauen und ihre Gesundheit. Es müssen ja auch nicht Selbst*zweifel* sein. Aber mehr Selbst*kritik* würde fast jedem gut anstehen und würde weniger Stress und damit mehr Gesundheit für ihre Umgebung bedeuten. Wir hatten das Thema Selbstkritik ja schon mehrfach, und es wird uns nochmal beschäftigen.

Und zwar gleich im nächsten Kapitel. Es wird sich überwiegend mit wichtigen Fehlern befassen, die Führenden unterlaufen können. Sie richten Schäden an, die man vermeiden kann, wenn man sie erkennt und ihnen entgegenarbeitet.

Was konnten Sie sich aus Kapitel 19 merken?

- Das Streben nach Macht hat viele Varianten, aber es ist dem Menschen angeboren.

- Jede Position ist irgendwie eine Machtposition, zum Beispiel die Rolle, die man in einer Diskussion spielt.

- Geschicktes Führen beginnt mit Rücksichtnahme auf die Fähigkeiten der Nachgeordneten.

- Führungsstile reichen vom vertrauensvollen Delegieren bis zur eingehenden Unterstützung und dem gezielten Training.

- Delegieren von Aufgaben erfordert Organisationstalent, aber auch mitfühlende Betreuung des Beauftragten.

- Führen bedarf der Konsequenz einerseits und der Anpassungsfähigkeit an Unerwartetes andererseits.

- Ohne Verständnis für die emotionale Konstellation ist der Erfolg von Führungsbemühungen gefährdet.

- Autorität kann auf dem Boden der Macht, aber auch im Sinne eines helfenden Freundes ausgestrahlt werden.

Ist Ihnen schon ein persönliches Ziel eingefallen?

- Die Form, in der Sie Ihren Machttrieb durchsetzen, könnte auch in kleinen Dingen für Ihre Mitmenschen lästig, eventuell sogar abstoßend sein. Also: Konsequenz und Durchsetzungsvermögen z. B. in Diskussionen sind durchaus legitim. Aber Sie könnten sich um eine konziliantere Abwicklung bemühen. Achten Sie gezielt auf die Reaktionen der anderen. Trainieren Sie verträgliche Umgangsformen. Bismarck soll seine Verhandlungstaktik so apostrophiert haben: „Höflich bis zur letzten Sprosse, aber gehenkt wird er."

- Delegieren von Aufgaben an Nachgeordnete ist die eine Seite einer guten Führung. Die Betreuung dieser Nachgeordneten die (wichtigere) andere. Also: Nehmen Sie sich gezielt vor, sich um diejenigen intensiv zu kümmern, die von Ihnen komplexe Aufträge bekommen. Beobachten Sie deren nonverbale Äußerungen, bis Ihnen das Gespür für deren emotionale Probleme selbstverständlich wird.

Darüber sollten Sie einmal kurz, aber ernsthaft nachdenken:

Wer immer von Ihnen irgendwie geführt wird: Hat er oder sie ein eher freundschaftliches oder kameradschaftliches Verhältnis, oder basiert es eher auf ängstlichem Respekt oder irgendeiner Abhängigkeit? Und welchen Anteil hat Ihr Verhalten daran?

Das Gefühl für Verantwortung und das für Pflicht

Haben Sie inzwischen mal über *Verantwortung* nachgedacht? Im Textkasten in Kapitel 2 war das Thema bereits angeschnitten: Nur wer einen freien Willen hat und frei entscheiden kann, kann auch Verantwortung tragen – und dann natürlich auch zur Verantwortung gezogen werden. Wir diskutierten eine philosophische und dann mehr formale, juristische Definition.

Man sagt mit gutem Grund aber auch, dass man sich für etwas oder für jemanden verantwortlich *fühlt*. Woher kommt so ein Gefühl? Es mag einen Zusammenhang geben mit den Gefühlen, die man gegenüber seinen Nachkommen empfindet. Über den Mutterinstinkt haben wir schon in Kapitel 9 gesprochen.

Das Gefühl für Verantwortung hängt natürlich auch immer mit dem Entscheiden und dem Handeln zusammen. Aus Erfahrung und anderen Informationen kennt man verschiedene Folgen daraus. Und auf der Basis dieser Erfahrung, nach Screening der abgespeicherten Erinnerungsbilder, sagt einem die emotionale Intelligenz, welche Konsequenzen zu erwarten sind. Und sie wertet natürlich auch, ob aus dieser Sicht die jetzige Entscheidung gut ist oder nicht.

Wenn ich voreilig entschieden habe, ohne die äußeren Bedingungen genügend abzuklären, habe ich ein ungutes Gefühl, weil ich das damit verbundene *Risiko* für den Erfolg kenne. Wenn ich ohne die Zustimmung meines Partners entschieden habe, bin ich tiefer in die Hoffnung auf Erfolg eingebunden, weil ich nicht nur das Misslingen, sondern auch noch *eventuelle Vorwürfe fürchte*.

Das Gefühl für Verantwortung basiert auf solchen emotional begleiteten Erwägungen. Hätte nämlich umgekehrt mein Partner *ohne mich* entschieden, hätte er nicht nur objektiv die Verantwortung als solche im forensischen Sinne, sondern *ich* hätte wahrscheinlich auch nicht das *Gefühl* der Verantwortung für diesen Vorgang, würde mich unschuldig *fühlen*.

Mit dem Gefühl für Verantwortung ist auch das *Gewissen* verknüpft. Wir hatten es zusammen mit den Annahmen besprochen, die sich auf das forensische und gesellschaftliche Ergebnis von Handlungen beziehen, für die es ethische Vorgaben zu berücksichtigen gilt (Kapitel 9). Das Wissen um die Folgen einerseits und die damit verbundenen Annahmen andererseits mögen zu einem *Bewusstsein* um die Verantwortung für die *Folgen* führen.

Das Verantwortungsgefühl wird damit zu einem inneren *Warner*, einem wichtigen Korrekturfaktor. Er veranlasst uns, die Folgen einer Handlung zu bedenken und *Rücksicht* zu nehmen.

Wir hatten in Abbildung 17.2 gezeigt, dass man vor einer Entscheidung (dort zur Leistung) die Risiken einerseits und den *persönlichen, emotionalen Vorteil* andererseits abwägt. Das Gewissen wie auch das Gefühl für Verantwortung sind mit dieser Entscheidung verknüpft. Offenbar sind beide Gefühle nur situationsbezogene Varianten des gleichen emotionalen Bewertungsvorganges im Gehirn.

Während das Verantwortungsgefühl also eindeutig die *intrinsische* Motivation korrigiert und überwacht, bezieht sich das *Pflichtgefühl* eher auf Vorgaben, die *von außen* kommen, auf Gesetze oder sehr spezielle Anordnungen Einzelner.

Damit ist es keineswegs eine reine extrinsische Motivation. Etwas wird einem als Pflicht vorgegeben. Man empfindet es als verpflichtend, macht es sich also selbst zur Pflicht. Es wird eine selbst gewollte, innerlich bejahte Aufgabe. Ryan und Deci haben Verantwortung und Pflicht als mäßig starke intrinsische Motivation eingestuft (Abb. 18.2).

Beide, Verantwortungs- und Pflichtgefühl, sind nicht selbstverständliche Vorzüge eines jeden Menschen. Es dürfte ein Fenster im Jugendalter geben, in dem diese Eigenschaften bewusst gemacht und geübt werden können (vgl. Kasten Kap. 5). Wer mit Führungsaufgaben betraut wird, sollte sich um diese Kompetenzen bewusst kümmern.

20 Auch Führungskräfte machen Fehler

Liebe Leserin, lieber Leser, vielleicht sind Sie ja etwas weiter oben in der Hierarchie Ihres Betriebes und haben daher mehrere Abteilungen unter sich. Oder Sie gehören vielleicht dem Direktorium einer größeren Schule an, in der es mehrere Parallelklassen gibt. Sie werden sich dann Gedanken machen, warum einzelne Abteilungen weniger Leistung bringen als die anderen.

In der Schule sind die Meinungen geteilt. Für die einen ist sonnenklar, dass mal wieder mehrere unbezähmbare Schüler zusammenkamen. Die Klasse ist schwierig, einige Schüler stören alle anderen. Wenn man allerdings die Eltern der wilden Schüler fragen würde, liegt die Schuld eindeutig bei der zuständigen Lehrkraft, sie kann sich nicht durchsetzen, kann die Schüler nicht motivieren.

Im Betrieb dagegen ist es immer die verantwortliche Leitung, die zuständig für die Leistung der Abteilung ist. Wir hatten das Problem schon angeschnitten.

Wer das Führen nicht kann, sollte es lernen können

Was würden Sie tun, wenn eine derartige Funktionsschwäche in einer Abteilung in Ihrem Einflussbereich festgestellt würde? Sie würden wohl zunächst mit dem zuständigen Abteilungsleiter reden. Der beteuert natürlich, dass er sich so sehr anstrengt, wie er kann und wie er es gelernt hat. Sie sehen das vermutlich ein und finden es wahrscheinlich angebracht, professionelle Hilfe in Anspruch zu nehmen. Sie werden ihm nahe legen, doch mal zu einem Managementtraining oder einem entsprechenden Seminar zu gehen.

Vermutlich waren auch Sie schon bei Führungsseminaren. Dann wissen Sie, dass der Lehrstoff dort meistens nach so genannten Leistungsfaktoren eingeteilt ist. Eine Zusammenstellung aus den Programmen von drei verschiedenen Lehrprogrammen finden Sie in der Abbildung 20.1. Die Trainingsinhalte habe ich in dieser Liste danach geordnet, ob sie eher Funktionen des Verstandes oder der emotionalen Intelligenz ansprechen. Soweit der *Verstand* betroffen ist (oberer Teil der Liste), wird Ihr Mitarbeiter den Stoff bald beherrschen. Er sollte ihn nochmals zu Hause wiederholen und kann ihn dann künftig anwenden. Vielleicht wird es fortan besser, vielleicht fehlte ihm da der letzte Schliff.

Abb. 20.1: Zusammenstellung von so genannten Erfolgsfaktoren mehrerer Managementtrainer. Die obersten drei sind eine Domäne des *Verstandes*. Man kann sie sich im Rahmen eines Seminars aneignen.
Die unteren zwei Drittel betreffen überwiegend die *emotionale* Kompetenz. Für die Korrektur und Verbesserung derartiger Fähigkeiten gilt hinsichtlich der Technik und dem zeitlichen Ablauf das zu Abb. 7.1 Gesagte. Es genügen nicht Einsicht in die Zusammenhänge und guter Wille. Man muss für eine nachhaltige Änderung seines Verhaltens die zugrunde liegenden Begriffe und Erlebnisbilder zusammen mit neuen emotionalen „Markern" lernen. Sie sind das Material, mit dem die emotionale Intelligenz unabhängig vom Verstand sozusagen „automatisch" Entscheidungen fällt.

Soweit allerdings Bereiche der *emotionalen* Kompetenz auf dem Lehrplan stehen, wie sie sich auf den unteren zwei Dritteln der Liste finden, wird das Ihren Mitarbeiter zwar sehr interessieren, er wird vermutlich sehr erhellende Anregungen auch für die anderen mitbringen und entsprechend motiviert sein, aber das alles wird nicht lange anhalten, selbst wenn er bei einem sehr berühmten Trainer war, der einen riesigen Saal voller Zuhörer in Schwung brachte mit seinen Sprüchen und Übungen. Sie wissen schon, warum: Nachhaltig kann man seiner *emotionalen* Intelligenz nur genügend Informationen bereitstellen, wenn man diese ausdauernd trainiert. Das haben wir ja in Kapitel 7 ausführlich besprochen.

In diesem Kapitel soll uns eine ganz andere prinzipielle Frage des Trainings von Führungskräften beschäftigen. Muss man sie wirklich immer wieder antreiben, damit sie sich zu immer neuen Höchstleistungen steigern? Tun sie das nicht sowieso? Führungskräfte? Fachliche und spezielle *Weiterbildung* brauchen sie sicher gelegentlich. Aber Motivation zu immer aktiverer Performance? Wohl nur die, die gegen ihre Neigung auf den Posten gebracht wurde. Und dann haben wir eine Versetzung an eine andere Stelle schon als bessere Lösung kennen gelernt.

Wenn ich aber die guten Eigenschaften kaum mehr steigern kann, sollte ich auch mal sehen, ob nachteilige Eigenschaften stören und abgebaut werden können. Oft dürfte es effektiver sein, gewisse *Fehler* in ihrem Verhalten abzustellen, mit denen Führer ihre *nachgeordneten Mitarbeiter irritieren* oder sonst am Erbringen von guten Leistungen *hindern*.

Eine Führungskraft, die sich *nicht anstrengt*, muss ich wohl antreiben, klar. Eine Führungskraft, die in gewissen Bereichen *noch unerfahren* ist, muss ich unterstützen, muss ich ausbilden. Daran ist kein Zweifel. Aber diese Taktik kommt schnell an ihre Grenzen. Mehr als persönliche Bestleistungen kann keiner erzielen.

Nur allzu oft mangelt es an ausgewogener sozialer Kompetenz

Wenn es dann mit der Leistung der Abteilung trotzdem nicht klappt, haben Sie auf das falsche Ende der Skala gesetzt. Die Führungskraft müht sich gemäß ihren Kräften, aber sie hat charakterliche, soziale Probleme. Was sie gewissermaßen vorne mit dem Verstand besonders gut zu machen versucht, macht sie hinten mit ihrem inakzeptablen Verhalten wieder kaputt. Sie sollten sich mal bei den Mitarbeitern umhören. Meistens ist da *Sand im Getriebe der kollegialen Zusammenarbeit.*

- Die unzureichende Leistung einer Abteilung hängt von ihrem Chef ab, aber meistens, weil er sich gegenüber seinen Mitarbeitern ungeschickt oder unkorrekt verhält, und viel seltener, weil er sich selbst nicht genügend einsetzt.

Natürlich gibt es auch schwierige Mitarbeiter. Aber wenn die menschlichen Beziehungen in einer Abteilung insgesamt schlecht sind, liegt das mit überwiegender Wahrscheinlichkeit am *Chef*. Sein Einfluss ist nämlich viel größer, ihn kann man nicht einfach ausgrenzen wie einen kleinen nachgeordneten Quertreiber. Das ist also nicht nur so eine Redensart. Die Gründe liegen im Bereich der emotionalen Kompetenz, und damit sind wir wieder beim Thema. Wir wollen uns mal die emotionale Kompetenz des Abteilungsleiters ansehen.

Vielleicht haben Sie am Ende von Kapitel 16 den Textkasten über das Testen der emotionalen Intelligenz gelesen. Dann wissen Sie schon, dass es auf den Querschnitt derselben kaum ankommt. Natürlich gibt es Menschen, die *im Durchschnitt* eine hohe emotionale Kompetenz haben. Es sind vielleicht viele Ihrer Freunde darunter. Aber es gibt auch andere, bei denen der Durchschnitt erstaunlich niedrig liegt, die sich also gerade *nicht* durch eine Vielfalt von vorbildlichen positiven Charaktereigenschaften auszeichnen. Meistens wissen sie es sogar selbst. Unsere Testungen haben das gezeigt.

Kein Mensch ist perfekt. Vielleicht haben Sie auch einen Blick auf die *Vielfalt* der Facetten der intrapersonalen (Textkasten in Kapitel 5) oder der interpersonalen emotionalen Intelligenz (Textkasten in Kapitel 17) geworfen und dort auch erfahren, dass kein Mensch in allen diesen Feldern wirklich gut sein kann.

Viel wichtiger ist nämlich im täglichen Miteinander, dass es *innerhalb* der Liste der individuellen Kompetenzen eines Menschen sehr oft große Schwankungen gibt. Die Abbildung 20.2 soll das verdeutlichen. Wenn jemand eine *Führungsposition* erreicht hat, hat er schon mal überdurchschnittliches Durchsetzungsvermögen bewiesen. Er hat sicher Talente im Bereich von Führungsfähigkeit, Einschüchterung, Überzeugung oder Beeinflussung, und oft ist er strebsam und ehrgeizig. Aber es mag durchaus an anderen menschlichen Qualitäten fehlen, die man gerade bei exponierten Persönlichkeiten ebenfalls erwartet.

Abb. 20.2: Individuelle Ausprägung der interpersonalen Intelligenz: Begabung und Intelligenz sind auch im emotionalen Bereich unterschiedlich verteilt. Das gilt natürlich auch für die erworbenen Kompetenzen. Zur Demonstration sind eine Testperson mit sehr gleichmäßiger Fähigkeitsverteilung (grau) und eine mit isolierten Kompetenzen im Bereich der Führungsfähigkeit (schwarz) und Kompetenzlücken in anderen „menschlichen" Bereichen dargestellt. Ein Manager mag beachtliche Führungskompetenzen haben (Einschüchterung?!) und trotzdem dem einzelnen Mitarbeiter unsympathisch erscheinen. Aus praktischen Erwägungen kann man die reichlich zwei Dutzend Facetten der emotionalen Intelligenz (siehe Abb. 16.1) und ihre rund 150 verschiedenen Schattierungen auf zehn Fähigkeiten zusammenfassen und dabei auch zweckdienlich gewichten.

• Je steiler die Karriere gerade bei jungen Aufsteigern, desto weniger ausgeglichen ist oft das Spektrum der landläufig unter „Charakter" eingestuften Kompetenzen.

Und das stört bei einem vermeintlichen Vorbild besonders. Sie kennen natürlich Beispiele. Falls Sie aber selbst eine steile Karriere hinter sich haben, sind Sie wahrscheinlich mit Recht darauf stolz. Ich gratuliere Ihnen. Aber – es gehört zu meiner Rolle in diesem Buch, unter vier Augen nachzufragen, ob Sie wirklich der Ansicht sind, dass Sie in Ihrer jetzigen Position allen Anforderungen und allen Erwartungen entsprechen, speziell Ihren eigenen, und ob Sie Ihre Chancen ausreichend nutzen. Damit Ihre Selbsteinschätzung bei der Realität bleibt, habe ich die Abb. 20.3 eingefügt.

fehlende Selbstdisziplin	**(81%)**
mangelhafte Akzeptanz von Kritik	**(70%)**
fehlende Motivation zur Weiterbildung	**(50%)**
Unfähigkeit zur Kooperation	**(40%)**
*(jenseits der **kognitiven** Schwellenqualifikation!)*	

Abb. 20.3: Ausbildungsbedarf bei den *leitenden* Mitarbeitern aus der Sicht ihrer Arbeitgeber: Nicht nur Untergebene bemängeln die mangelnde soziale Kompetenz ihrer Vorgesetzten. Sie wird offenbar auch von deren Arbeitgebern für unzureichend erachtet. Sie hat mit Fachwissen nichts zu tun, von dem diese Persönlichkeiten alle ein nicht geringes Mindestmaß (Schwellenqualifikation) bei ihrer Einstellung vorweisen konnten. Mängel in der Persönlichkeitsstruktur werden zunehmen, wie man aus den wachsenden Problemen in Vorschule und Schule sowie bei der Einstellung von Lehrlingen ableiten kann. Baldiges und nachhaltiges Gegensteuern ist notwendig (Harris Education Research Council 1991).

Sicher haben Sie sich mehr als einmal im Leben über einen Vorgesetzten geärgert, vielleicht haben Sie gerade jetzt das Problem. Mir ist es natürlich ebenso gegangen.

Wenn es die vorgesetzte Führungskraft nur an der nötigen Sensibilität gegenüber *gesellschaftlichen Umgangsformen* wie Pünktlichkeit oder Zuverlässigkeit fehlen lässt, kann die

Mannschaft sich damit abfinden. Sie kann es sich ebenso gemütlich machen. Ein gewisser Schlendrian mag dort, wo Kreativität gefragt ist, sogar Vorteile haben.

Aber die notwendige Vertrauensbasis ist zerstört, wenn sich beim Vorgesetzten *charakterliche Fehler* häufen wie launische und zynische „Herrenmanieren" oder gar Ungerechtigkeit und Unehrlichkeit. Dass die soziale Kompetenz der Mitarbeiter in Form von Toleranz das zunächst ausgleichen wird, dass die Mannschaft zusammenrückt und Eigeninitiative entwickelt, haben Sie auch erlebt.

● Ohne die kompensierende Toleranz und soziale Kompetenz der Nachgeordneten würden Verhaltensfehler der Vorgesetzten in vielen Abteilungen zu schweren Arbeitsbehinderungen führen.

Aber irgendwann wird dann das Ausgleichspotenzial der Mitarbeiter überstrapaziert. Die Führungsfehler können eventuell zu einem sich selbst verstärkenden (positiv rückgekoppelten) Teufelskreis werden. Die Abbildung 20.4 soll das verdeutlichen.

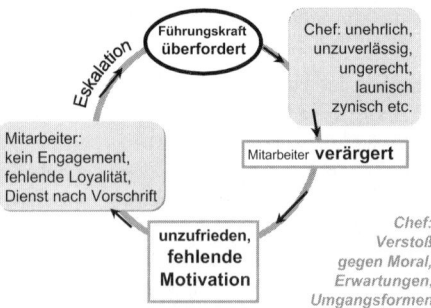

Abb. 20.4: Mangelhafte Führungskompetenz macht sich vornehmlich bemerkbar in Verstößen gegen die Umgangsformen, die Moral oder die Erwartungen der Mitarbeiter an diese Führungsfunktion. Sie führt in jedem Falle zur emotionalen Reaktion des oder der Mitarbeiter. Mangelt es der Führungskraft an Sensibilität gegenüber diesen Reaktionen und steuert sie nicht sofort dagegen (interpersonale emotionale Intelligenz!), kommt es zur Eskalation im Sinne eines Circulus vitiosus. Die Möglichkeiten des Mitarbeiters, auf die Führungsfehler zu reagieren, sind vielfältig, bleiben aber häufig lange Zeit unterschwellig.

Von der Stimmung in einer Abteilung hängt deren Leistung ab

Die Variationsbreite derartiger sozialer Interaktionskrisen ist groß, die drei wichtigsten Reaktionen der gestressten Mitarbeiter sind in Abbildung 20.5 skizziert. Ich könnte weitere anführen, zum Beispiel Mobbing als versteckte Gewalt. Einige Gedanken zum Thema Aggression finden Sie am Ende des Kapitels.

Interaktionskrisen müssen durchaus nicht immer in eine Eskalation münden oder gar in offenen Streit und persönlichen Hass ausarten. Aber jeder hat schon erlebt, dass dann alle Betroffenen und Nichtbetroffenen herumstehen, den neuesten Vorfall weitererzählen und alte Geschichten wieder aufwärmen, jedenfalls aber nichts leisten.

Abb. 20.5: Variierende Reaktion der Mitarbeiter bei mangelnder Führungskompetenz: Emotionale Interaktionen im Betrieb können natürlich sehr vielseitig sein und betreffen häufig auch nicht einen einzelnen Mitarbeiter. Chronischer Stress kann zu krankhaften Reaktionen führen. Hier hat der Untergebene das Hauptproblem, u. U. sogar bleibende Schäden. Ist er in der Lage, sich innerlich gegenüber dem als falsch empfundenen Führungsverhalten abzugrenzen, wird er sich auf eine Position zurückziehen, die ihn psychologisch nicht mehr beeinträchtigt, vielleicht sogar kräftigt (Trotzreaktion, vermehrte Selbstachtung infolge Gegenwehr).

● Jeder kleine Ausrutscher der Führungskraft wird, wenn sie
   erst einmal als Ziel ausgemacht ist, zum Anlass für endlose
   Diskussionen zwischen den Mitarbeitern, die sehr viel Arbeitszeit kosten.

Und sie ziehen unweigerlich einen zusätzlichen Abfall der Leistung nach sich, bedingt durch die Resignation der Enttäuschten.
So was wirkt nach, bei jedem Einzelnen. Denken Sie an die
Abhängigkeit der Leistung von der Stimmung. Und die ganze
segensreiche Motivation geht verloren, deren positiven Effekt
wir in Kapitel 18 als Produkt der angeborenen Bedürfnisse kennen gelernt haben.

Versetzen Sie sich in die Rolle (in Ihre Rolle?) der Führungskraft. Sie haben ein doppeltes Problem: Zum einen geht die
Leistung Ihrer Abteilung zurück. Dinge werden fehlerhaft oder
zu spät erledigt oder bleiben einfach liegen. Zum anderen erfahren Sie von den Ursachen der Missstimmung nichts. Keiner sagt
Ihnen die Wahrheit. Keiner traut sich. Direkt nachfragen? Man
würde Ihre Unbeholfenheit verspotten, wenn Sie jeden Freitag
fragen würden: „Was habe ich in der Woche falsch gemacht?"

Aber dafür haben Sie Ihre *Empathie*, notfalls zunächst vereint
mit bewusster Aufmerksamkeit. Ein Unterton in der etwas zu
schnippischen Antwort, ein betont zu tiefes Luftholen, eine
hochgezogene Augenbraue – nonverbale Äußerungen genügen
für das Gefühl, dass etwas im gegenseitigen Verhältnis nicht
mehr in Ordnung ist.

Achten Sie künftig gezielt darauf, um frühzeitig eine Disso-
nanz zu erkennen. Am besten sind ganz direkte Überraschungs-
fragen: „Irgendwas passt Ihnen nicht. Was ist es?" Nicht nur
Ihre Sekretärin, auch Ihre Freunde oder Ihr pubertierender
Sohn würden dann noch am ehesten mit ihrer Meinung heraus-
rücken.

Mir fällt da gerade das „Peter-Prinzip" wieder ein, das wir im
vorigen Kapitel erwähnten: Jemand erweist sich nach der Beförderung als *fachlich* inkompetent. Er bekommt dann auch *emo-*

tionale Probleme, haben wir gesagt. Aber: Er könnte durch die Beförderung auch in eine Position hineingestellt werden, die nicht seine fachliche, sondern seine *soziale Kompetenz* überfordert. Vielleicht merkt er das nicht einmal. Man sollte dieses *emotionale* Peter-Prinzip auch mal studieren.

Die so genannte *innere Emigration* ist sicherlich die wichtigste Folge einer ungeschickten Führung (siehe auch den Textkasten). Der Mitarbeiter macht nur noch so viel, wie er unbedingt muss. Er kennt nicht nur seine Rechte, sondern auch seine Pflichten, und auf deren Erfüllung beschränkt er sich. In den Betrieben nimmt die Zahl derer, die sich nicht mehr für die Sache oder für den Betrieb einsetzen, die nur noch auf den Feierabend warten, stetig zu.

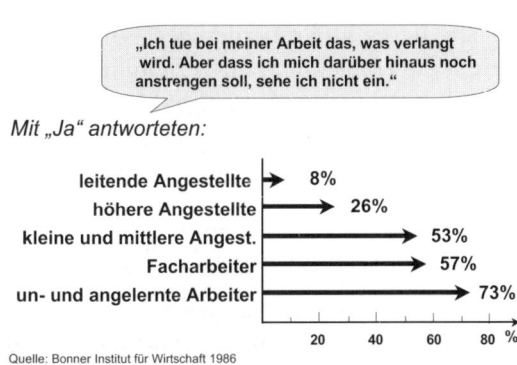

Abb. 20.6: Innere Emigration ist die stille mentale Verweigerung einer engagierten Leistung: Die Häufigkeit der „inneren Emigration" ist von Betrieb zu Betrieb sehr unterschiedlich hoch. Die betroffenen Mitarbeiter fallen nur bei genauer Analyse auf, weil sie sich, wenn sie sich einmal in die Rolle hineingefunden haben, also nicht mehr emotional reagieren, ausgesprochen angepasst verhalten. Sie sind korrekt und pünktlich, tun allerdings nur so viel und nur das, was notwendig ist, um nicht aufzufallen. Mit wachsamem Auge verfolgen sie Führungsprobleme, die ihre Haltung rechtfertigen könnten.

In den *Schulen*, wo der Begriff bislang noch nicht üblich ist, war die Zahl innerer Emigranten wohl schon immer hoch. Schon die alten Römer mahnten: „Non scolae sed vitae discimus", also man solle nicht für die Schule (als Institution beziehungsweise für deren Prüfungen) lernen, sondern *für das Leben*. Dafür will man die Schüler motivieren, dafür müssten sie eine *intrinsische Motivation* entwickeln. Aber sie ziehen sich „aus verschiedensten Gründen" auf ihre Pflichten zurück, die sie im Bestehen der Prüfungen sehen. Allerdings sei zur Ehrenrettung der engagierten Schule angemerkt: Projektiertes „Firmenziel" der Schule ist durchaus die Ausbildung bis zur *Reife für das Leben*. Und die Schüler wissen das.

Ich formulierte eben: Aus „verschiedensten Gründen" ziehen sie sich in die innere Emigration zurück. In der Wirtschaft heißt es klar:

- Die inneren Emigranten werden in der Firma gemacht, und schuld daran ist die jeweilige Führung.

Gibt es wirklich dieses Junktim zwischen – formulieren wir es mal vorsichtig – ungeschicktem, nicht zielführendem Verhalten der Leitung und dem inneren Aussteigen der Nachgeordneten? Man hat Letztere befragt. Die Abbildung 20.7 zeigt die häufigsten Nennungen. Werfen wir einen Blick darauf.

Weshalb ich mich nicht mehr engagiere:

- ungenügender Informationsfluss vom Vorgesetzten: 97%
- Entscheidungen ohne Einbezug der Mitarbeiter: 95%
- Führungskraft kann Gruppenkonflikte nicht lösen: 82%
- Fehler im Führungsverhalten des Vorgesetzten: 81%
- keine Sinn-Vermittlung durch das Unternehmen: 71%
- zu viel bürokratische Organisation: 71%

Abb. 20.7: Ursachen der inneren Emigration, Ergebnisse einer strukturierten Untersuchung in zahlreichen großen Betrieben (Krystek u. a. 1995): Punkt 3 bis 5 sind ganz überwiegend Domänen der emotionalen Intelligenz, bei den übrigen fehlt es jedenfalls am Gespür für die Bedürfnisse der Mitarbeiter. Diese reagieren dann ihrerseits emotional, sodass das ganze Phänomen als Fehlreaktion im Bereich der emotionalen Kompetenzen einzuordnen ist.

Vertrauensvolle Mitbestimmung könnte die innere Emigration verhindern

Wie Sie in der Abbildung sehen können, wurden höchst aufschlussreiche Gründe für die Enttäuschung von fast allen Mitarbeitern genannt: Sie hätten sich gerne engagiert, wären gerne eng eingebunden gewesen in das Betriebsgeschehen. Man hat ihnen *nicht genug Informationen* geben wollen, man hat über ihre Köpfe entschieden, sie fühlten sich behandelt wie dumme Jungen. So etwas verärgert. Und dann macht alles keinen Spaß mehr, man sucht sich etwas Interessanteres.

Besser als in dieser Abbildung kann ich Ihnen wohl kaum zeigen, wie Sie es richtig und wie Sie es falsch machen können, wenn Sie in irgendeiner Führungsrolle stecken. Je besser der Mitarbeiter ist, desto eher möchte er mitmachen, Anteil nehmen, sich einbringen. *Gerade die Besten* werden Sie zuerst vor den Kopf stoßen, wenn Sie antiquierte, streng hierarchische Lenkungsgewohnheiten beibehalten, wenn Sie glauben, Ihre Rolle nur dann gut spielen zu können, wenn Sie die Nachgeordneten auf Distanz halten, wenn Sie Ihren Informationsvorsprung kultivieren, um dadurch die Machtposition zu stärken. Es stimmt, *Information bedeutet Macht.*

Warum berichten Sie nicht über Ihre Gedanken und Sorgen, die Sie sich vor Entscheidungen machen? Unter dem Siegel der Verschwiegenheit – dann fühlen die Mitarbeiter sich *einbezogen und aufgewertet.* Dann werden sie mitdenken. Falls keine bessere Idee kommt, können Sie immer noch alleine entscheiden. Aber emotional haben Sie dann Ihre Mitarbeiter hinter sich. Vielleicht sogar mit der *Resonanz*, über die wir in Kapitel 19 gesprochen haben.

• Waches Interesse am Geschick des eigenen Arbeitsplatzes ist eine der wichtigsten Tugenden der Mitarbeiter und Voraussetzung für engagierte Mitarbeit. Das Interesse kann aber nur durch reichliche Informationen wach gehalten werden.

Sie denken jetzt hoffentlich an das angeborene Bedürfnis nach Mitbestimmung oder nach sozialer Zugehörigkeit. Wir sollten uns auch an das erinnern, was schon in Kapitel 17 zum Thema *Autorität* gesagt wurde. Autorität zu haben und zu behalten ist heute schwierig, weil man das nicht mehr mit hoheitsvollem Abstand, sondern in vertrauensvollem Kontakt fertig bringen soll.

Ich möchte mit Rücksicht auf eilige Leser nicht den Fehler begehen, das Thema Autorität nochmal breitzutreten. Wir sollten uns stattdessen mit der dritten und vierten Zeile der Abbildung 20.7 genauer befassen. Offensichtlich werden sehr häufig (81%) mehr oder weniger berechtigte Ansprüche an das *Führungsverhalten* gestellt. Es ist ein sehr allgemeiner Begriff in diesem Zusammenhang. Aber es spüren doch wohl sehr viele Mitarbeiter einen Mangel in dieser Hinsicht, was unter anderem auf die große Bedeutung dieses Kapitels hinweisen mag.

Dass die Führungskräfte dann offenbar nicht in der Lage waren, Konflikte zu lösen, gibt zu denken. Leider wurde in dem Fragebogen nicht zwischen sachlichen und emotional bedingten Konflikten unterschieden. Aber auf beiden Gebieten ist es für jemand, der Anspruch erhebt, führen zu können, ein beschämendes Ergebnis, so wenig Kompetenz bescheinigt zu bekommen. Wir werden im nächsten Kapitel auf das Thema Konfliktlösung eingehen, auch in einem Textkasten.

Ich muss zunächst aber auf den Sinn dieses Buches zurückkommen. Er kann ja nicht darin liegen, Munition zu liefern für das Kritisieren von Führungskräften. Wir wollen uns darauf besinnen, wie wir an unserem eigenen Verhalten arbeiten können, wie wir unsere Umwelt für alle lebenswerter machen, um uns selbst darin wohler zu fühlen.

Gutes Führen beginnt bei uns selbst

Überlegen Sie also doch zunächst so selbstkritisch wie möglich, welche Besonderheiten Ihres eigenen Verhaltens die Durchführung Ihrer Führungsaufgaben erschweren könnten. Fast die ganze Palette dessen, was wir in den voraufgegangenen Kapiteln besprachen, ist hier gefragt. Wo sollen wir anfangen?

Bei der *Selbstbeherrschung* zum Beispiel. Warum? Denken Sie an Ihre *Vorbildfunktion*. Haben Sie sich ausreichend in der Gewalt, etwa so, wie Sie das bei Ihren großen Vorbildern bewundern? Als Führungspersönlichkeit werden Sie ja viel eingehender und kritischer beobachtet und beurteilt, als wenn Sie ein Gleichberechtigter wären. Nicht nur Ihr Auftreten und Ihr Kommunizieren mit anderen bestimmt, was die anderen von Ihnen halten. Auch hinsichtlich der in Kapitel 6 diskutierten Bedeutung der Selbstbeherrschung für *moralisch* richtiges Verhalten stehen Sie nun im Rampenlicht. Die Konsequenzen besprechen wir im nächsten Kapitel.

Aber an die Schwierigkeit von *Selbstkritik* möchte ich doch erinnern. Denken Sie an die Fehler anderer Ihnen bekannter Führungspersönlichkeiten, die Ihnen auffielen, Ihnen vielleicht zu schaffen machten. Sie selbst wollen es ja nun besser machen, schon um erfolgreich zu sein. Aber man fühlt sich dann auch besser.

Also was haben Sie oder hatten Mitschüler und Kollegen an Ihren jetzigen oder früheren Vorgesetzten, an Lehrern oder Lehrherren, an Eltern oder Tanten und Onkeln auszusetzen gehabt? Schreiben Sie die Namen am besten auf einen Zettel. Nehmen Sie bei jedem nur die Hauptkritik, und schon haben Sie eine ganze Liste von Fehlern. Eine bemerkenswerte Mängelliste sogar, denn Sie fanden sie ja bei bedeutenden Persönlichkeiten in Vorbildpositionen. Und nun kann Ihre hoffentlich wache Selbstkritik mühelos einige Punkte herausheben, die auch bei Ihnen so etwas wie eine Achillesferse sind. Entschuldbar wahrscheinlich und nicht nur auf Sie alleine zutreffend, aber immerhin.

Ich weiß, Sie werden sich selbst in einer stillen Stunde prüfen, möglichst bald. Und Sie werden sich natürlich zu fragen haben, was Sie ändern können. In diesem Zusammenhang möchte ich die vorletzte Zeile in der Abbildung 20.7 ansprechen: *Sinnver-mittlung durch das Unternehmen.*

Es wird nicht spezifiziert, wofür der Sinn vermittelt werden sollte. Für die Aufgaben des Unternehmens? Besonders in gro-ßen Unternehmen stelle ich mir das schwierig vor. Man muss die Antwort wohl anders herum deuten: Zwei Drittel sahen kei-nen Sinn (mehr) *in der Arbeit,* die sie sich selbst einmal gewählt hatten. Man hat ihn ihnen irgendwie ausgetrieben. Vielleicht hat man auf ihre angeborenen Bedürfnisse keine Rücksicht genommen. Vielleicht hat man sie spüren lassen, dass sie ein unbedeutendes Rädchen sind, das auswechselbar ist. Dadurch war ihre Arbeit nur noch ein Job zum Geldverdienen.

Ich kann diesen Sinnverlust nachvollziehen, halte ihn aber für ein schlechtes Argument, wenn es darum geht, ob man sich für die eigene Aufgabe einsetzen soll. In meinen Vorträgen versuche ich daher, die Argumentation in eine mehr grundsätzliche Rich-tung zu lenken:

- *Einen* Sinn gibt es immer: die *eigene* Lebensqualität.

Wenn man acht Stunden täglich an einer Arbeitsstelle zubringt, sollte man das nicht nur für den Wert des Geldes tun, das man dafür kriegt. Man sollte darauf sehen, dass sich dieser große Anteil an der *Lebenszeit* im Rückblick wirklich gelohnt hat. Also sollte man *Freude* an dem gehabt haben, was man machte, jedenfalls überwiegend. Und nachher *stolz darauf* sein, wenigs-tens zufrieden.

Diese Lebensqualität auch in der Arbeitszeit kann kein Arbeitnehmer einfach einfordern. Sie ist nicht selbstverständ-lich. Sie steht nicht im Arbeitsvertrag. *Jeder muss selbst etwas dafür tun.*

Aber *Ihre* Aufgabe als Führungskraft ist es, diesen Sachver-halt Ihren Mitarbeitern klar zu machen, verständlich darzustel-len, zur Aufgabe zu machen. Mit Reden und Aufrufen werden Sie das nicht schaffen. Gemeinsam müssen Sie die Bedingungen dafür entsprechend planen und arrangieren. Wir haben ja zahlreiche Möglichkeiten unter dem Thema *angeborene Bedürfnisse* in Kapitel 18 schon abgehandelt. Immer wieder müssen Sie sich und die anderen daran erinnern. Gerade in widrigen Zeiten. Wenn alle schon verzweifeln und aussteigen wollen. Genau dafür muss eine Führungskraft Überstunden machen, dafür muss sie sich einsetzen. Nicht nur wegen der letztlich besseren Leistung. Nahziel ist eine Art „Wohlfühlfaktor" der Mitarbeiter, ist das *Arbeitsklima*. Sonst sagen Ihnen Ihre Mitarbeiter am Ende, „die Leitung" hätte ihnen keinen ausreichenden Sinn vermitteln können, und deshalb seien sie nun frustriert. Und in der Zwischenzeit haben sie palavert und ineffektiv gearbeitet. Und das hat Ihr Image als Führungskraft beeinträchtigt.

Vielleicht sind Sie persönlich aber gar keine Führungskraft und arbeiten nicht in einem großen Unternehmen, sondern allein, vielleicht „nur" im Haushalt? Egal. Um möglichst viel Lebensqualität herauszuholen, muss jeder sich bemühen. Er kann sich mit anderen zusammentun, denn das Umfeld muss ja auch stimmen. Aber wer diesen (riesigen) Gewinn will, muss selber Kraft, Energie, Ausdauer, Zeit investieren. Vorher muss er nachdenken, Ziele ausmachen und eine Strategie entwickeln. Ich wollte Ihnen einige Anhaltspunkte vorschlagen.

Man kann den Vorschlag auch provozierend formulieren:

• Scheuen Sie sich nicht, Ihre Intelligenzen für puren Egoismus einzusetzen. Aktivieren Sie sie, um Ihren angeborenen Bedürfnissen zur Entfaltung zu verhelfen.

Vordergründig gesehen ist das egoistisch, *Eigennutz*. Das Wunderbare daran ist, dass das anderen Menschen dann auch zugute kommen kann, zum Beispiel als gutes Arbeitsklima. Wenn alle sich so verhalten würden und dadurch zufrieden und ausgeglichen wären, hätten auch alle einen Vorteil. Allerdings unter einer Voraussetzung: Keiner darf den Eigennutz so weit treiben, dass er die Rechte anderer einschränkt. Dafür braucht man zusätzlich noch *soziale Kompetenz*. Das Paradies auf

Erden hat Schönheitsfehler dadurch, dass es da auch noch Pflichten durch die Rechte der anderen Menschen gibt.

Aber erlauben Sie mir noch eine letzte Bemerkung zur inneren Emigration und den Fehlern der Vorgesetzten. Natürlich werden Sie jetzt nicht jede Unlust, schon gar nicht Ihre als psychosomatisch gedeutete Krankheit auf gewisse moralische Webfehler Ihres Vorgesetzten schieben können. Das Verhalten anderer Kollegen, widrige Arbeitsbedingungen oder persönliche außerbetriebliche Probleme könnten ja auch gehäufte Migräneanfälle oder Bauchgrimmen verursachen, wenn diese Beschwerden denn überhaupt eine psychische Ursache haben.

Dass die morgendlichen Bauchschmerzen Ihres Töchterchens auf solche Ursachen zurückzuführen sein *könnten*, haben wir schon in ganz anderem Zusammenhang angesprochen. Aber wenn der Krankenstand oder die Personalfluktuation in der Ihnen anvertrauten Mannschaft deutlich höher sein sollte als im übrigen Betrieb, egal, ob generalisiert oder bei Einzelnen, sollte das gelegentlich Anlass zum Nachdenken sein.

Ohne Feedback über das eigene Führungsverhalten geht es nicht

In vielen Betrieben verlässt man sich allerdings heute nicht mehr auf Selbstkritik und Vermutungen, also darauf, dass Sie irgendwann mal mit diesem Nachdenken anfangen. Man organisiert ein regelmäßiges „Mitarbeiter-Feedback". Wahrscheinlich kennen Sie das. Für die anderen Leser erkläre ich es schnell.

Man verteilt an alle Mitarbeiter Fragebögen, auf denen das Verhalten des direkten Vorgesetzten hinsichtlich Führungskompetenz, sozialem Engagement, Informationsverhalten, Sorge um Weiterbildung, aber auch ethisch korrektem Vorgehen abgefragt wird. Der Nachgeordnete soll auf rund 30 Fragen gezielt und wertend antworten durch Vergabe von mehr oder weniger Punkten. Aus den Beurteilungen aller Teammitglieder, die anonym oder auch namentlich abgegeben und sogar noch zusätzlich kommentiert werden können, werden Mittelwerte ermittelt. Diese werden dann zunächst mit dem Abteilungsleiter und dann in der Gruppe so offen wie möglich besprochen. Häufig wird ein externer Psychologe die Diskussion moderieren. Ziel ist es, Verbesserungsmöglichkeiten zu erarbeiten.

Wer von derartigem Vorgehen das erste Mal hört, wird vielleicht kaum glauben, dass so was funktioniert und für die Führungskräfte zumutbar ist. Es ist bezeichnend, dass zum Beispiel viele Hochschulprofessoren sich strikt gegen eine Beurteilung ihrer Lehrerfolge durch die Studenten wehren. Mir selbst war dergleichen vor einigen Jahrzehnten auch noch nicht vorstellbar.

Heute gibt es Firmen, in denen derartige Beurteilungen der Führungskräfte durch ihre Mitarbeiter im ganzen Betrieb bekannt gemacht, sogar am schwarzen Brett ausgehängt werden. Alle leitenden Angestellten haben damit exzellente Informationen über das Echo ihres Verhaltens und eine stete Motivierung zu dessen Optimierung. Die Höhe gewisser Prämien kann damit in Beziehung stehen. Das Arbeitsklima ist vorbildlich. Fast alle Beurteilten erhalten erfahrungsgemäß von Jahr zu Jahr bessere Wertungen. Wer wiederholt nicht gut abschneidet, wird sich einen anderen Arbeitgeber suchen (müssen) – zum eigenen Seelenfrieden, zum Wohle des Betriebsklimas und zur Freude der Firmenleitung.

Wahrscheinlich werden Sie in Ihrem Umfeld eine solche Datenerhebung erst mal nicht inszenieren wollen. Aber es wird Ihnen einleuchten, dass Nachgeordnete gewisser Führungsfiguren zweckmäßig Gelegenheit bekommen sollten, irgendwann *ihren Dampf kontrolliert abzulassen*, falls der sich aufgestaut hat und nicht mehr stillschweigend verdrängt werden kann. Sie könnten ihre Beschwerden natürlich beim obersten Chef oder beim Personalrat anbringen, ehe sie sie am Stammtisch hinausposaunen. Vorwürfe, Dementis, sogar Repressionen und weitere Probleme sind damit aber fast schon vorprogrammiert.

Sehr viel besser ist es dann doch, wenn die Meinungsäußerung rechtzeitig abgefragt wird, und wenn dies dann ganz frei, im stillen Kämmerlein durch gezieltes Ankreuzen wohl überlegter, schon vorformulierter Fragen geschieht, und wenn die ganze Palette von Antworten dann zu einer friedlichen und produktiven, weil professionell moderierten Aussprache führt. Der Gewinn kann für alle groß sein, wenigstens kurz- und mittelfristig. Für langfristige, nachhaltige Änderungen wäre dann ein Selbstmanagement in der Gruppe, wie Sie es in Kapitel 7 kennen gelernt haben, sicher ideal. Die Langzeitwirkung wird verstärkt, wenn klar ist, dass die Feedback-Erhebungen jährlich wiederholt und miteinander verglichen werden.

Natürlich kann man das Problem einer Meinungserfassung – besonders in kleinen Gruppen – auch weniger formalistisch strukturiert angehen. Wenn Sie ohnehin ein sehr gutes Verhältnis zu Ihren nachgeordneten Mitarbeitern haben, wenn Sie ehrliche Rückmeldungen im Rahmen eines eher kameradschaftlichen Verhältnisses im täglichen Miteinander erhalten und akzeptieren, brauchen Sie natürlich das ganze Verfahren nicht. Alles hängt an der emotionalen Kompetenz der Beteiligten, hier zum Beispiel an der Kontaktfreudigkeit und -fähigkeit des Vorgesetzten.

Sie werden mir jetzt vielleicht entgegenhalten, dass doch rein psychologisch gesehen ein direktes Gespräch immer besser sei als eine Kommunikation auf schriftlichem Wege. Damit haben Sie im Prinzip sehr recht. Wenn ein Vorgesetzter erst mal anfängt, tägliche Anweisungen und Klarstellungen und Rundschreiben an seine direkten Untergebenen zu verschicken, ist das Verhältnis schon gestört, ja zerstört.

Aber im Falle des Mitarbeiter-Feedbacks werden schriftlich nur *Informationen* abgefragt. Sie sind die Grundlage für dann sogar sehr offene *Gespräche*, die ohne diese „objektivierte" Basis nicht so effektiv werden könnten. Als Führungskraft brauchen Sie diese vielseitigen Informationen über sich selbst nicht zuletzt als Stütze für Ihre Selbstkritik. Und Ihre Toleranz und

Ihre Aufgeschlossenheit können auch gleich mal getestet werden.

Hoffentlich finden Sie es nicht langsam langweilig, wenn ich so lange über Führungsprobleme in großen Firmen spreche, obgleich Sie gar nicht in einer solchen arbeiten. Wieder sind es Beispiele, die prinzipielle Probleme ansprechen sollen, die auch sonst im Leben – in übertragenem Sinne – beachtenswert sein können. Das gilt jedenfalls für die nächste Kommunikationsstörung.

Von der Angst, die ein Vorgesetzter verbreitet

Warum erhält man in größeren Betrieben *ohne* derartige Fragebogen selten brauchbare Informationen? Nun, die Mitarbeiter haben meist erhebliche Scheu, manchmal konkrete *Angst*, sich gegenüber ihren Vorgesetzten zu äußern. Da sie sich dann ja auch nicht trauen, eine solche Angst zuzugeben, muss man geschickt vorgehen, um die Wahrheit zu erfahren. So hat man unter sehr vielen anderen, ablenkenden Fragen auch gefragt, ob es denn ein Risiko sein könnte, wenn man seinem Vorgesetzten eine schlechte Nachricht überbringt, ob man also fürchten muss, dass er das persönlich übel nimmt. Die Abbildung 20.8 gibt die Ergebnisse einer großen Studie in den größten Firmen der Welt als Grafik wieder.

Wohlgemerkt: Es war nicht einfach nach Angst im Sinne von übersteigertem Respekt vor dem Vorgesetzten, sondern nach *begründeter* Angst gefragt, und nicht nur nach persönlichen Erfahrungen, sondern nach der Meinungsbildung im Betrieb, nach der man sich ja dann auch meistens richtet. Wir können das Ergebnis zunächst auf das anwenden, was wir gerade besprochen haben: Nachteilige Kritik an seinem eigenen Verhalten wird der Vorgesetzte kaum erwarten dürfen, falls man sie nicht anonym einfordert.

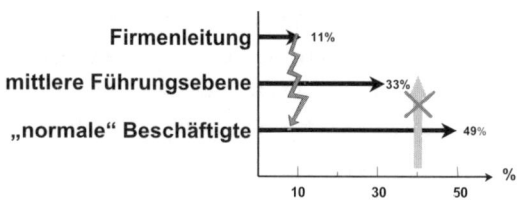

Abb. 20.8: Führungsprobleme: Angst wird oft unbewusst erzeugt und beeinträchtigt dann den Datenfluss im Betrieb. Das Resultat einer Befragung macht wahrscheinlich, dass die Führungsebene nicht selten die Stimmung im Betrieb falsch einschätzen muss, weil sie keine Informationen erhält, und dass sie selber daran schuld ist. Sie kann dies nicht erfahren, weil bei den Nachgeordneten Hemmungen bestehen, den Missstand zu offenbaren. Angst ist hier weniger im Sinne der direkten Emotion als im Sinne einer reflektierten Scheu zu verstehen. Sie steht für zahlreiche Probleme, die Betriebsklima und Leistung mehr oder weniger unbemerkt beeinträchtigen, die aber durch vertrauensvollen Datenfluss und ehrliche Kommunikation zu vermeiden wären (nach W. Jennings 1996, Umfrage bei Fortune-500-Unternehmen).

Wir sollten dann aber nochmal zur Abbildung 20.8 zurückkehren und einen weiteren Schluss aus ihr ziehen. Durch einen Blitz ist die Verbreitung der Angst „von oben" angedeutet.

● Wer in seiner Abteilung, Firma oder auch im Bekannten- und Familienkreis Angst verbreitet und gar schon ungerecht reagiert hat, kann nicht erwarten, kritische Informationen bzw. eine ehrliche Meinung zugetragen zu bekommen.

Auf solche Informationen – nun nicht nur zum eigenen Verhalten – ist aber jede Führung früher oder später *angewiesen*. Anders ist ein Kontakt zur Mannschaft und damit ein gutes Betriebsklima gar nicht aufrechtzuerhalten. Hoffentlich können Sie jetzt sagen, dass es in Ihrem Umfeld keine Probleme dieser Art gibt.

Aber würden Sie das überhaupt bemerken, richtig deuten? Scharf nachdenken und die Reihe der nahe stehenden Mitmenschen durchgehen könnten Sie ja mal ...

Hoffentlich haben Sie also zum Beispiel genügend von jener Form der emotionalen Kompetenz, die wir in Abbildung 17.1 mit *Kontaktfähigkeit* bezeichnet oder mit *Knüpfen von sozialen Netzen* umschrieben haben. Dann nutzen Sie nämlich alle günstigen Gelegenheiten ganz automatisch, um den menschlichen Zusammenhalt in Ihrem Umfeld zu verbessern. Aber Sie wissen ja längst: Wenn Sie – wie viele andere auch – kein Genie in dieser Hinsicht sind, können Sie bei gutem Willen bald eine erfreuliche Kompetenz erwerben.

Eine wichtigere Investition in Ihre berufliche Position können Sie vielleicht gar nicht machen. In der nächsten Beurteilung Ihrer Führungskompetenz könnte sich Ihre Fähigkeit vorteilhaft niederschlagen, in Ihrer Arbeitsgruppe ein Zusammengehörigkeitsgefühl und eine entsprechende kollektive Aufbruchstimmung erzeugt zu haben. Und auf die Konsequenzen für Ihre Lebensqualität muss ich nun wohl nicht mehr hinweisen.

Wir sind in diesem Kapitel ausgegangen von Fehlern, die manche Führungskraft unabsichtlich aufgrund ihrer Persönlichkeitsstruktur macht. Wir haben uns klar gemacht, dass man den gravierenden Folgen nur begegnen kann, wenn man diese Verhaltensmängel mutig und ehrlich aufdeckt. So eine Diagnose gelingt in größeren Betrieben am besten bei strukturierter anonymer Möglichkeit zur Meinungsäußerung.

Wir haben klargestellt, dass man offen darüber reden muss. Es ist eine Frage der gesunden *Unternehmenskultur.* Wir werden diesem Begriff im nächsten Kapitel noch weiter nachgehen. Wir werden dafür zunächst die Charakteristika eines idealen Teams besprechen.

Was konnten Sie sich aus Kapitel 20 merken?

- Die schlechte Effizienz einer Abteilung kann häufiger durch Verbesserung der sozialen Kompetenz der Führungskraft als durch Leistungsappelle korrigiert werden.

- Moralische Führungsfehler demotivieren die Mitarbeiter, kosten ihre Zeit und Konzentration.

- Verärgerung, Verängstigung und Kränkung der Mitarbeiter kann in einen Teufelskreis führen.

- Die innere Emigration wird meistens von der Führungskraft verursacht.

- Gerade gute Mitarbeiter emigrieren innerlich, wenn man sie nicht informiert und von der Mitbestimmung ausschließt.

- Nicht die Entlohnung, sondern die eigene Lebensqualität sollte Ansporn zur Optimierung der Arbeitsbedingungen und damit auch der Leistung sein.

- Wer seine Führungskompetenz ausbauen will, braucht objektives Feedback über die Meinung seiner Mitarbeiter.

- Wer bei seinen Mitarbeitern Angst verbreitet, wird Fehler machen, weil er zu wenig Informationen bekommt.

Ist Ihnen schon ein persönliches Ziel eingefallen?

- Vorgesetzte neigen dazu, möglichst viele Informationen zurückzuhalten, solange Entscheidungen nicht reif sind (nicht nur im Betrieb!). Geführte wollen aber mitentscheiden. Durch Einbeziehung in aktuelle Probleme steigt ihr Engagement. Also: Sie müssen nicht alle Geschäftsgeheimnisse preisgeben. Aber Sie könnten sich ein Gefühl dafür angewöhnen, dass das Interesse nicht der Neugier, sondern einer Anteilnahme entspringt. Versuchen Sie das sehr positiv zu sehen und immer häufiger zu würdigen.

- Ständige Verängstigungen bedeuten für viele Mitmenschen chronischen Stress. Er kann u. a. zu psychischen Fehlhaltungen führen. Von Ihnen sollte keine Angst ausgehen. Also: Überlegen Sie, wie Sie durch gelegentliche freundliche und beruhigende Worte Stress vermeiden, durch häufiges Lob motivieren können. Machen Sie sich einen Plan und trainieren Sie eifrig, bis solches Verhalten zur Selbstverständlichkeit wird.

Darüber sollten Sie einmal kurz, aber ernsthaft nachdenken:

Wahrscheinlich haben Sie schon überlegt, welche Ihrer Bekannten in der inneren Emigration sein könnten. Denken Sie über die wahrscheinlichen Ursachen nach. Vielleicht wollen Sie mit ihnen diskutieren? Haben Sie Einfluss auf die Ursachen oder auf die resultierende Einstellung?

Unterdrückung der Freiheit führt zu Aggressivität

Freiheit, Autonomie, Selbstbestimmung, das sind *fundamentale Grundbedürfnisse* des Menschen. Man kann die Phylogenese der Arten beschreiben als eine Entwicklung von der Abhängigkeit von Umwelt und Standort hin zur autonomen Bewegung, zur freien Handlung, zum freiem Denken und Planen, also zur Freiheit. Es ist der Weg vom kriechenden Weich- oder Schalentier zu den frei fliegenden Vögeln. Der *Mensch* repräsentiert das Erreichen der höchsten Stufe, die Freiheit der *Gedanken*. Er verteidigt seine Freiheit mit allen Mitteln. Sie ist ihm zum *Bedürfnis* geworden. Er revoltiert (unbewusst) gegen jeden Versuch der Einschränkung.

Es muss keine handgreifliche Gegenwehr sein. Wer an der Abreaktion *gehindert* wird oder sie nicht wirksam beenden kann, empfindet weiterhin *Groll*. Der Groll kann abgespeichert und bei analoger Gelegenheit wieder erinnert werden. Diese Erinnerung trägt dann einen besonders starken „emotionalen Marker". Sie kann dadurch die nächste Reaktion verstärken, im Vergleich zum Anlass ist sie dann unangemessen stark.

Der Groll kann wiederholt entstehen, wenn man sich nie abreagieren darf: Er kann sich immer mehr anhäufen, anwachsen, kann dann unter Umständen explosiv, ohne adäquaten Grund ausbrechen („Gefühlsstau").

Oder der angehäufte, aber konsequent unterdrückte Groll erzeugt ein *Gefühl der Ohnmacht*: Das Selbstbewusstsein wird beeinträchtigt, vielleicht werden sogar krankhafte Reaktionen ausgelöst (Stress, Kap. 6). Das Phänomen findet sich weltweit – ein Abwärtstrend der psychosozialen Gesundheit der Menschheit: vermehrte Aggressivität einerseits, krankhafte Fehlreaktionen andererseits.

Bei Raubtieren kennen wir den Begriff der *Fluchtdistanz*: Kommt ihnen ein Feind zu nahe, sodass die Erfolgsaussicht einer Flucht zu gering wird, greifen Sie auch einen übermächtigen Gegner an.

In Analogie dazu wird die These von Fromm verständlich, dass das Gefühl von Ohnmacht oder von Ungerechtigkeit der *Sprengsatz der Destruktivität* ist, der Ursprung einer sonst unverständlichen, explosiven Auflehnung, einer rücksichtslosen Zerstörungswut unter Umständen. Wir finden sie *nicht* bei Tieren und halten daher den Menschen für grundsätzlich schlechter. Wenn man allerdings das Bedürfnis nach Freiheit für legitim oder gar für eine krönende Tugend des Menschen hält, ist dieses Urteil zu überdenken.

Natürlich geht das *Ausmaß* der Bedrohung mit ein in jede Entscheidung zur Gegenwehr. Wer *stärker* gereizt wurde, greift eher an. In diesem Sinne wird die *wiederholte* Demütigung, wird der potenzierte *Groll* den Reiz verstärken. Je gedrängter die Menschen zusammenleben, desto wahrscheinlicher werden Krisen.

Die subtilste Form ständiger Unterdrückung wird ausgerechnet von unserer *Zivilisation* produziert, die eigentlich das Leben erleichtern soll. Unzählige Vorschriften, Regeln, Gesetze hindern jeden von uns ständig daran, seine Wünsche auszuleben, weisen ihn in vorgegebene Schranken, lassen das Ausschwingen der affektiven Gegenwehr nicht zu. Dies kann zu Stau von Groll und Wut führen. Aber die Konventionen verbieten, diese Wut zu zeigen. Erst diese *Unmöglichkeit* führt zu unerwarteter, unadäquater Destruktivität, bei Jugendlichen mehr als beim erwachsenen Befolger von Vorschriften.

Viele Autoren haben diese psychologische Belastung durch die „permanente Repression durch die Zivilisation" sicher erheblich überschätzt. Das Jammern darüber war geradezu Mode. Das Kompensationsvermögen des menschlichen Gehirns ist nämlich gewaltig. Es kann abreagieren durch rationales Verarbeiten, es kann kompensieren durch Freude, es kann vergessen bzw. dazulernen.

Aber man muss die *Gefahr* sehen, muss ihre Möglichkeit ernst nehmen, muss Eskalationen einkalkulieren: körperliche

Gewalt als Mittel der Unterdrückung in Erziehung, Ehe, Milieu, überall dort, wo man schon mal im Kleinen ausrastet. Besonders in der *Erziehung* sind Schäden möglich, falsche Prägungen des Individuums, das sich gerade entwickelt. Und wenn ständige Unterdrückung eine entsprechend krankhaft veranlagte *Führungs*persönlichkeit trifft, können die Nachteile für die ganze Welt riesig werden.

Fromm hat es pointiert: „Zivilisation führt zum Krieg." – Wenn wir die emotionale Intelligenz *nicht* nutzen, um diese Zivilisation zu verbessern, möchte ich ergänzen.

Wissenswertes – Nachdenkliches

Innere Emigration: Die intrinsische Motivation fehlt

Unter innerer Emigration bzw. innerer Kündigung versteht man, dass der Mitarbeiter sein Engagement für die Aufgaben am Arbeitsplatz verliert, also zu besonderer Leistung nicht mehr motiviert ist.

Aus psychologischer Sicht kann man zwei Reaktionsformen unterscheiden. Etwa 20% der inneren Emigranten sind enttäuscht, oft sogar depressiv. Sie sind daher meistens zu erkennen, und man kann dann mit ihnen reden.

Die große Mehrheit allerdings denkt über ihren Zustand nach und kommt zu dem Schluss, dass sie sich zwar nicht mehr anstrengt, aber dass sie sich auch nichts zuschulden kommen lassen will. Diese Mitarbeiter sind häufig besonders pünktlich und korrekt, kennen ihren Aufgabenbereich und die damit verbundenen *Pflichten* überaus genau, kennen allerdings auch ihre Rechte. Nicht selten werden sie wegen vorbildlicher Haltung befördert. Für Betriebsberater sind sie die ideale Informationsquelle bezüglich Schwachstellen aller Art.

Ursache ist praktisch immer die Führungsebene: *„Innere Emigranten werden gemacht"*. Entweder hatte die Führungskraft entsprechend dem in Abb. 20.4 und 20.5 beschriebenen Teufelskreis keine ausreichende soziale Kompetenz bewiesen, oder der Mitarbeiter war zwar im rationalen Bereich („nicht in Entscheidungen einbezogen", Abb. 20.7) vor den Kopf gestoßen worden, reagierte dann aber seinerseits emotional.

Es sei ausdrücklich darauf hingewiesen, dass dieses Phänomen differenziert gesehen werden muss. Es ist zum Beispiel zu vermuten, dass das klinische Personal in einem Krankenhaus hinsichtlich seiner originären Aufgaben am Patienten ein weit überdurchschnittlich hohes berufsethisches, also emotionales Engagement entwickelt. Aber im Segment der Verwaltungsaufgaben kommt es zu massiver Frustration und zur Verweigerung jeglicher intrinsischer Mitarbeit. Diese „partielle" innere Emigration wird in Abb. 20.9 angedeutet. Ihre Ursache ist dann also nicht in der Führungsebene, sondern in *außerbetrieblichen Konstellationen* zu erblicken.

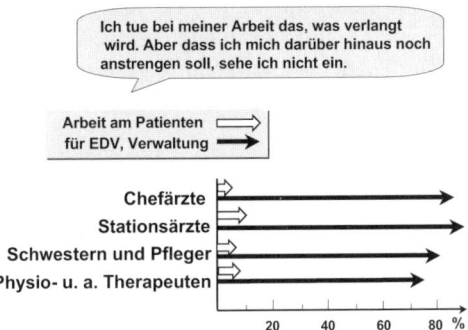

Abb. 20.9: Zur differenzierten Beurteilung der inneren Emigration. Schätzungen der Einstellung der Mitarbeiter gegenüber Aufgaben in der Pflege einerseits und Verwaltungsaufgaben andererseits: Der Mitarbeiter wird nicht selten sein persönliches Engagement nur einzelnen Teilaufgaben entziehen. Das Prinzip ist für das Klinikpersonal mit frei geschätzten Werten angedeutet. Es wird unterstellt, dass weitaus die Mehrheit sich voll hinter die patientenbezogenen Aufgaben stellt, während Begeisterung für Verwaltungspflichten grundsätzlich selten ist, zumal deren ständige Vermehrung in keinem Verhältnis zum denkbaren Nutzen steht.

Eine Führungskraft benötigt *Informationen* und ausreichende *Sensibilität*, um den Trend rechtzeitig erkennen und dann gegensteuern zu können, ferner ausreichende *Regelkraft*, um die selbstausgleichende (negative) Rückkoppelung zu bewirken.

In börsennotierten Großfirmen fehlt es andererseits an gegenseitiger *Loyalität*. Loyalität erwartet der Arbeitnehmer vom Shareholder kaum mehr. Man droht ihm vielmehr mit Entlassungen oder Betriebsschließungen bei Anzeichen einer Gewinnminderung, und so sieht er seinerseits wenig Veranlassung zu persönlichem Engagement für diesen entpersonalisierten Arbeitgeber. Übrig bleibt nüchterne Bezahlung von Arbeitszeit, aber dies wird selbst von der Beraterseite häufig als zeitgemäß angesehen.

Die innere Kündigung dürfte dennoch nicht im genuinen Interesse des Arbeitnehmers liegen. Den Nachteil hat letztlich er, der dann acht Stunden seines Tages in geheimem Groll verbringt, jedenfalls ohne Befriedigung seiner angeborenen Bedürfnisse. Die *Lebensqualität* kann wesentlich höher sein, wenn sich die unmittelbar Beteiligten – zweckmäßig im überschaubaren Umfeld der Unterabteilung – für gutes Arbeitsklima und weiterhin engagierten Einsatz zugunsten der angeborenen Bedürfnisse einsetzen.

21 Kollegialität ist eine Team-kompetenz

Stellen Sie sich vor, Sie wurden Zeuge, als jemand aus Ihrem Bekanntenkreis einen schweren Unfall hatte. Zum Unfallort waren ein Rettungswagen mit zwei Sanitätern und ein Notarzt in gesondertem Wagen geeilt. Der Notarzt gab sofort und ganz selbstverständlich seine Anweisungen an die Sanitäter und bat Sie um gewisse Handreichungen.

Dann durften Sie im Rettungswagen mit zur Klinik fahren. Jetzt hatte der eine Sanitäter das Sagen. Auf seine Bitte hin kontrollierten Sie, ob die Infusion regelmäßig lief. Im Krankenhaus angekommen, meldete er dem dortigen Dienst habenden Arzt alles bisher Vorgefallene und was er bei dem Unfallopfer beobachtet und gemacht hatte.

Nun gibt der Diensthabende Anweisungen an das Klinikpersonal. Obgleich es sich offensichtlich um ein erfahrenes und sehr gut eingespieltes Team handelt, melden diese Fachleute dem Diensthabenden ihre Resultate und Beobachtungen und fragen, ob sie nun bestimmte zusätzliche Maßnahmen einleiten sollen. Er ordnet auch an, dass zwei Chefärzte gerufen werden. Sobald diese kommen und über die Lage informiert sind, übernimmt einer von ihnen die „Befehlsgewalt".

● Im Notfall übernimmt der fachlich Beste die Leitung.

Das wurde nicht diskutiert oder angeordnet, Sie beobachteten *selbstorganisierte Unterstellungsverhältnisse*. Sie haben darüber gar nicht weiter nachgedacht. Ihre allgemeine Lebenserfahrung sagte Ihnen, dass das so in Ordnung ist.

Im Krankenhaus herrscht eine klare, selbstverständliche Arbeitsteilung. Meist geht es dort trotz häufiger Hektik sehr kameradschaftlich oder gar demokratisch zu, wenn auch nüch-

terner und ohne die vielen privaten Affären, derentwegen Sie
vielleicht die Fernsehserien spannend finden. Alle sind ja in der
Ausübung ihres Berufes aufeinander angewiesen: der Arzt, die
Schwester, der Techniker, der Verwaltungsfachmann. Da jeder
nur einen Teil der Gesamtaufgabe gut beherrscht, arbeiten sie
meist als *streng arbeitsteiliges Team* zusammen, in dem jeder
weiß und achtet, was der andere kann und zum Gelingen der
Aufgabe beiträgt.

- Aber eines ist immer klar: Im Notfall gilt ganz plötzlich und
  selbstverständlich eine *Hierarchie*, die sich nach Ausbildung
  und Erfahrung richtet. Und klar ist auch, dass der Befehlende
  die *Verantwortung* für Gesundheit und Leben des Patienten
  trägt.

Man kann ihm raten, aber er entscheidet.

Hierarchie oder Team?

Wir können grundsätzlich zwei Organisationsformen unterscheiden: Im *Team* gibt es *keinen* Anführer und *kein* Unterstellungsverhältnis. Ein Team setzt sich zusammen aus Spezialisten
unterschiedlicher Fachrichtungen. Jeder steuert eigenverant-
wortlich sein besonderes Können und Wissen bei zum Gelingen
einer vielseitigen, komplizierten Aufgabe. Der Teamleiter sorgt
für Übereinstimmung und Zielstrebigkeit bei der Arbeit, er entscheidet nicht, er ist kein Direktor.

Unsere tägliche Welt ist dagegen fast immer und überall *hierarchisch* geordnet. In einer *Hierarchie* können auch viele verschiedene Fachleute zusammenarbeiten. Aber sie sind eben
einer Führungskraft *untergeordnet*. Das hat, aus strategischer
Sicht beurteilt, wesentliche Vorteile. Insbesondere können Entscheidungen schneller gefällt werden. Die Einheit ist reaktions-
fähig. *Flexibilität* wird immer wichtiger in der globalen Wirtschaft, ohne sie geht es auch nicht bei einem Notfallpatienten,
nicht einmal im Tageslauf einer großen Familie.

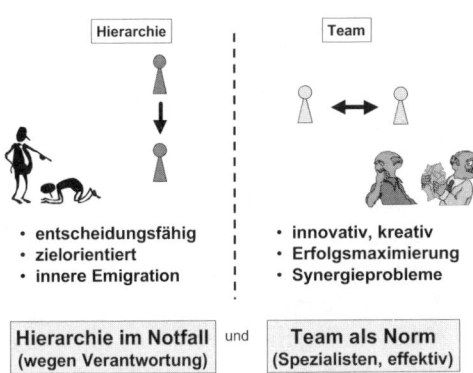

Abb. 21.1: Grundformen der Zusammenarbeit: Die soziale Kompetenz bestimmt den Erfolg. Wer in einer Mannschaft schnelle und klare Entscheidungen benötigt, muss hierarchische Strukturen einrichten. Aber er sollte ihre Problematik berücksichtigen. Hauptfehler ist, die Wechselseitigkeit der Abhängigkeiten zwischen Leitung und Nachgeordneten zu unterschätzen oder nur die Macht der Befehlsgeber zu berücksichtigen. Das Team ist das deutlich krisenträchtigere System. Aber Schwierigkeiten wird man in Kauf nehmen und beherrschen lernen müssen, weil die Ziele höher liegen können. Mit zunehmender Spezialisierung wird immer mehr Leistung im Team erbracht werden müssen, es ist die Arbeitsform der Zukunft. Oder eine Kombination: Entscheidend ist schon heute in vielen Bereichen, dass schnell von Teamarbeit auf eindeutige hierarchische Befehlsstrukturen umgeschaltet werden kann, wenn schnelle Entscheidungen und Verantwortung nötig werden (Notfall in der Klinik).

Die Definition von Hierarchie und Team wird in der Praxis nicht streng beachtet. Sie kennen das: Der große Chef wird bei seinem Jubiläum von verschiedenen Rednern wegen seiner Verdienste gepriesen. Dann tritt er schließlich selbst ans Rednerpult und weist das viele Lob mehr oder weniger bescheiden zurück. Er stellt richtig, dass sein ganzes *Team* ja zum Erfolg beigetragen und daher das Lob mitverdient habe.

Selbst wenn Sie ihn für sehr eitel und selbstherrlich halten: Er wird es heutzutage wissen, dass es so ist. Und sein Anteil mag erheblicher gewesen sein, als mancher denkt. Falls er gut *geführt* hat, dann hat er Entscheidungen gefällt und die Verantwortung getragen, die Mitarbeiter motiviert usw., wie wir das im vorigen Kapitel besprachen. – Aber ich wollte auf etwas anderes hinaus.

Korrekt hätte er „*Mannschaft*" sagen müssen oder von seinen *Mitarbeitern* sprechen sollen. Vielleicht sagt er „Team" nicht nur, weil es Mode ist, das Wort auch in dieser Bedeutung zu gebrauchen, sondern weil er es nicht so genau überlegt hat. Vielleicht gibt es ja unter ihm eine tägliche oder wöchentliche Konferenz mit allen seinen Führungskräften, wo jeder seine Meinung frei äußern kann. Vielleicht ist der Ton kamerad-schaftlich, und alle reden sich mit dem Vornamen an, gerade *wie* in einem richtigen Team.

Aber *entscheiden* tut letztlich der Chef. Muss er ja, wenn er die Verantwortung trägt, haben wir gerade gesagt. Das ist rich-tig, aber damit ist es eben eine *Hierarchie*.

Entscheidungskraft zeichnet die Führung aus

Entscheidungsfreudigkeit ist auch eine psychologische Eigen-schaft, die in den emotionalen Bereich gehört. Vielleicht ist es auch eine Ihrer persönlichen Stärken. Sie entscheiden natürlich so, wie es Ihnen richtig erscheint oder am liebsten ist. Das hat-ten wir schon im ersten Teil bei den emotionalen Markern erklärt.

Viele andere werden Sie dann deswegen heimlich beneiden. Sie werden neidisch sein, da sie vermuten, dass Sie daraus offen-sichtliche oder virtuelle Vorteile ziehen. Und sie werden nei-disch sein, weil ihr Ehrgeiz ihnen eingibt, dass es auch ihnen gut anstehen würde, diese Gabe zu haben. Und sie träumen von mehr Erfolg.

Aber die meisten Ihrer Kollegen werden froh sein, dass jemand anderes für sie entscheidet, und dass sie dann *keine* Ver-antwortung tragen müssen. Ehrgeiz und Entscheidungsfreude sind Eigenschaften, die sich mit manchen anderen psychologi-schen Bedürfnissen nicht vertragen. Für die Harmonie unter den Menschen ist es wichtig, dass nur wenige sehr ehrgeizig sind und die meisten anderen sie gewähren lassen.

Sollten Sie zu dieser großen Gruppe eher zurückhaltender Menschen gehören, erfordert es eine sorgfältige Überlegung, ob Sie an dieser psychologischen Situation etwas ändern wollen. Horchen Sie in sich hinein, versuchen Sie es auch sachlich abzuwägen. Sollten Sie den Stachel des *Ehrgeizes* immer wieder spüren und gewisse Nachteile auf der Karriereleiter nur deshalb in Kauf nehmen, weil Sie *Angst vor der Verantwortung* oder anderen haben, dann ist es sicher gut, gegen diese Angst anzugehen. Die Kombination aus unbefriedigtem Ehrgeiz und nicht überwundenen Ängsten würde Ihnen langfristig Unzufriedenheit, Komplexe und Schlimmeres eintragen.

Natürlich müssten Sie sich zuerst klar machen, wovor genau Sie Angst haben, speziell in Ihrer aktuellen Situation. Diskutieren Sie die Ursache am besten mit einer vertrauten Person. Dann gibt es genügend Rezepte, gegen Angst anzugehen. Wir haben einige angedeutet. Aber in diesem Falle wären die Methoden des NLP (Neurolinguistisches Programmieren, s. die einschlägige Literatur) sinnvoll. Mit ihnen kann man erfolgreich derartige klar definierte Wenn-Dann-Beziehungen modifizieren.

Vielleicht sind Sie aber mit Ihrer *Bescheidenheit* zufrieden, fühlen sich *geborgen*, in der Gruppe und *unter* einem zielbewussten Führer, und streben wirklich (!) keine höhere Position an. Dann müssen Sie sich auch nicht um mehr Entscheidungsfreude, Führungsstärke, Durchsetzungsvermögen bemühen. Wir müssen das offen und ehrlich besprechen: Die Mühe wäre sogar falsch. Vielleicht warnt Sie nämlich Ihre emotionale Intelligenz, dass Sie im Begriff wären, aus irgendwelchen Gründen Ihre letzte Stufe im Peter-Prinzip anzusteuern. Und dann wären Sie nicht mehr glücklich, wie wir es in Kapitel 19 besprochen haben.

Im Team sind alle gleich

In einem *Team im engeren Sinne* muss man sich dagegen unterordnen *können*. Jegliches Dominanzstreben ist im Team kontraproduktiv. Wenn einer anfängt, den Gleichheitsgrundsatz zu durchbrechen, ist die Teamkultur schnell dahin.

• Wichtigste Tugend im Team ist es, in jedem Augenblick zu wissen, ob man Wichtiges zu sagen hat, oder ob man sich unterordnen sollte.

Wenn Sie das nicht können – und meist mangelt es ja an der aktiven, bewussten Unterordnung für begrenzte Zeit –, dann sollten Sie bald reagieren. Dann sollten Sie sehr auf Ihr Verhalten achten und das Sich-Einfügen hart trainieren. Denn Sie stören dann ja nicht nur die Harmonie in Ihrer Gruppe, sondern damit auch Ihren eigenen Erfolg. Das gilt auch für diejenigen Forschen und Vorlauten, die Spaß daran finden, gegen alles und jeden zu opponieren, alles zu kritisieren und dadurch zu stören. An eine Gemeinschaft muss man sich anpassen, an ein Team ganz besonders.

Angeborene Bedürfnisse auch im Team

Wenn Sie zwischendurch mal zurückblättern: Im Textkasten in Kapitel 18 finden Sie unter den *angeborenen Bedürfnissen* auch ein solches nach *Selbstbescheiden*:

„Von anderen Vorschläge bekommen; herausfinden, was andere denken; Anweisungen befolgen und tun, was von einem erwartet wird; andere rühmen; die Führerschaft anderer akzeptieren; sich Gepflogenheiten anpassen" (Zimbardo 1983, nach Prescott 1938 und Edwards 1959).

Gehen wir einmal davon aus, dass die Autoren dieser Zusammenstellung, die ich im Textkasten etwas gekürzt habe, Recht hatten, dass also jeder ein derartiges Bedürfnis geerbt hat, auch wenn vielleicht andere Motivationen stärker sind und es unterdrücken. Irgendwie können wir solche Empfindungen und Bestrebungen nachvollziehen.

Bei Tieren gibt es jedenfalls einen derartigen *Trieb*, der das Leben in der Herde für das schwächere Mitglied erträglich macht, nachdem das stärkste Tier sich die Führungsposition erkämpft hat und sie nun bei jeder Notwendigkeit mit Brachialgewalt verteidigt. Die anderen tun sich dann leichter mit einem *Hang zum Unterordnen*, schon um unnötige Verletzungen zu vermeiden. Und die Befolgung dieses Triebes würde sogar noch ein gewisses Wohlbefinden nach sich ziehen, wie wir das schon bei einem anderen Instinkt, dem Füttertrieb der Mütter, gehört haben.

Mancher wird jetzt im Stillen beipflichten, dass es so etwas beim Menschen wohl auch gibt. Natürlich wissen Sie ja nun schon, dass man beim Menschen nicht gern von Trieben, sondern von angeborenen Bedürfnissen spricht, weil sehr viele Anteile *dazugelernt* werden, die den Trieb an unsere zivilisatorischen Bedürfnisse anpassen.

Übrigens: Die Triebe sind, genau genommen, auch für höhere Tiere nur grundsätzliche Handlungsanweisungen. Im Zoo können Sie beobachten, dass auch die Affenmutter ihren Kindern die Benehmensregeln der Affengesellschaft beibringen muss, eben das, was für den sozialen Frieden im Affenclan Voraussetzung ist. Auch die Hundezüchter werden Ihnen zum Beispiel bestätigen, dass die Hundemutter ihren Kleinen sehr unmissverständlich das schlechte Benehmen austreibt.

Das, was Kant für die korrekte Einordnung der Menschen in unsere Zivilisation formuliert hat, nämlich sich selbst so zu verhalten, dass dieses Verhalten als Richtschnur für alle anderen gelten könnte, das muss diesen Menschen in der Jugend beigebracht werden. Das müssen die menschlichen Mütter ihre Zöglinge lehren. Müssten vielleicht auch die Lehrer ... und die Peergroup. Unsere genetische Ausstattung sieht diese Lehrjahre gewissermaßen vor, überlässt sie uns.

- Die rechtzeitige Erziehung aller jungen Menschen zu ange-
  passten Mitgliedern der Gesellschaft ist aufgrund der Struktur
  unseres Erbmaterials notwendig.

Man hat ermittelt, dass sich 15% der Jugendlichen einfach
nicht unterordnen können. Es gibt riesigen Handlungsbedarf,
natürlich nicht nur bezüglich der Unterordnung.

Ich weiß, dass viele Menschen bei uns ihre Probleme mit dem
Begriff „angepasst" haben, weil er oft gebraucht wurde, wenn
Menschen sich einem unrechtmäßigen politischen System
andienten oder von ihm gefügig gemacht wurden. Das ist hier
natürlich nicht gemeint. Aber gemeint ist, dass keiner einfach so
weiterleben kann, wie er auf die Welt gekommen ist. Man muss
ihm helfen beim Sich-Einfügen in die Gesellschaft, mit der er
leben soll. Und zum Glück hat er offenbar wenigstens die
Anlage, sich ihr unterzuordnen.

Falls Sie also bei sich selbst oder bei anderen Probleme mit
dem Sich-Unterordnen-Können bemerken, wissen Sie nun
schon, dass es da Anlagen geben muss, die man durch Lernen
verstärken könnte, wenn das notwendig sein sollte. Sie können
sich andererseits vorstellen, dass es vielleicht *andere Bedürfnisse* sind, die sich in den Vordergrund drängen. Die könnte
man durch Lernen abschwächen. Das gilt für das ganze Zusammenleben unter Menschen, beginnend in der Familie. Aber im
Team ist es besonders wichtig. Und mit dem Team wollten wir
uns ja beschäftigen.

Zielfindung im Team

Natürlich gibt es einen „Teamleader". Aber er wird als „*Konsensbildner*" charakterisiert, weil er idealerweise *nicht entscheidet* und auch nicht *befiehlt*, sondern darauf hinzuwirken hat,
dass alle zusammen sich möglichst bald über den besten Weg
einigen werden, eben demokratisch.

- Im Team ist jeder für sich verantwortlich. Es gibt keinen Lehrer und keinen Anführer.

Dabei ist die Definition des Teamleaders als Konsensbildner nicht gut gewählt. Unter *Konsens* versteht man, wenn man es genau nimmt, eine Einigung auf den *kleinsten* gemeinsamen Nenner, den alle noch akzeptieren können. Politische Auseinandersetzungen enden häufig mit einem Konsens. Es kommt also nur wenig heraus, ein Minimum, das keinem wehtut, alle ihr Gesicht wahren lässt.

Die bessere Lösung wäre immer ein *Kompromiss*. Definitionsgemäß gibt dann jeder von seinem Standpunkt etwas nach, sodass man sich auf einem *Mittelweg* trifft. Dann wird wenigstens so viel wie möglich vorangebracht, und das ist ja eigentlich nur das untere Limit für ein Team, das *herausragende* Leistungen ermöglichen soll.

Die Probleme eines Teams liegen meist im Emotionalen

In einer immer komplizierter strukturierten, arbeitsteiligen Welt sollte das Team die *Arbeitsform der Zukunft* sein, weil immer öfter mehrere Fachleute nötig sind, um ein einziges Problem zu lösen. Und man legt ja heute nicht nur Wert auf eine größtmögliche Fachkompetenz, sondern auch noch auf gleiche Rechte der Beteiligten, auf Mitsprache, auf Demokratie.

- Das ist ja das Besondere am Team: Seine Leistung kann besser sein als die Leistung aller Teammitglieder zusammen, wenn jeder Einzelne für sich allein arbeiten müsste.

Den mit großen Erwartungen angetretenen Siegeszug hat diese Arbeitsstruktur in letzter Zeit aber nicht durchhalten können. In den Betrieben ist man skeptisch geworden. Die Anforderungen an die Teammitglieder sind meistens zu hoch, und zwar im *emotionalen* Bereich.

Eigentlich ist das auch nicht verwunderlich. Man wählt natürlich die Experten für ein Team so aus, dass sie sich *fachlich* so ergänzen, wie es die Aufgabe erfordert. Wegen ihrer unterschiedlichen Arbeitsgebiete vertragen sie sich folglich im sachlichen Bereich gut, sie sind ja keine Konkurrenten, es gibt wenig Reibungsflächen.

Aber im *emotionalen* Bereich sollten alle die Eigenschaften haben, die eine enge Zusammenarbeit nun mal erfordert. Auch auf dieser Ebene soll das Team ja reibungslos funktionieren. Aber man wird selten eine derart große Auswahl bester Fachleute haben, dass man sie auch noch danach zusammenstellen kann, ob sie emotional zusammenpassen. Aber:

- Herausragende Erfolge kann ein Team nur erzielen, wenn alle Mitglieder ausreichende soziale Kompetenz besitzen.

Zum Glück wird nicht immer eine Spitzenleistung erforderlich sein. Übrigens funktionieren auch viele Familien nicht gut im Sinne eines Teams, das sie ja irgendwie darstellen sollten. Auch in seiner Familie kann man sich die Mitglieder nicht nach der emotionalen Eignung aussuchen. Aber man kann sich „zusamenraufen", zum Vorteil aller.

Wie viele emotionale *Eigenschaften* als wesentlich für die gute Zusammenarbeit eines Teams erachtet werden, habe ich aus zwei einschlägigen Abhandlungen herausgeschrieben und in der Abbildung 21.2 zusammengestellt. Natürlich ist das ein Auszug aus theoretischen Erwägungen. Bei Durchschnittsmenschen muss man realistisch bleiben und doch erhebliche Abstriche hinnehmen. Und dann muss man mit Enttäuschungen rechnen.

- Das Team ist eine Arbeitsform, in der alle miteinander reden. Auf gleicher Augenhöhe. Mit Rücksicht auf die anderen. Für das gemeinsame Ziel.

Sie können sich die Zusammenstellung in Abb. 21.2 noch einmal genauer ansehen. Die Eigenschaften gehören alle zu dem, was man unter *sozialer Kompetenz* versteht, wenn man einen einzelnen Menschen beurteilt. Aber es sind auch die Kriterien, nach denen man sucht, wenn man Stil und Format eines Unternehmens beurteilt und dann davon spricht, ob die *Unternehmenskultur* mehr oder weniger gepflegt wird. Und das gilt *nicht nur* für Wirtschaftsunternehmen. Nehmen Sie sie als Checkliste für *Ihre persönliche* Umgebung oder als Leitfaden für *Ihre* Selbstkritik ...

Unter Teamkompetenz versteht man die Fähigkeit zu ...

Kommunikation und Kontakt, **Empathie**, Menschlichkeit, **Kooperation**, Korpsgeist, politisches Gespür, Zuhören können, **Feedback geben**, Lernfähigkeit, **Anpassungsfähigkeit**, Verträglichkeit, Toleranz, Aufrichtigkeit, Vertrauen, **Konsensbildner**, Hilfsbereitschaft, Altruismus, **Gruppenloyalität**, Engagement, **Motivieren können**, Charisma, Selbstwahrnehmung, **Selbstbeurteilung**, Selbstvertrauen, Unterordnung **oder** Führen, Überzeugungskraft, **Kreativität**, für Veränderungen aufgeschlossen, Initiative ...

Abb. 21.2: Erfolgreiche Teamarbeit nur durch höchste soziale Kompetenz: Auszug aus zwei Abhandlungen über Teamarbeit. Einzelheiten der Zusammenstellung sollen nicht kommentiert werden. Sie erheben nicht den Anspruch, vollständig und allumfassend zu sein. Aber sie verdeutlichen, dass das gesamte Spektrum emotionaler Intelligenz gefordert ist. Erfolgreiche, strikt demokratische Zusammenarbeit erfordert von allen Teilnehmern höchstmögliche Teamkompetenz, ist sicher die anspruchsvollste Form menschlicher Zusammenarbeit und damit die Kooperationsform einer fortschrittlichen Zukunft. Die Realisierung macht heute (noch?) Schwierigkeiten in Anbetracht der zu geringen sozialen Kompetenz vieler Fachleute (Hervorhebungen durch den Autor).

Aber kommen wir zurück zu den Teammitgliedern. Wenn wir die Anforderungen an sie auf eine überschaubare Zahl verständlicher Faktoren reduzieren, wie das in Abbildung 21.3 versucht wird, und uns eine konsequent demokratische Zusammenarbeit vorstellen, wird schnell klar, wo die Probleme zu suchen sind. Sicher kennen Sie viele Kollegen, die Sie wegen der einen oder der anderen Schwäche lieber nicht in Ihrem Team haben wollen.

Was Sie denen letztlich vorwerfen, ist mangelnde *Kollegialität*. Wenn Sie nicht in einem Betrieb arbeiten, würden Sie vielleicht aus der Sicht Ihres Vereins oder einer Schulklasse solche Leute als *unkameradschaftlich* bezeichnen. Bei nahen Verwandten, die aus der Reihe tanzen, würde man von mangelndem Familiensinn sprechen. Sehen Sie sich die Abbildung 21.3 nochmal unter dem Stichwort *Vertrauen* an.

Abb. 21.3: Der „Gruppen-IQ" hängt von der Teamfähigkeit der Mitglieder ab: Die wesentlichen positiven und negativen charakterlichen Eigenschaften sollte man vor Beginn einer wichtigen Teamarbeit bei den Teilnehmern abschätzen können. Gezielte Beratung und der Versuch einer Schulung sind zweckmäßig, damit das Projekt nicht prinzipiell gefährdet ist. Eine Testung mag Probleme verdeutlichen und beherrschbar machen. Die mittelfristige Optimierung der Einstellungen sollte angestrebt werden.

Aber mal Hand aufs Herz: Auch Sie haben sicher schon mal ein schlechtes Gewissen gehabt, weil Ihr Verhalten nicht unbedingt kollegial war. Sie haben vielleicht Informationen zurückgehalten oder andere nicht ganz fair übervorteilt, um sich gegebenenfalls selbst damit hervortun zu können, um den eigenen Vorteil alleine zu ernten.

Es dürfte hier Raum für gute Vorsätze bei nahezu jedem sein ...

Probleme mit dem eingespielten Team

Ein ideales Team kann deutlich effektiver sein, als alle seine Mitglieder zusammengenommen wären, wenn jeder für sich alleine arbeiten und denken würde, das haben wir schon betont. Das ist ein deutliches Argument dafür, es immer wieder mit Teams zu versuchen, auch wenn es schwer ist, geeignete Mitglieder zu finden (oder gar erst dafür auszubilden).

Aber ein sehr gutes Team kann erhebliche *Probleme* bereiten, wenn es lange genug erfolgreich ist. Erfolgreich. Sie haben sich nicht verlesen. Sie kennen das sogar. Es können sich dann gruppendynamische Prozesse herausbilden, die hier nur als vielschichtige Gefahr erwähnt sein sollen. Sie finden sie in Abbildung 21.4 zusammengestellt. Wenn Sie sie durchlesen, wird Ihnen vieles nachvollziehbar, vielleicht aus früherer Erfahrung zum Beispiel aus der Schulzeit bekannt vorkommen. Jede Gruppe, von einem Freundeskreis über einen Verein oder eine Partei bis zur Abteilung in einer Firma, kann solche *Wir-Gefühle* entwickeln. Die Gruppe reagiert dann gemeinschaftlich wie eine übermütige unkritische Einzelperson.

> • **Persistenz einmal getroffener Entscheidungen**
> • **unabhängiges Denken wird harmonisiert**
> • **Unterdrückung der die Harmonie störenden Kritik**
> • **Keiner ist wirklich zuständig oder verantwortlich**
> • **Gefühl besonderer kollektiver Sicherheit**
> • **Selbstzensur gegen abweichende Ansichten**
> • **Berauschen an der gemeinsamen Stärke**

Abb. 21.4: Gruppendenken kann die Effizienz eines Teams gefährlich behindern: Die Arbeit im Team bringt nicht nur Vorteile, sie kann auch Gefahren bergen. So kann ein anschwellendes Überlegenheitsgefühl nicht nur zu inadäquatem Verhalten gegenüber der Umwelt, sondern auch zu minder korrektem Umgang mit diversen Sorgfaltspflichten bei der Arbeit führen. Die Variationsbreite der Möglichkeiten des Fehlverhaltens sind gewaltig, das rechtzeitige Erkennen derartiger Trends und ihre Beseitigung sind schwierig.

Es gibt ein besonders schreckliches Beispiel für eine derartige Gruppenreaktion. Das Team, das in *Tschernobyl* am 26.4.1986 im Reaktorbereich 4 Schichtdienst hatte, war schon lange beisammen. Es war unter den fast 20 Teams besonders aktiv und erfolgreich gewesen. Man hatte Preise und Belobigungen bekommen. Aus dem Gefühl gemeinsamer Stärke heraus wollte man angesichts der Vorbereitungen für die Maifeier schnell fertig werden und kam auf die Idee, die zeitraubenden Sicherheitsvorkehrungen einfach abzustellen. Man war ja so gut. Falls einer Bedenken gehabt haben sollte: Keiner hat sich getraut, seine mahnende Stimme gegen die *Kollektiventscheidung* zu erheben.

Glauben Sie, Mitglied in einem guten Team zu sein? Lesen Sie noch einmal die Abbildung 21.4.

Aber es geht ja nicht nur um die Arbeitswelt. Allerdings ist das Team gewissermaßen der Goldstandard guter Zusammenarbeit. Kollegialität im weiteren Sinne, also zum Beispiel *Rücksichtnahme*, ist in jeder Position des Lebens gefordert, überall, wo Menschen miteinander auskommen müssen. Jeder sollte sich darum bemühen.

Stattdessen registriert man eine weltweite Zunahme der *Aggressivität* unter den Menschen, natürlich von Ort zu Ort unterschiedlich ausgeprägt, aber signifikant. Streitsucht ist unter den Negativa der Abbildung 21.3 zwar nicht ausdrücklich aufgeführt, aber Rechthaberei und manche Unart, die dazu führt.

Zwistigkeiten, Mobbing und ähnliche Dissonanzen behindern nicht nur die Teamarbeit im engeren Sinne, überall im Leben möchte man Streitereien vermeiden. Oder man sollte sie effektiv schlichten können. Man sollte *Kritik* so vorbringen können, dass sie nicht zu Missstimmungen führt. *Konflikte* könnte man sogar als Vorteil begreifen. Wir werden uns mit diesen Themen im nächsten Kapitel beschäftigen.

Was konnten Sie sich aus Kapitel 21 merken?

- In einer Hierarchie kann schneller entschieden und reagiert werden als in einem Team. Sie ist flexibler.

- Ein Team kann wesentlich kreativer und erfolgreicher sein als eine Hierarchie.

- Wer entscheidet, trägt auch die Verantwortung.

- Im Team muss sich jeder unterordnen können und kompromissbereit sein. Es ist eine von Grund auf demokratische Arbeitsform.

- Das angeborene Bedürfniss nach Gemeinschaft und nach Selbstbescheiden erleichtert die Unterordnung unter das Dominanzstreben eines Starken.

- Der Teamleader entscheidet nicht, er fördert nur die gemeinsame Zielfindung.

- Im beruflichen Team ist Kollegialität gefragt, in der außerberuflichen Gemeinschaft spricht man von Kameradschaft, Fairness, Familiensinn.

- Gruppendynamische Reaktionen können gerade sehr gut eingearbeitete Teams zu Fehlern verleiten.

Ist Ihnen schon ein persönliches Ziel eingefallen?

- Wichtigste Tugend im Team ist es, sich gegebenenfalls unterordnen zu können. Also: Sie sollten sich angewöhnen, gezielt auf Probleme mit der Unterordnung zu achten, nicht nur im Team. Falls Sie selbst dazu neigen, über andere zu bestimmen, müssen Sie gezielt üben, sich zurückzunehmen, wenn ein anderer Entscheidendes beitragen will oder kann.

- Die Aufgabe eines Teamleaders wird mit Konsensbildner charakterisiert. Er muss die Chancen an alle Mitglieder gerecht verteilen. Also: Sie mögen nicht alle Menschen gleich gern. Sind Sie gegenüber allen gerecht? Behandeln Sie alle gleich? Achten Sie künftig gezielt auf Ihr Gerechtigkeitsgefühl. Schärfen Sie es.

Darüber könnten Sie schon einmal nachdenken:

Welche Teamstrukturen in Ihrer Umgebung haben Probleme mit der Kollegialität? Haben Sie Einflussmöglichkeiten auf die Besetzung oder das Teamklima?

Die Zukunft von Team und Freiheit

Die Phylogenese hat sich in Richtung auf immer größere Freiheit entwickelt. Der frei denkende und planende Mensch ist das Ende dieser Entwicklung der Biologie. Er hat die Entwicklung im politischen Raum weitergeführt über die Aufklärung zur Demokratie und zu den Menschenrechten mit individueller Freiheit und der Option auf Selbstverwirklichung.

Ist diese Individualität das letzte Entwicklungsziel? Für manche geht es schon zu weit. Vielleicht zeichnet sich aber auch schon eine weitere Entwicklungsstufe ab, eine neue Herausforderung?

- In der Ethik wird die Rücksicht auf den Nächsten, wird die Nächstenliebe unter Zurückstellung eigener Vorteile gefordert.
- Staatspolitisch kommt Huntington zu dem Ergebnis, dass die asiatischen Kulturen, in denen sich das Individuum selbstverständlich dem Staate unterordnet, die größeren Zukunftschancen haben als die zu sehr durch individuellen Eigennutz geschwächten Demokratien.
- In der Biologie ist das Überleben der Art wichtig, nicht dasjenige des Individuums. Der Staat der Termiten ist zum Beispiel wichtig, nicht die einzelne Ameise.

Trotz überzeugter Bekenntnisse zur Individualität als modernster Errungenschaft des freien Menschen wird man sowohl biologisch wie politisch den *Staat* als das höhere und für das langfristige Überleben auch wichtigere und daher vorrangige Gut anerkennen müssen. Jedenfalls gilt das für alle, die ihren Individualismus in einer gepflegten Zivilisation verwirklichen wollen: Sie ist nur im geordneten Staat zu haben.

Der *demokratische* Staat stellt den Versuch dar, Staat und Individualismus zu vereinen. Sollte er tatsächlich im globalen Wettstreit mit anderen Kulturen langfristig ins Hintertreffen geraten, so wegen des Egoismus der Einzelnen, den er sich im

Gefolge des Individualismus einhandelt. Der Einfluss Einzelner und ihrer Macht- (Partei-) Apparate steigt, z. B. rücken Einzelpersonen in Wahlkämpfen massiv in den Vordergrund.

Wenn wir unsere persönliche Selbständigkeit nicht wieder aufgeben wollen, ist zu klären, wie man diesen Nachteil abstellen kann. Hier bietet sich vielleicht die Erfahrung aus der Wirtschaft an, dass das Team die am meisten fortschrittsorientierte Organisationsform ist, wenn man kollektive Probleme bewältigen will. Geht man davon aus, dass das Team ohnehin die modernere, weil der *notwendigen Arbeitsteilung* besser angepasste Organisationsform ist, sollte man daran arbeiten, sie an den Staat und den Staat an Teamarbeit zu adaptieren.

Die Vision erfordert allein schon angesichts der Vielfalt der emotionalen Anforderungen an *Teamkompetenz* viel Optimismus. Aber wenn Huntington Recht hat, dass letztlich die asiatischen Kulturen mit davon profitieren, dass sie nicht durch den Individualismus geschwächt werden, kann man der Herausforderung jener Kulturen nur durch *ein noch besseres Konzept* begegnen.

Und das könnte eine Bevölkerung oder wenigstens eine breite Führungselite aus emotional selbstdisziplinierten und engagierten *Teammitgliedern* sein – in Politik, im Betrieb, im Straßenverkehr. Nach Feierabend könnten wir uns weiterhin selbst verwirklichen und aus echter Lebensfreude und aus Selbstbewusstsein Kraft schöpfen für kreative Teamarbeit.

Eine neue Herausforderung für unser emotionales Netzwerk.

Erziehung zur sozialen Kompetenz

Dass man die Erziehung tunlichst nicht nur Laien überlassen sollte, wussten schon die alten Griechen. Trotzdem erziehen in den ersten Lebensjahren immer noch fast ausschließlich junge Eltern, die nicht speziell ausgebildet sind. Ich will nicht unzulässig verallgemeinern. Aber dazu gibt es auch Untersuchungsbefunde: Viele Eltern haben nur verschwommene, fragmentarische und sehr subjektiv verfärbte Erinnerungen an die Erziehungsmethoden in ihrer eigenen Kindheit und/oder wenig vorbildliche Vorstellungen über die *Beziehungen zwischen Individuum und Allgemeinheit*. Und Letzteres ist auch kein oder kein ernst genommenes Unterrichtsfach in der Ausbildung von Kindergärtnerinnen.

Das Nachdenken darüber, was man Kindern vornehmlich anerziehen sollte, damit die Menschen künftiger Generationen friedlicher miteinander auskommen, ist Jahrtausende alt und hat sicher segensreiche Wirkungen gehabt. Seither entwickelte und bewährte Traditionen verlieren heute aber an Bedeutung. Nachdem die Wissenschaft die zugrunde liegenden Lern- und Verhaltensgesetze nun immer besser versteht, sollte man künftig auch wieder Menschen mit größerer sozialer Kompetenz erziehen können.

Unsere Kinder sollten früh das Verhalten lernen, das man in der Jugend als „kameradschaftlich" und später im Leben als „kollegial" gutheißen wird.

Fast alle Regeln des sozialen Verhaltens müssen gelernt werden. Und wie kriegen wir die nötigen Daten in die jungen Gehirne hinein? Persönliche Vorbilder, Lernen aus Fehlern und Beispiele in eindrucksvoller Literatur haben die größte Bedeutung.

Nehmen wir die Toleranz: In *Nathan der Weise* hat Lessing sie zum Beispiel 1783 eindrucksvoll zu vermitteln versucht. Ob sich dadurch Wesentliches verändert hat? Vielleicht hat er

Schlimmeres verhütet. Aber welches Schulkind liest heute noch Dramen von Lessing? Welcher Abiturient wenigstens?

Es wird viel über *Bildung* diskutiert, und da geht es nicht nur um Sachwissen. Was gehört dazu, wie viel davon kann man dem Gehirn eines Heranwachsenden zumuten, oder besser seiner Geduld? Und wie soll man vorgehen, wenn das früher übliche Auswendiglernen von Texten als stur und unwürdig gilt und der Frontalunterricht offenbar weniger effizient ist als so genanntes selbstorganisiertes Lernen im Team oder in Workshops, die leider außerordentlich viel kostbare Zeit kosten?

Wenn wir davon ausgehen, dass ernst zu nehmende Literatur sich mehr oder weniger konkret bemüht, ethische oder kulturelle Werte zu diskutieren und zu vermitteln, ist eine Erörterung ihres Stellenwerts für die staatsbürgerliche Erziehung an dieser Stelle nötig.

Ich hätte auch einen *Vorschlag.* Man stelle rund hundert Zitate aus den besten Erzeugnissen der Weltliteratur zusammen. Es müsste möglich sein, sich auf die wichtigsten Aussagen der besten Denker zu einigen. Diese überschaubare Zahl könnte man dann leicht auf etwa acht Schuljahre verteilen. Etwa zwölf prägnante Zitate würden die Schüler also jedes Jahr wirklich ernsthaft und auf dem Boden von weiterführender Literatur bearbeiten und bedenken, in Teamarbeit meinetwegen, aber jedenfalls fürs Leben. Dann könnte man auch einiges über Toleranz lernen und zu praktizieren versuchen.

Vielleicht könnte man sogar ein Rudiment des früheren altmodischen Geistestrainings beibehalten und einige der hundert Zitate auswendig lernen lassen. Schaden würde es nicht, es könnte ein solider Grundstock für die emotionale Kompetenz vieler Mitmenschen sein. Die Pädagogen könnten sich unterhaltsame Riten einfallen lassen, um die goldenen Regeln von Zeit zu Zeit wieder abzufragen. Und die Erwachsenen würden vielleicht mit den Kindern mitlernen.

Ich hoffe, dass einige der Leserinnen und Leser diese Vision zum Anlass nehmen, noch aktiver am Bemühen um eine bessere Ausstattung unserer Jugend im emotionalen und besonders im moralischen Bereich mitzuwirken.

Grenzen des Lernens von emotionalen Kompetenzen

In Kapitel 7 habe ich dargestellt, wie man seine emotionale Kompetenz erweitern, sogar sein Image oder seinen Charakter ändern kann. In der Folge habe ich sehr oft auf diese Möglichkeit hingewiesen. Sie ist konkret, überprüft und für Sie sicher auch nachvollziehbar.

Aber es soll in dieser Hinsicht keine unrealistische Erwartung geweckt werden. Wenn Sie genau hingehört haben, habe ich immer nur gesagt, dass man sein Verhalten modifizieren, verbessern, optimieren kann.

Man kann seine Art, seinen Charakter leider nicht grundsätzlich umkehren. Man kann also auf die geschilderte Weise nicht von einem Lügner zum Wahrheitsfanatiker werden.

Es gibt derartige grundsätzliche Veränderungen im Zusammenhang mit so genannten „Schlüsselerlebnissen". Saulus wurde in der sengenden Wüstenhitze zum Paulus. Ähnliches wurde immer wieder berichtet, aber man kann es nicht gezielt inszenieren. Gehirnwäsche oder jahrelanger Gefängnisaufenthalt führen nicht zu charakterlichen Läuterungen.

Das ist auch nicht wahrscheinlich im Lichte moderner Erkenntnisse über das Lernen. Um das zu erklären, möchte ich Ihnen als vergleichbares Beispiel kurz schildern, was man über den Erwerb des *Sprechens* herausgefunden hat.

Jeder weiß, dass Kleinkinder, wenn sie zu reden anfangen, meist nur einzelne Worte aneinander reihen. Man kann dann beobachten, wie ihr Gehirn mit der Zeit ganz einfache allgemeine Grundregeln der Wortstellung bildet, eine *Babysprache* mit primitiver *Grammatik*.

Aufbauend auf den Grundregeln werden dann schrittweise die Gesetze des korrekten Satzbaus *abstrahiert* und angewendet. Schließlich kann man seine Muttersprache grammatikalisch richtig sprechen, ohne dass einem jemand jemals die

Regeln erklärt hätte. Jedes Menschenhirn findet diese Gesetze schrittweise autonom nach inzwischen nachvollziehbaren Gesetzen. Die Fähigkeit dazu haben wir geerbt.

Die Forschung hat nun aufgrund von Studien an Kindern, die in frühester Jugend hochgradig vernachlässigt wurden, wahrscheinlich gemacht, dass es gewisse *Zeitfenster* für diese grammatikalische Meisterleistung gibt, in denen die jeweiligen Schritte erfolgen *müssen*. Wenn der erste Schritt nicht getan werden konnte, weil das Kind lange Jahre in einem Keller eingesperrt war, kann der Rest nicht darauf aufgebaut werden, das Kind wird nie grammatikalisch korrekt sprechen können. Man hat auch Theorien darüber, warum das so ist. Es hängt mit der schrittweisen Reifung des Gehirns zusammen.

Die Natur benutzt ihre einmal als erfolgreich erwiesenen Regeln möglichst immer wieder. Wahrscheinlich wurde das schrittweise Erlernen von Sprachregeln nicht neu entwickelt. Diese Lerntechnik konnte das Gehirn schon, z. B. für das Lernen *sozialer* Regeln. So wage ich eine Analogie zu formulieren für das Lernen von *charakterlichen* Bausteinen des Verhaltens.

Wer den *Grundbegriff* von Mein und Dein nicht ganz früh als Kleinkind gelernt hat, dem wird gelegentliches Stehlen später kaum mehr abzugewöhnen sein. Wer die Bedeutung von wahr und nicht wahr nicht in dieser ersten Phase verstanden und verinnerlicht hat, dürfte Schwierigkeiten haben, jemals noch komplizierte Unterscheidungen zwischen Ehrlichkeit und raffiniertem Taktieren oder von Zuverlässigkeit und Eigennutz zu lernen. Wer in einer Welt von Gewalt aufgewachsen ist, wird allenfalls durch ein Schlüsselerlebnis zum Pazifisten werden.

Diese Hypothese ist ein Erklärungsversuch dafür, dass Sie bei Anwendung der in Kapitel 7 geschilderten Verfahren der Verhaltensmodifikation durch Lernen von neuen Markern sicher schöne Erfolge, aber keine Wunder erwarten können.

Versuchen Sie es trotzdem. Auch eine Besserung kann schon an ein Wunder grenzen. Die Chancen liegen bei den Optimisten.

Konflikte – Kritik – Streit

Wann hatten Sie zuletzt einen Streit? Wie oft streiten Sie sich? Im Monat? Im Jahr? Und mit wem? Mit dem Ehepartner oder dem Freund? Mit den Kindern oder anderen Familienangehörigen? Mit Berufs- oder Fachkollegen, Beamten, Politikern, Politessen ...?

Auch wenn Sie ein sehr friedliebender Mensch sind, werden Ihnen immer wieder Dispute oder Auseinandersetzungen mit anderen Menschen aufgezwungen. Das kann in einer hoch differenzierten Welt nicht anders sein. Individualismus, Pluralismus, Demokratie – *Meinungsvielfalt* ist eine der Grundlagen unserer Zivilisation, und damit gehört auch der Abgleich oder der Wettstreit differierender Ansichten zu ihrem Programm.

Theoretisch könnten all diese unendlich vielen Differenzen, die da entstehen und zu Konflikten führen können, gesittet und gepflegt besprochen und geschlichtet werden. Über Konsens und Kompromiss, über Machtworte und Toleranz haben wir ja schon gesprochen.

Aber eine gütliche Einigung gelingt bei weitem nicht immer. Es kommt zu Streit und Kampf, obgleich das wohl die wenigsten primär wollten. Übrigens auch bei Tieren. Dies muss seine Gründe haben.

Warum kommt es zum Streit, und wie könnte man ihn verhindern?

Am *Verstand* sollte es eigentlich nicht liegen. Natürlich gibt es unnachgiebige, uneinsichtige, sture, hartnäckige, aggressive Verhandlungspartner. Wenn solche aufeinander treffen, kann oft auch ein Moderator oder Richter keine Einigung erzielen.

Früher oder später wird es bei solchen Leuten heftigen Streit geben, wenn sie nämlich wegen des Verhaltens (!) ihres Gegenüber erst mal richtig wütend (!) geworden sind.

Sehen Sie, da stoßen wir schon wieder auf die emotionale Intelligenz und die Emotionen.

• Emotionen gehören zum Streit, sind sogar eines der Grundelemente.

Man hat zu bestimmen und zu definieren versucht, ob es Regeln für Auslösung und Eskalation von Streitereien gibt trotz der schier unendlich vielen Variationen, in denen Menschen Streit anfangen und austragen können. Denn dann könnte man auch Vorschläge machen, wie man Streit am besten vermeidet.

Man sollte ein Modell haben, das genügend oft vorkommt, damit man es statistisch auswerten kann, oder an dem man Versuche machen kann ...

Wussten Sie, dass es weltweit etwa 1.000 *wissenschaftliche* Arbeiten über den Ehestreit gibt? Tatsächlich finden solche Interaktionen nicht nur sehr häufig statt, sie werden auch zunehmend häufiger aktenkundig, denn die Zahl der Ehescheidungen hat sich in Deutschland seit 1980 mehr als verdoppelt, von den USA gar nicht zu reden. Und man kann Ehepaare, die einen Ausweg suchen, mit Messgeräten für Blutdruck, Puls, Hautfeuchtigkeit versehen und in einen Raum setzen, ihnen erprobte Stichworte wie „schon wieder neue Schuhe" oder „Kegelausflug" geben und dann mit versteckten Videokameras filmen.

Experten können dann mit 96%iger Sicherheit voraussagen, ob die Ehe noch zwei Jahre hält oder nicht, aber sie können inzwischen auch zwei Drittel der Ehen retten, die Hälfte davon halten mehr als fünf Jahre.

Sie werden sich wundern, dass ich hier mit so was ankomme. Aber sehen Sie die Ehe oder auch eine Partnerschaft doch mal als das zwar kleinste, aber mit Abstand *häufigste Team* auf dieser Welt. Dann mögen die vielen Untersuchungen des Ehestreits

dazu dienen, um Grundsätzliches zu lernen über Teams im Allgemeinen und über die *Eskalation* eines Disputes über ein strit-
tiges Thema hin zum offenen Streit im Besonderen.

Die Eskalation eines Konfliktes hat meist emotionale Ursachen

Lassen Sie mich ausgehen von einer Zusammenfassung der
wichtigsten wissenschaftlichen Erkenntnisse, die auch in der
Abbildung 22.1 zusammengeführt sind. Der Übergang von der
fachlich-sachlichen Diskussion (hier etwa über die Verwendung
von Finanzmitteln oder über Kindererziehung) in eine Eskalation Richtung Streit wird markiert durch das Einbringen *emotionaler* Argumente. Dass Frauen wesentlich häufiger dazu neigen, wurde zwar bewiesen, soll hier aber außer Acht bleiben,
weil das nicht immer so ist, wenn wir auch Rückschlüsse auf
Frauen im Büroalltag und Ähnliches ziehen wollen.

Diese Emotionalisierung des bislang rationalenWortwechsels
durch einen der Diskussionsteilnehmer überrascht den oder die
anderen Partner, weil sie ja noch sachlich denken. Genau das wird
sie aber zu sarkastischen oder zynischen oder sonst *verletzenden*
Äußerungen verleiten und damit die Emotionalität anheizen.

Die nächste Stufe der Eskalation des Streites ist dann ein
Angriff auf die persönliche moralische Integrität des Gegenüber
oder seiner Umgebung. Er kann seinerseits *emotional* reagieren
und diese Herausforderung erwidern. Er kann aber auch die
kalte Schulter der Verachtung zeigen und den anderen dadurch
zusätzlich reizen.

Ich werde diesmal ausdrücklich *nicht* auf Ihre eigene Erfahrung anspielen. Dass es hier um Emotionen geht, ist ausreichend klar geworden. Wir können uns stattdessen an das erinnern, was wir in Kapitel 4 über die *Metafunktion der Gefühle*
gehört haben, dass sie nämlich den Verstand behindern oder
überspielen, wenn sie sehr stark werden: Bei äußerster Wut
kann man keinen klaren Gedanken fassen.

Beliebiges Thema, jedenfalls keine Einigung ...

**1.) Umfunktionierung der Sachdiskussion,
emotional geprägte Argumente:**
„Ich merke, du liebst mich nicht mehr!"

2.) Mangelnde Sensibilität für Emotionen:
„Du kannst nichts sauber zu Ende denken"

3.) Gekränkt, fühlt sich nicht verstanden:
*Angriffe auf den **Charakter***
„Deine Mutter hat auch immer ..."

**4.) Unschuldiges Opfer in gerechtem Zorn
Überflutung (Ausrasten = *Blutdruck hoch*)**
oder **Mauern** *(Blutdruck runter)*

**5.) Frustration wegen demonstrativer Missachtung:
Aggression: *„Niete, Trottel"***

Abb. 22.1: Eskalation einer Diskussion zum Ehestreit: Als Beispiel für die typische Eskalation eines Streites im Team oder Betrieb mag hier der Ehestreit gelten, weil er der mit Abstand am häufigsten und am besten untersuchte Streitfall unter Menschen ist (stark schematisiert nach Goleman 1996) und jeder irgendwelche Erfahrungen mit diesem „Team" hat. Wenn der Dissens über das Objekt nicht auszuräumen ist, beginnt eine Partei mit nicht zum Thema gehörenden Argumenten, und zwar meist aus dem emotionalen Bereich. Emotional wird dann auch gekontert. Und im emotionalen Bereich müssen daher auch Prävention und Therapie liegen.

Das Vermeiden eines Streites gelingt durch emotionale Intelligenz

Wir sollten dann aber gleich zu den *Vermeidungsstrategien* und der besonderen Rolle der emotionalen Intelligenz übergehen. Die wichtigsten sind in Abbildung 22.2 zusammengefasst. Am Anfang der Eskalation ist *Empathie* gefragt. Mit ihrer Hilfe spüre ich, dass sich der Gegenüber in die Ecke getrieben fühlt und nach einem Ausweg sucht. Er könnte *über sich selbst ärgerlich* sein, weil ihm die guten Argumente ausgehen oder weil er auf das falsche Pferd gesetzt hat. Er könnte aber auch über *meine* Verhandlungsführung oder über Unredlichkeiten oder Ähnliches aufgebracht sein.

Die eigene interpersonale emotionale Intelligenz müsste mir dann als eine Art „Gefühl aus dem Bauch" sagen, dass sarkastische oder sonst aggressive Antworten die Stimmung nur anheizen können. Wer den Streit will, kann das als Signal zum Einsatz weiterer Bosheiten nutzen. Wer seinem Dominanzstreben widerstehen kann, müsste in dieser Situation alle Möglichkeiten einer Deeskalation nützen, also besänftigen oder das Thema wechseln.

---

1. **Verständnis für die emotionale Situation des anderen** *(einfühlsam – Empathie)*

2. **nicht verletzen** (Tatsachen, keine Charakterfehler) *(Taktgefühl – interpersonale emotionale Intelligenz)*

3. **korrigierbare Ursachen unterstellen** (Optimismus) *(intra- und interpersonale emotionale Intelligenz)*

4. ***zu* emotionalen Streit vertagen** (Selbstbeherrschung) *(intrapersonale emotionale Intelligenz)*

Abb. 22.2: Vorschläge zur Diskussionskultur (= angewandte emotionale Intelligenz!): Wenn emotionale Entgleisungen nachweislich der Hauptgrund für das Umkippen einer Diskussion in Streit sind, muss die Prävention ihr Hauptaugenmerk auf emotionale Phänomene richten. Entsprechende Grundregeln gibt es in zahlreichen Versionen. Der Umkehrschluss ist berechtigt: Wer häufig Streit hat, setzt seine emotionale Intelligenz nicht richtig ein, oder er hat zu wenig im Verhältnis zu seinem Dominanz- oder Aggressionstrieb.

Unser *Taktgefühl* hält uns davon ab, den anderen zu verletzen oder sonst in eine für ihn unangenehme Situation zu bringen. Es ist *auch* eine Funktion der emotionalen Intelligenz. Es ist nur denkbar in Kombination mit wacher Empathie, die uns über den Zustand des anderen auf dem Laufenden hält.

Dass man schließlich Fakten, die man ohnehin nicht ändern kann, dem anderen auch nicht vorwerfen sollte, kann einem der

Verstand sagen. Aber sich so weit im Griff zu haben, dass man in emotional aufgeheizter Atmosphäre derartige Überlegungen noch anstellt, das erfordert schon *Selbstbeherrschung*, über die sicher so mancher im entscheidenden Augenblick nicht ausreichend verfügt. In Kapitel 14 hatten wir uns ja klar gemacht, dass man schon stark erregt werden kann, wenn man nur Zeuge eines Streites von anderen ist.

Und schließlich listet Abbildung 22.2 auf, dass man emotionale Kompetenz, also empathische Erfahrung braucht, um rechtzeitig gemeldet zu bekommen, dass die Grenzen einer verstandesgelenkten Diskussion endgültig überschritten sind, und dass es damit Zeit ist, über einen Abbruch oder eine *Vertagung* nachzudenken. Der *emotional* Klügere gibt dann nach.

Streit entsteht aus Meinungsverschiedenheiten. Speziell im Team, also unter Kollegen, muss man seine – abweichende – Ansicht vertreten dürfen, aber seinerseits auch mit dem gehörigen Taktgefühl anbringen können. Jeder hat im Laufe seines Lebens in einer lange Reihe von Auseinandersetzungen zu „spüren" bekomen, wie weit man gehen kann oder lieber nicht gehen sollte. Mit Hilfe unserer Empathie spüren wir die Reaktion unseres Gegenüber, und unsere emotionale Intelligenz *warnt* uns vor erfahrungsgemäß unklugen Grenzüberschreitungen, auch wenn sich der Verstand mit dieser Frage gerade nicht befassen kann.

Sie merken, dass hier zwei verschiedene Fähigkeiten zur Vermeidung einer Eskalation eingesetzt werden: Mit *Empathie* kann ich die *Reaktion* des anderen zum Beispiel auf meine verbale Entgleisung erkennen. Empathie meldet also *nachträglich*.

Mit der emotionalen Intelligenz kann ich die Folgen meiner *geplanten* Aktion auf der Basis früherer Erfahrungen abschätzen. Das „Gefühl aus dem Bauch" kann ich also haben, wie Sie selbst wissen, *bevor* ich meine verletzende Bemerkung anbringe. Je mehr Erfahrung ich also in meinem Leben gesammelt habe, desto besser werde ich mich auf mein Gegenüber einstellen können. – Oder je besser ich ihn schon kenne.

- Unter guten Freunden fühle ich mich nicht zuletzt deshalb so wohl, weil ich ein Gefühl dafür entwickelt habe, wie weit ich gehen kann, was sie wann tolerieren oder gerne mögen.

Ich kann mich entspannen, meine Intuition regelt mein Verhalten.

Erfahrung ist eine gute Basis für friedliches Miteinander

Vielleicht können Sie das Gerede von der „*Weisheit des Alters*" nicht mehr hören. Die Alten kommen ja oft nicht einmal mit Kleinigkeiten der modernen Technik, mit Videorecorder oder E-Mail zurecht. Nun, wenn es um emotionale Kompetenz, um Verhandlungsgeschick, um Taktgefühl und Toleranz geht, ist Weisheit etwas anderes.

Auch Sie haben schon an ungezählten Streitereien teilgenommen oder waren deren Zeuge, je älter Sie sind, desto öfter. Alle diese Vorkommnisse dürften noch in Ihrem Gehirn abgespeichert sein, nicht unbedingt in ihren Einzelheiten. Aber ihre markanten Akzente bleiben verfügbar, die älteren davon integriert in persönlicher allgemeiner Lebenserfahrung, die auch irgendwie komprimiert abgespeichert ist.

- Wir haben keinen direkten Zugang mehr zu diesem Erfahrungswissen. Uns leitet „so ein Gefühl". Man nennt es *Intuition*.

Es ist eine der besonders großartigen Leistungen unseres Gehirns. Bei Bedarf wird der ganze *Erfahrungsschatz* in Sekundenbruchteilen ausgewertet. Je vielseitiger er ist, desto angemessener wird man vom Alarmierungs- und Warnsystem informiert. Wir können uns auf diese *intelligente Überwachungsfunktion* recht gut verlassen, besonders wenn wir bereits vergleichbare Situationen gut gemeistert haben.

Versuchen Sie sich an einschlägige Diskussionen zu erinnern. Wahrscheinlich hatten Sie noch gar nicht gewusst, welche erstaunlichen Fähigkeiten Ihr Gehirn hat. Sie haben sie einfach genutzt. Künftig können Sie darauf gezielt achten. Sie werden sie seltener überhören. Sie werden häufiger situationsgerecht urteilen.

Freilich, die optimale Reaktionsform zu kennen, das ist die eine Seite. Die andere ist die Frage, ob die richtige Antwort sich auch gegen augenblickliche Emotionen wie *Wut* oder *Angst* durchsetzen kann. Wenn Sie Ihre Lebensweisheit also möglichst gut nutzen möchten, müssen Sie an Ihrer Selbstbeherrschung und anderen Kompetenzen arbeiten. Vielleicht sollten Sie unter diesem Gesichtswinkel den Inhalt des ersten Teiles dieses Buches nochmal durchsehen?

Was gibt es Wichtigeres als Toleranz?

Wenn wir uns schon mit weisen Reaktionen in kritischen Auseinandersetzungen befassen, sollten wir auch einen Abstecher zum Begriff der *Toleranz* machen. Man versteht darunter das *Erdulden von* oder die *Achtung gegenüber abweichenden Meinungen*. Man hat jahrhundertelang über Anwendungen der Toleranz und ihre Einschränkungen diskutiert.

Uns soll nur die psychologische Seite interessieren. Wie kommt der ach so egoistische Mensch überhaupt dazu, auf die Ansichten anderer Rücksicht zu nehmen? Denken Sie an sein Dominanzstreben ...

Wir sollten uns die Liste der vermutlich angeborenen Bedürfnisse im Anhang von Kapitel 18 noch einmal ansehen. Dort gibt es auch ein *Bedürfnis* nach „*Menschenverständnis*":

„Motive und Gefühle der Menschen analysieren können; verstehen, wie andere bestimmte Probleme empfinden; die Menschen mehr danach beurteilen, warum sie etwas tun, als danach, was sie tun; das Verhalten anderer vorhersagen."

Wenn wir wirklich ein derartiges angeborenes Bedürfnis haben, muss es natürlich durch Lernen auf die Bedürfnisse der Menschen unserer Zivilisation eingestellt werden. Wieder eine riesige Hypothek für die Pädagogik. Immerhin, dieses angeborene Bedürfnis ermöglicht die wohl größte *Tugend*, die Menschen haben können. Es ist schön zu wissen, dass sogar die Toleranz tatsächlich irgendwo in unserem Gehirn angelegt ist ...

Kritisieren erfordert Takt und Mut

Aber kehren wir zum Hauptthema zurück: Nicht nur bei einem Streitgespräch gibt es *unterschiedliche Ansichten* oder Argumentationen. Grundsätzlich sind sie auch Ausgangspunkt für *Kritik*. Kritik ist Bestandteil jeder Form von Lehre und Weiterbildung. Kritik erfordert überragendes Wissen, Sachkenntnis, Denkvermögen. Aber Kritik erfordert auch Einfühlungsvermögen, Taktgefühl, Rücksichtnahme – eigentlich höchste soziale Kompetenz.

Kritik sollte ja nicht verletzen oder beleidigen oder einschüchtern zugunsten der eigenen Machtposition.

• Kritik soll motivieren zum Umdenken, Bessermachen, geistig Wachsen. Sie erfordert beträchtliche innere, emotionale Souveränität auf beiden Seiten.

Wenn die Kritik effektiv sein soll, erfordert sie viel von dem, was wir unter Beeinflussen und Führen angesprochen haben. Es gibt Spielregeln, Anweisungen, Bücher zum Thema Kritik. Ich habe daher nur die knappe Präzisierung von Levinson in Abbildung 22.3 zusammengestellt. Sie betrifft gewissermaßen die üblichen „handwerklichen" Fehler. Uns hier würde das vom roten Faden abbringen.

Aber ich habe Sie in der Tabelle bei jedem dort angesprochenen Fehler stichwortartig daran erinnert, dass die Vermeidung solcher Fehler und eine zielführende Kritik über weite Strecken auf gekonnter emotionaler Intelligenz beruht.

Das Kritisieren ist schließlich ein Paradebeispiel, um das Wesen der emotionalen Intelligenz zu erklären. Der *Verstand* muss sich auf logische Gedankengänge konzentrieren, und dann wird das gleichzeitige *Verhalten* wie Geduld oder Ungeduld, Ärger, Überheblichkeit oder verständnisvolles Bemühen um die Probleme des Kritisierten im Hintergrund durch die emotionale Intelligenz organisiert. Der Erfolg des Kritisierens kann am Schluss mehr vom richtigen Verhalten als von den klugen Worten abhängen ...

---

1. **Präzise Beanstandungen bei Fehlern ermöglichen eine Reaktion:**
   „Es ist etwas falsch gemacht worden" = keine Änderungsmöglichkeit
   → *Die Folge ist Gleichgültigkeit oder gar Demoralisierung*

2. **Lob ist gut, präzisiertes Loben ist die bessere Anerkennung:**
   Eindeutiges Erfolgserlebnis spornt mehr an
   → *nicht allgemein Freude, sondern gerichtete Motivation*

3. **Lösung anbieten:** aber nur Vorschläge, die bewältigt werden können
   → *Fehlendes Feedback führt zu Frustrierung, Enttäuschung*

4. **Wenn der Fehler nicht häufig ist, Kritik am besten unter vier Augen:**
   Blamage, wenn man sich dumm oder ungeschickt verhalten hat
   → *Mitarbeiter wäre verletzt, verärgert, demoralisiert*

5. **„Sei sensibel":** kein Sarkasmus oder Ironie, keine persönlichen Angriffe
   → *Ohne Empathie erzeugt man Verbitterung, Groll*

6. **Emotional ausartende Debatten vertagen:** souverän bleiben, Abstand
   → *Kritiker braucht emotionale Intelligenz (Selbstbeherrschung)*

Abb. 22.3: Auch beim Kritisieren spielt die emotionale Intelligenz eine überragende Rolle: Kritik kann positiv oder negativ gemeint sein und auch so aufgefasst werden. Die Reaktion des Kritisierten hängt neben dem grundsätzlichen Grad von Empfindlichkeit auch von der emotionalen Augenblickssituation ab. Es ist nachgewiesen, dass Nachgeordnete auf die emotionalen, nichtverbalen Signale des Vorgesetzten meistens weit mehr achten als auf den rationalen Inhalt seiner Worte. Solange Kritik im Sinne von „Feedback", also einer Hilfe zum Lernen aus Fehlern gemeint ist, muss sie sich streng an emotional bedingte Regeln halten, deren es viele gibt. Bekannt sind die Grundregeln von Levinson.

Sie haben genug Lebenserfahrung, um die sechs Leitgedanken von Levinson in Abbildung 22.3 nachvollziehen zu können und als typisch zu erkennen. Sie haben die richtige und die falsche

Anwendung oft genug erlebt. Lassen Sie mich also nur den Vorschlag machen, die Punkte dieses sehr erfahrenen Lehrers ein zweites Mal durchzusehen, und zwar mit aufrichtiger Selbstkritik. Sicher ist ein interessanter Hinweis dabei, vielleicht sogar ein Anstoß, verbesserungswürdige Schwachpunkte in Ihrem eigenen Verhalten anzugehen. Da das mit der Selbstkritik ja so eine Sache ist, sollten Sie das Ganze vielleicht mal offen mit Betroffenen besprechen? Wieder bezieht sich das ja nicht nur auf die berufliche Tätigkeit, auf die fachliche Kommunikation. Wo im Leben übt man *nicht* irgendwann Kritik?

Solange man es gut meint beim Kritisieren, braucht man diese Strategien. Sie haben etwas mit *Taktgefühl* zu tun. Oft genug mögen Sie lange überlegt haben, wie Sie eine Kritik anbringen sollen, ohne zu verletzen. Nicht selten werden Sie sogar auf berechtigte, für den anderen vielleicht wichtige Kritik verzichtet haben. „Soll er doch ...". Das mag manchmal taktisch richtig sein, allerdings nicht bei Nachgeordneten.

● Als Führungskraft müssen Sie Fehler kritisieren und korrigieren, als Teammitglied sollten sie es tun.

Manchmal gehört Mut dazu, seine Ansicht gegenüber einem anderen zu vertreten. Eine besondere Form könnten wir noch ansprechen: Die *Zivilcourage*. Denken Sie an das Beispiel von Tschernobyl im vorigen Kapitel. Keiner traute sich, zu warnen. Courage heißt Mut.

Mut ist ein schillerndes psychologisches Phänomen, dessen Definition mehr für eine Diskussion mit Ihren Freunden als für unsere Thematik taugt, jedenfalls in all den Fällen, wo die *Risiko*abwägung durch den Verstand unterdrückt wird: Mutproben, *Über*mut, Heldenmut. Den Verstand bei offensichtlicher Gefahr bewusst abzuschalten, das ist schlicht Dummheit.

Aber es gibt auch den Mut, seine Überzeugung gegenüber einer Mehrheit zum Ausdruck zu bringen, offensichtliches Unrecht zu bekämpfen, für schwache Mitmenschen oder für höhere Werte einzutreten.

- Bei Zivilcourage geht es gerade um den Mut, dem „besseren Verstand" zum Sieg zu verhelfen.

Natürlich gilt es auch bei diesem Mut, Gefahren zu vermeiden, das rechte Maß zu wahren. Aber wer sich wiederholt nachträglich eingestehen muss, dass ihm im entscheidenden Augenblick die Zivilcourage gefehlt hat, für anerkannte Werte, für seine persönliche Auffassung einzustehen, der hätte schon einen Grund, über Verhaltensänderungen nachzudenken, ernst und intensiv.

Darüber *muss* man sogar nachdenken. Zivilcourage muss man sich vornehmen, muss man üben.

Was konnten Sie sich aus Kapitel 22 merken?

- Durch Emotionalisierung wird eine Diskussion zum Streit.

- Die drohende Eskalation erkennt man aus den Reaktionen des anderen mittels Empathie.

- Taktgefühl beruht auf der Auswertung von Erfahrungen, die man mit der emotionalen Reaktion anderer schon unter spezifischen psychologischen Belastungen gemacht hat.

- Der „emotional Klügere" muss rechtzeitig die Deeskalation oder Vertagung einer entgleisten Diskussion anstreben.

- Schwebende Konflikte bieten die Chance zu Anpassungsvermögen und Fortschritt.

- Die unbewusste Auswertung der Erfahrungen unseres Lebens ermöglicht eine sichere Intuition.

- Kritik ist Aufgabe des Führenden, erfordert aber hohe soziale Kompetenz.

- Zivilcourage ist der Mut, der besseren Idee auch gegen Widerstand zu ihrem Recht zu verhelfen.

Ist Ihnen schon ein persönliches Ziel eingefallen?

- Das Taktgefühl warnt uns davor, den anderen „aus dem Takt zu bringen", in dem er selbst bislang gut funktionierte, und in dem auch das Verhältnis zwischen ihm und mir harmonisch sein könnte. Meine Taktlosigkeit würde diese Harmonie stören. Nicht immer, aber häufig ist Rücksichtnahme die bessere Strategie. Also: Prüfen Sie Ihre entsprechende Sensitivität und Ihre Reaktionen. Suchen Sie nach Gelegenheiten, sich wie ein wirklicher Gentleman zu verhalten.

- Der Mensch ist zu Toleranz befähigt, weil er ein angeborenes Bedürfnis nach Menschenverständnis hat. Das gleiche Verständnis ermöglicht ihm auch, das voraussichtliche Verhalten anderer zu kalkulieren. Also: Lehnen Sie sich viel öfter innerlich zurück und beobachten Sie die anderen. Reagieren Sie nicht sofort auf störende Eigenheiten oder andere Kleinigkeiten. Konzentrieren Sie sich auf wichtige Entwicklungen. Das muss man sehr lange üben.

Das könnten Sie schon mal überlegen:

Behalten Sie Ihre Meinungen aufgrund einer gewissen Schüchternheit in der Öffentlichkeit meistens für sich, oder macht es Ihnen gar nichts aus, sofort Ihre Ansichten kundzutun? Beides könnte falsch sein: Manche Leute stören erheblich, weil sie ständig unreflektiert das Wort führen. Andererseits: Das besonnene Urteil der Stillen wäre zuweilen sehr nötig.

Konflikte als Innovationsmöglichkeiten begreifen

Der Begriff „Konflikt" wird in der Psychologie und Soziologie weiter gefasst als in der täglichen Umgangssprache. Gemeint ist das Aufeinandertreffen von gegensätzlichen Interessen. Dabei geht es hauptsächlich um die Entscheidung zwischen unterschiedlichen *Zielen*, zwischen verschiedenen *Wegen* zu einem Ziel, oder aber auch um das *Dilemma*, wenn ein Ziel sowohl Vor- als auch Nachteile hat.

Streit oder gar Krieg sollten nicht mit Konflikt gleichgesetzt werden, wie das heute oft in den Medien geschieht. Sie sind lediglich der – meist ungeeignete – Versuch, den Konflikt gewaltsam zu beenden. In der Regel wird er weiterbestehen.

Die korrekte Auflösung von Konflikten geschieht über *Entscheidungen*. Sie können innerhalb eines Individuums bzw. einer Organisation oder zwischen solchen gefällt werden. Sie können auch als Kompromiss (jeder bekommt etwas und verzichtet auf etwas) oder als Konsens (nur kleinster gemeinsamer Nenner) zustande kommen.

So gesehen ist das Leben förmlich eine Kette von Konflikten, die mehr oder weniger intensiv als solche empfunden und verfolgt werden.

Die Konfliktbewältigung erfolgt nur vordergründig mit dem Verstand. Gerade die schweren Konflikte sind hochgradig mit *Emotionen* befrachtet: Es spielen fast immer Wünsche, Hoffnungen und Ängste eine entscheidende Rolle. Entsprechend groß ist die Bedeutung der emotionalen Intelligenz in Form menschlicher Reife beim Austausch der Argumente wie bei der Lösungsfindung.

Die Konfliktforschung hat sich nicht nur mit psychologischen, sondern auch mit allgemeinen gesellschaftsrelevanten Problemkonstellationen beschäftigt, z.B. auch in der Wirtschaft.

Straff hierarchisch geführte Organisationen gelten dort als reaktionsschnell und zielstrebig. Sie sind es, weil Entscheidungen durch den Führenden rasch und eindeutig getroffen werden können. Dieser Vorteil kann immer dann zum Nachteil werden, wenn Flexibilität und Kreativität gefordert werden, und das ist in unserer schnelllebigen Zeit häufig.

Wenn nämlich ein Konflikt durch eine Entscheidung gelöst ist, wird die Angelegenheit fortan als *gegebener Fakt* angesehen und nicht mehr hinterfragt. In diesem Infragestellen, in der Veränderung kann aber die künftige Chance liegen.

Entscheidungen reduzieren die Zahl der Möglichkeiten und verschließen Optionen!

Somit kann es für eine Organisation vorteilhaft sein, gewisse innovationsträchtige Komplexe offen zu lassen für weitere Erörterungen. Als Beispiel gilt der *Tarifkonflikt* zwischen Arbeitgebern und Gewerkschaften. Dort wird nicht grundsätzlich, sondern für begrenzte Zeiträume verhandelt und Raum für situationsgerechte Sonderregelungen gelassen.

Man geht davon aus, dass Unternehmen, die Konfliktsituationen und damit situationsgebundene Entscheidungen (in ausgewählten Bereichen) vorsehen, der modernen Komplexität ihrer Umwelt besser gewachsen sind.

Wo nicht entschieden wurde, ist dann aber auch Raum für künftige Konflikte, in die Führungskräfte oder Mitarbeiter im Akutfall geraten können. Man vertraut auf die Konfliktlösungskompetenz der Mitarbeiter.

Oft wird in diesem Zusammenhang Entscheidungsbefugnis „nach unten delegiert". Die obere Führungsebene räumt einen Teil ihrer Machtpositionen. Sie muss die reduzierte Machtfülle durch größere soziale Kompetenz ausgleichen.

Denn die Mitarbeiter der unteren Ebene sind nun ihrerseits gehalten, Konflikte selbstbestimmt auszutragen, Entscheidungen zu fällen oder auch nicht. Sie werden folglich zusätzlicher psychischer und sozialer Belastung ausgesetzt. Der Vorgesetzte wird ihnen helfen müssen, muss sie unterweisen in speziellen Konfliktlösungsstrategien. Er bekommt eine neue, sehr ernst zu nehmende Verantwortung.

Persönlichkeitsgefühl, Körpergefühl, Zeitgefühl

Intuition erwächst aus der Verarbeitung alter Erinnerungen, haben wir festgestellt. Sie sind zum Teil gar nicht mehr bewusst, zum Teil nur noch als grundsätzlicher Erfahrungssatz vorhanden.

Das Gehirn dürfte seine Erinnerungen häufiger „durchsehen" und verrechnen, als uns bewusst ist. Ich möchte damit zum Beispiel das Phänomen erklären, dass fast jeder Mensch sich deutlich jünger *fühlt*, als er nach Kalenderjahren schon ist. Er fühlt sich insbesondere auch jünger, als er seine Altersgenossen um sich herum einschätzt.

Die Beurteilungskriterien sind offenbar unterschiedlich. Das eigene Persönlichkeits*gefühl* ergibt sich aus dem Integral vieler (zurückliegender) Seinserfahrungen. Man empfindet sich daher irgendwo inmitten seiner eigenen Geschichte. Die Mitmenschen dagegen sieht man in ihrer gegenwärtigen Form und Fitness, also am Ende ihrer bisherigen Entwicklung.

Sich jung zu fühlen beruht also auf Erinnerungen. Das *Selbstbewusstsein*, das wir in Kap. 11 ansprachen, spielt hier eine zusätzliche Rolle. Wer sich kompetent, aktiv und jung fühlt, wird auch so handeln.

Erst hinderliche oder schmerzhafte Gebrechen holen das *Persönlichkeits*gefühl in die Istzeit herunter, zerstören die schöne Illusion und damit sicher auch eine Form der *ungerichteten Motivation*.

Alles reduziert sich dann auf das *Körper*gefühl, das etwas ganz anderes ausdrückt und daher klar davon zu trennen ist. Das Gehirn erhält aus allen Bereichen des Körpers jede Sekunde eine riesige Menge von Daten gemeldet. Diese Informationen werden in „Karten" integriert, zunächst für gewisse Einzelfunktionen und Bereiche, dann werden deren Ergebnisse immer weiter verrechnet, bis in einer obersten „Karte" das

Gefühl für den aktuellen Zustand des gesamten Körpers generiert wird. Dieses Körpergefühl kann jederzeit *bewusst gemacht*
werden. Wir können dann sagen, ob wir uns wohlfühlen oder
nicht.

Von sich aus tritt das Körpergefühl in den Vordergrund,
wenn das Wohlbehagen beeinträchtigt wird. Der Verstand
registriert, dass man sich nicht wohl *fühlt*. Das Bewusstsein
kann dann aus anderen Karten ermitteln, ob Müdigkeit oder
Schmerz oder auch ein psychologisches Problem wie Angst
oder ein schlechtes Gewissen die Ursache ist.

Wiederum vom Persönlichkeitsgefühl zu trennen ist das *Zeit-
gefühl*. Es existiert offenbar in zwei Kategorien. Die eine Form
wird ebenfalls vom Gehirn aus zahlreichen Einzelerinnerungen
berechnet. Sie ist für *weiter zurückliegende* Zeiträume zuständig. Hat es zum Beispiel im vorangegangenen Jahr nicht viele
Ereignisse gegeben, die aus der täglichen Routine herausragten,
dann scheint das Jahr im Rückblick schnell vergangen zu sein.
Alte Leute haben daher oft den Eindruck, dass die Zeit immer
schneller läuft. Man weiß, dass die Geschehnisse mit Zeitmar-
kern versehen werden. Diese fehlen nämlich in Narkose, Alko-
holvergiftung und nach Schädigungen der linken Hirnhälfte.

Die *kurzfristigen* Ereignisse verrechnet das Gehirn ganz
anders. Wenn während des Tages viel los war, verging die Zeit
„wie im Fluge". Passierte dagegen wenig, dann zog sie sich im
Rückblick (gefühlsmäßig!) endlos dahin. Wir haben dann
(wegen der vertanen Zeit) kein besonders gutes *Gefühl*, zurück-
denkend. Der Tag bekommt keinen guten Marker. Zuständig
ist hier offenbar das Bewusstsein. Es arbeitet in einem Takt von
etwa drei Sekunden, dem Maß für einen „Augenblick".

Schlussbemerkung

Die Welt, in der wir leben und agieren, ist unvorstellbar vielfältig. Und diese Vielfalt wandelt sich zudem ständig und meist unvorhersehbar.

Wir haben von Geburt an „Instrumente" mitbekommen, mit denen wir uns an die Veränderungen der Umwelt anpassen und mit denen wir selbst auf sie einwirken können. Das bedeutet, viele unserer Fähigkeiten erben wir nur grundsätzlich wie zum Beispiel die Fähigkeit, Sprachen zu erlernen. Ob jemand dann die deutsche, französische oder englische Sprache lernt, hängt davon ab, in welcher Umwelt er aufwächst.

Jeder hat prinzipiell die gleichen Möglichkeiten, allerdings nicht jeder in der gleichen Stärke und Wirksamkeit. Aber jeder kann seine „Instrumente" verbessern, dem Bedarf und den Umständen entsprechend. Er kann besonders gut werden im Rechnen, im Verkaufen von Waren, im Erziehen von Kindern usw.

Geerbt haben wir also grundsätzliche Funktionen, die einer Anpassung an den Gebrauch bedürfen. Dadurch ist uns eine gewaltige Flexibilität gegeben. Und bei jeder Weiterentwicklung dieser Umwelt können wir uns selbst gleichermaßen entwickeln, also die Handhabung eines Videorecorders oder eines neuen PCs lernen. Wir bleiben lebenstüchtig.

Die enorme Flexibilität unserer Anlage ist aber auch eine Aufgabe. Es geht nicht ohne ständiges Lernen, nicht ohne Sammeln und Verarbeiten von Erfahrung. Es bedarf der Erziehung und Unterweisung sowie der eigenständigen Weiterbildung, wobei Ersteres in der Kindheit und Letzteres im Erwachsenenalter überwiegt.

In diesem Buch ging es uns darum, zu zeigen, dass man auch im emotionalen Bereich erzogen werden muss und sich aktiv weiterbilden sollte. Mit vermehrter Perfektion dieser Fähigkeiten werden wir nicht nur unseren Erfolg, sondern auch unsere Lebensqualität erhöhen.

Wir haben uns in diesem Buch auf die Welt der Emotionen konzentriert. Wir haben gesehen, dass diese Welt in uns Teil eines großen *Netzwerkes* aus Nervenverbindungen und Hormonwirkungen ist, das man als *Bindeglied zwischen dem Körper und dem Verstand* auffassen kann. Ein Netzwerk, das alle Veränderungen in unserem Körper und in der von unseren Sinnen erfassten Umwelt registriert und mit Sollwerten und mit anderen abgespeicherten Informationen vergleicht. Es *alarmiert* im Bedarfsfall, und es veranlasst die geeigneten Gegenmaßnahmen. Es meldet nicht nur Hunger, wenn der Körper ein Defizit an Nahrungsstoffen hat. Wenn die Augen dann einen Apfel erkennen, *veranlasst* es, ihn zu nehmen und zu essen. Es warnt auch, wenn unser Gesprächspartner nonverbal seinen Ärger zu erkennen gibt, und rät zu der friedlichen Verhaltensvariante.

Die Welt des Emotionalen in uns ist ungeheuer vielseitig. Sie muss es sein, damit sie in einer höchst komplizierten Umwelt für unser anspruchsvolles Überleben ausreicht. Aber diese innere Welt wird für uns dennoch überschaubar, sie wird bis zu einem gewissen Grade beherrschbar, wenn wir ihre Regeln erkennen und sie anwenden. Es sind allerdings zu viele, als dass ich alle hätte erklären oder nur erwähnen können.

Aber die wichtigsten Regeln passen zu vielen Lebenslagen. Ich wollte Ihnen zeigen, dass man mit den gleichen Prinzipien in Beruf, in der Freizeit oder Schule, in der Familie vorankommt. Wenn man die Grundlagen kennt, kann man sie überall richtig anwenden. Und Sie haben gemerkt, dass Sie diese Prinzipien eigentlich längst kennen, grundsätzlich jedenfalls. Sie wenden sie ja ständig an.

Die Psychologie vermag viele Zusammenhänge und Hintergründe des Verhaltens der Menschen systematisch einzuordnen und gewisse Gesetzmäßigkeiten aufzuzeigen. Sie vermag Hinweise auf geeignete Möglichkeiten für Verhaltensänderungen zu geben.

Ich hatte Ihnen einen Spaziergang durch die Welt der Gefühle angeboten, gewissermaßen als fachkundiger Reiseleiter, der hier und dort auf bemerkenswerte Besonderheiten hinweist, historische und andere Zusammenhänge erklärt. Es mag eher eine lange Wanderung geworden sein. Aber Sie haben gut durchgehalten. Wir sind nun am Ende des Weges angekommen.

Wir wissen nun, dass das emotionale Netzwerk nicht nur unverzichtbare Funktionen in uns selbst erfüllt, sondern vielmehr und wichtiger noch beim Kontakt mit anderen Menschen. In der Kommunikation mit den Mitmenschen, also da, wo sich eigentliches menschliches Leben abspielt, finden wir die emotionale Intelligenz in ihrer Hauptrolle.

Wir haben erkannt, dass das System unserer emotionalen Intelligenz überall nach einem bestimmten Schema arbeitet. Immer vergleicht es die Daten der aktuellen Situation mit denen von Erlebnisbildern und Begriffen, die in den Zentren des Gehirns abgespeichert sind. Es scheint mit Mittelwerten daraus zu arbeiten, wenn es gilt, Sollwerte aufzustellen. Es berücksichtigt unsere früheren emotionalen Bewertungen, um unser vom Verstand nicht kontrolliertes Verhalten zu dirigieren. Es nutzt auch unsere persönlichen Wertmaßstäbe bei früheren Erfahrungen, um intuitiv zu raten, wenn schwierige Entscheidungen anstehen.

Und wir haben uns klar gemacht, dass es Daten sind, die wir gelernt haben und zu denen wir ständig neue hinzulernen. Wir haben die Chance besprochen, die darin liegt, die Qualität gewisser neu zu lernender Daten zu beeinflussen.

Wir haben uns dabei vorgenommen, von nun an Datenmaterial bewusst im Gehirn so abzuspeichern, dass es die Grundlage unseres künftigen Verhaltens möglichst vorteilhaft modifiziert. Und wir sind uns bewusst, dass dies angesichts der Fülle der schon im Gehirn vorhandenen Daten ein langwieriger Prozess sein kann.

Wer eine Begabung lange genug konsequent übt, wird sich ihrer immer geschickter bedienen. Er wird schließlich ein Meister seiner Kunst. Auch das *Leben* ist so eine *Kunst*, die man üben muss. Wir haben es in der Hand, unser Leben immer besser zu „meistern".

Ich hoffe, dass Sie unseren Weg durch die Welt der Emotionen interessant und unsere Diskussionen lohnend fanden. Sie erinnern sich vielleicht noch, dass ich eingangs die Vorstellung der Methode des Selbstmanagements in diesem Buch mit dem Verkauf eines Bohrers verglich. Es war die Rede von Löchern, die man braucht, und anderen, an die man gerade nicht denkt. Und es war die Rede von der Freude, die man an einer erfolgreichen Handhabung eines guten Gerätes haben kann.

Ich habe Sie auf unserem Weg auf mindestens hundert Konstellationen hingewiesen, in denen mancher Mitmensch an sich arbeiten könnte oder sogar sollte. Sie haben sich vielleicht einige für den eigenen Gebrauch vorgemerkt.

Im Anschluss finden Sie diejenigen guten Vorsätze nochmal zusammengestellt, die jeweils am Ende der Kapitel schon formuliert waren. Nehmen Sie sie als Chancen für ein Stück mehr Lebensqualität.

Zu einer bewussten, zielstrebigen Wahrnehmung dieser Chancen wünsche ich allen meinen Leserinnen und Lesern einen starken Willen und Selbstkritik, Mut und Ausdauer. Ausdauer im Streben nach Lebenskunst. Dann wird der Erfolg folgen und Freude machen.

Friede auf der ganzen Erde wird es nicht geben. Aber etwas mehr Friede im eigenen Umfeld – das könnte jeder erreichen.

Anhang

A. Was wollen Sie sich eventuell vornehmen?

Markieren Sie sich interessante Vorschläge, z. B. mit einem oder mehreren Kreuzen. Unterstreichen Sie sich wichtige Stichworte. Oder streichen Sie durch, was für Sie gar nicht infrage kommt. Später können Sie Ihre Auswahl bis auf einen oder wenige Favoriten einengen. Das haben Sie sich vielleicht als möglichen „Vorsatz" vorgemerkt:

2a. Für unsere Entscheidungen ist wichtig, dass die emotionalen Marker möglichst richtig sind. Also: Vor wichtigen Entscheidungen muss ich nicht nur die Richtigkeit meiner Argumente, sondern auch die Zweckmäßigkeit meiner zugrunde liegenden Emotionen überprüfen und ggf. korrigieren. Dies gilt für meine Abneigungen und für die vielen Vorlieben gleichermaßen.	
2b. Starke Emotionen sind für die Durchsetzung persönlicher Ziele vorteilhaft, beim Gegner entsprechend zu fürchten. Also: Wo kann ich meine Emotionalität gezielt einsetzen, wo sollte ich es und wo nicht? Wo könnte ich durch Mobilisieren der Emotionen meiner Mitstreiter vielleicht einen „Heimvorteil" organisieren?	
3a. Die Emotionen neigen zur Überreaktion. Mangelnde Anpassung führt im sozialen Zusammenleben zu Problemen. Also: Neige ich vielleicht (gelegentlich) zum Aufbrausen? Dann sollte ich durch konsequentes Training versuchen, meine Gefühlsreaktionen rechtzeitig vorauszusehen oder zu erkennen. Nur dann kann ich Gegenstrategien erlernen.	
3b. Die emotionale Intelligenz orientiert sich an den zahllosen Erlebnisbildern früherer vergleichbarer Ereignisse. Es ist wichtig, künftig die Erlebnisbilder mit Markern auszustatten, die den eigenen Vorstellungen entsprechen. Also: Nach jedem Ereignis sollte ich die rationalen und die emotionalen Umstände darauf überprüfen, ob ich richtig entschieden habe oder mich von Gefühlen treiben ließ. Das optimale Resultat muss ich mir jedes Mal genau einprägen.	

4a.	Stärkere Emotionen beeinträchtigen die Leistung durch Fehler oder Blockaden. Also: Ich muss vermeiden, bei Mitarbeitern störende Emotionen auszulösen.	
4b.	Angst ist wie Wut mit Erregung verbunden. Also: Bei Angstzuständen muss ich versuchen, mich zu entspannen (auch zur Vorbeugung!), ähnlich wie bei Zorn oder Verärgerung.	
4c.	Die beste Gegenmaßnahme ist immer die Vorbeugung. Also: Ich muss versuchen und trainieren, das Entstehen stärkerer Emotionen im Vorfeld zu erkennen.	
5a.	Intelligenz kann man in der Kindheit und Jugend durch Training verbessern. Also: Ich sollte mir Zeit nehmen, Kindern (spielerisch) so viel unbekannte, aber lösbare Probleme anzubieten wie möglich, bei denen auch Konzentrationsfähigkeit, Selbstbeherrschung, Kooperation oder Selbstbewusstsein nötig sind.	
5b.	Die Funktionen der emotionalen Intelligenz reifen in der Kindheit auffallend früh. Also: Schon vor und während der Kindergartenzeit muss ich mich bemühen, Kindern alles liebevoll zu erklären, allerdings auch, konsequent zu sein.	
6a.	Selbstbeherrschung bezieht sich nicht nur auf Anpassung an die Gesellschaft, sondern auch auf Verlockungen. Also: Ich sollte meine Fähigkeit zur Selbstbeherrschung in den Bereichen trainieren, in denen ich schon Probleme hatte.	
6b.	Über die Einhaltung der Regeln der sozialen Gemeinschaft wacht das Gewissen. Das Befolgen wird mit guter Stimmung belohnt. Also: Schon wegen des Nahziels einer guten Stimmung könnte ich mir eigentlich eine tägliche gute Tat angewöhnen, schon um dann mein gutes Gewissen zu genießen. Tue Gutes und … freue Dich darüber.	
7a.	Die Umwelt schließt aus dem Verhalten eines Menschen auf dessen Charakter. Das Verhalten seinerseits basiert auf erlerntem Wissen und auf zugehörigen emotionalen Einstellungen. Also: Zur Änderung einer Charaktereigenschaft muss ich meiner (emotionalen. Intelligenz eine neue Auswahl aus Erinnerungsbildern zur Verfügung stellen, in denen die wünschenswerte Aktion mit den entsprechenden Markern versehen ist.	

7b. Erinnerungsbilder dienen der emotionalen Intelligenz als Vorbild für unbewusstes, automatisch korrektes Verhalten. Sie müssen zahlreich sein, um allen zu erwartenden, variierenden Situationen beispielhaft genügen zu können. Also: Lange Zeit muss ich ständig wiederholt korrektes Verhalten einüben, bis viele richtige Erinnerungsbilder abgespeichert sind. Ein Partner wäre sehr hilfreich.

8a. Gute Stimmung erhöht die Leistungsfähigkeit. Also: Ich sollte mir bessere Taktiken überlegen, mit denen ich meine eigene Stimmung oder die der Mitarbeiter verbessern kann. Die muss ich dann konsequent üben.

8b. Falsche Annahmen und entsprechend häufige schlechte Stimmung könnten auf mangelnder Selbstkritik beruhen. Also: Ich sollte mich oder betroffene Mitmenschen anhalten, das eigene Können und Wissen möglichst realistisch zu sehen. Und daran sollte ich so oft wie möglich denken.

8c. Richtiges Feedback, aber auch Lob und Anerkennung heben die Stimmung und verstärken den Lerneffekt. Also: In jeder Führungsposition muss ich den Effekt meines Verhaltens bei Nachgeordneten bedenken. Hierauf muss ich zunächst mit dem Verstand achten, auch auf die zugehörigen Gefühle. Es wird später glaubhafter wirken, wenn ich es schließlich „automatisch" richtig mache.

9a. Arbeit kann und sollte Freude und Zufriedenheit auslösen. Also: Vielleicht kann ich Tätigkeiten, die mir bislang keine Freude bereiten, so umgestalten, dass ich dabei zufrieden bin. Oft liegt es nur an der inneren Einstellung zu dieser Tätigkeit. Ich sollte mir angewöhnen, mich selbst und meine Einstellungen „von einer höheren Warte aus" zu betrachten (Hubschrauberperspektive).

9b. Das Dominanzstreben ist ein Trieb, der (im Gegensatz zu Hunger oder Durst) nicht gesättigt, aber gezügelt werden kann. Also: Ich sollte künftig darauf achten, ob ich die Sphäre meiner Mitmenschen unnötig verletze. Natürlich werde ich mich wenigstens dann bewusst zurücknehmen, wenn es nicht wirklich drauf ankommt. Auch dazu sollte ich mich um eine „höhere Warte" bemühen.

10a. Arbeitsüberlastung kann zu schlechtem Gewissen und letztlich zu chronischem Stress führen. Also: Sofern ich mich den ganzen Tag redlich gemüht und die richtigen Schwerpunkte gesetzt habe, sollte ich mich über das Erreichte freuen und für den unerledigten Rest einen guten Plan machen.	
10b. Schriftliches Aufarbeiten von psychischen Spannungszuständen vermag einem Herzinfarkt vorzubeugen. Also: Ich werde künftig über jedes aufregende Ereignis eine genaue Protokollnotiz anfertigen, nach jeder Beleidigung oder Erniedrigung wäre es günstig, sofort einen ausführlichen Antwortbrief zu entwerfen. Er kann sehr deutlich ausfallen, denn ich muss ihn am nächsten Tag ohnehin korrigieren.	
11a. Optimismus ist eine sehr erfolgreiche Lebenseinstellung. Ein Charakteristikum ist das Besinnen auf eigene Fehler im Falle von Niederlagen. Also: Ich werde künftig möglichst oft darauf achten, ob ich die Ursache von Misserfolgen dort suche, wo ich notfalls etwas verbessern könnte.	
11b. Mein Selbstwertgefühl bestimmt mein Verhalten und mehr noch das Verhältnis zwischen mir und den Mitmenschen. Es beruht auf meinem Können und darauf, wie ich das einschätze. Also: Ich muss mich immer wieder zwingen, meine Fähigkeiten korrekt einzuschätzen, nicht zu gering, aber auch nicht übertrieben. Ich sollte mich guten Freunden anvertrauen.	

Fällt Ihnen die Wahl schwer?
Dann erinnere ich Sie an die Daumenregeln für Zielentscheidungen:
1. Besser das sein wollen, was man selbst sein *kann* (sein eigenes ideales Selbst), als das, was *andere* wollen (gefordertes Ziel).
2. Was ist mir wirklich wichtig? Wünsche, Visionen, selbst Träume haben Vorrang vor dem, was für den Job wichtig ist.
3. Das Ziel sollte eher sein, etwas zu lernen, als etwas zu leisten.

B. Was wollen Sie sich aus dem 2. Teil eventuell vornehmen?

Denken Sie daran, dass es wenig Sinn macht, zu viel zu wollen. Erproben Sie die Methode und Ihre persönlichen Möglichkeiten erst mal mit einer oder höchstens drei Aufgaben. Später können Sie dann weitere hinzunehmen.

Suchen Sie sich einen Partner. Es macht mehr Spaß und ist erfolgreicher in Gemeinschaft.

14a. Es ist enorm wichtig, zu wissen, was der andere wirklich meint, also fühlt. Also: Da ich oft enttäuscht oder getäuscht werde, muss ich mir angewöhnen, genauer auf die nonverbalen Signale des Gesprächspartners zu achten.	
14b. Um einen anderen zu etwas zu überreden, was er sich geistig vorstellt, muss man dessen zugehörige emotionale Marker auf „sehr positiv" einstellen. Also: Da ich meine, dass andere Menschen bessere Überredungskünstler als ich sind, sollte ich üben, meine Gefühlskräfte stärker und gezielter einzusetzen.	
14c. Dauerhafte zwischenmenschliche Beziehungen beruhen auf ausgewogenen Kompromissen. Also: Einige meiner Freundschaften könnten an meiner mangelnden Kompromissbereitschaft gescheitert sein. Ich sollte mich in die Wunschvorstellungen des anderen hineinversetzen und versuchen, entsprechend zu urteilen.	
15a. Sympathie beruht auf der Synchronisation meiner Gefühle mit denen des Gegenüber. Also: Ich könnte bei Kontakten auf die Gefühlssituation des anderen gezielt achten und dann auch gezielt versuchen, mich selbst darauf einzustellen. Ich muss dann meine Gefühle zeigen – aber ohne zu übertreiben.	
15b. Sympathischen Menschen steht die Welt offen. Sicher kennen Sie jemanden, der Ihnen Vorbild sein könnte. Also: Ich werde mir seine/ihre Qualitäten überlegen und meine damit kritisch vergleichen. Ich muss zur Nachahmung bereit sein, und das immer wieder.	

16a. Es ist wichtig, Stimmungs- und Meinungsänderungen bei Partnern rechtzeitig zu erkennen und zu durchschauen. Also: Ich werde mich künftig – wenn der Gesprächsverlauf es zulässt – auf die Beobachtung von Mimik, Stimmlage, Körperhaltung meiner Gesprächspartner konzentrieren.

16b. Soziale Netze können unerwartet von größtem Nutzen sein. Sie fördern das zwischenmenschliche Klima. Also: Vielleicht sollte ich offener und gesprächsbereiter auf andere Mitmenschen zugehen. Ich werde mich auch darauf einstellen, meine eigene Hilfsbereitschaft anzubieten.

17a. Wer andere überreden möchte, sollte über ein vielfältiges Repertoire von Beeinflussungsmöglichkeiten verfügen. Also: Um welche Fähigkeit beneide ich meine Konkurrenten am meisten? Anordnen, Bitten, Scherzen o. a.? Ich werde die zusätzlichen Kompetenzen auswählen und trainieren.

17b. Menschen akzeptieren Beeinflussungen am leichtesten von denen, die sie als Vorbild anerkennen. Also: Ich sollte überlegen, ob ich mich dort, wo mir an persönlichem Einfluss gelegen ist, wirklich vorbildhaft verhalte. Ich will nach Verbesserungsmöglichkeiten suchen.

18a. Angeborene Bedürfnisse könnten Ihre Mitarbeiter/Freunde/ Familienangehörigen zu erheblichen Leistungen antreiben, wenn die Umstände sie nicht hindern würden. Also: Ich muss mich darauf einstellen, Problemsituationen zu erspüren. Ich werde für mich eine Routine entwerfen, die mich daran denken lässt. Ich muss häufiger auf nonverbale Signale und auf meine innere Stimme achten.

18b. Divergierende intrinsische Motivationen können zu Konflikten führen, wenn sie sich schlecht miteinander vereinbaren lassen. So könnte sich heimlicher Ehrgeiz nicht mit Selbstbescheiden vertragen, Ängste nicht mit Dominanzstreben, Hilfsbereitschaft nicht mit Aggressivität. Also: Ich sollte mich niemals als tragische Figur sehen. Ich muss überlegen, welche meiner widerstrebenden Tendenzen gestärkt, welche gezähmt werden sollten, und welche erlernten (!) Anteile davon geändert werden könnten. Dann werde ich ein langfristiges Trainingsprogramm beginnen.

19a. Die Form, in der Sie Ihren Machttrieb durchsetzen, könnte auch in kleinen Dingen für Ihre Mitmenschen lästig, eventuell sogar abstoßend sein. Also: Konsequenz und Durchsetzungsvermögen z. B. in Diskussionen sind durchaus legitim. Aber ich könnte mich um eine konziliantere Abwicklung bemühen. Ich muss gezielt auf die Reaktionen der anderen achten. Verträgliche Umgangsformen muss ich trainieren.

19b. Delegieren von Aufgaben an Nachgeordnete ist die eine Seite einer guten Führung. Die Betreuung dieser Nachgeordneten die (wichtigere) andere. Also: Ich nehme mir gezielt vor, mich um diejenigen intensiv zu kümmern, die von mir komplexe Aufträge bekommen. Ich muss dann deren nonverbale Äußerungen beobachten, bis mir das Gespür für deren emotionale Probleme selbstverständlich wird.

20a. Vorgesetzte neigen dazu, möglichst viele Informationen zurückzuhalten, solange Entscheidungen nicht reif sind (nicht nur im Betrieb!). Geführte wollen aber mitentscheiden. Durch Einbeziehung in aktuelle Probleme steigt ihr Engagement. Also: Ich muss natürlich nicht alle Geschäftsgeheimnisse preisgeben. Aber ich könnte mir ein Gefühl dafür angewöhnen, dass das Interesse nicht der Neugier, sondern einer Anteilnahme entspringt. Ich werde versuchen, das sehr positiv zu sehen und immer häufiger zu würdigen.

20b. Ständige Verängstigungen bedeuten für viele Mitmenschen chronischen Stress. Er kann zu psychischen Fehlhaltungen u. a. führen. Von Ihnen sollte keine Angst ausgehen. Also: Ich will überlegen, wie ich durch gelegentliche freundliche und beruhigende Worte Stress vermeiden, durch häufiges Lob motivieren kann. Ich muss mir einen Plan machen und eifrig trainieren, bis solches Verhalten zur Selbstverständlichkeit wird.

21a. Wichtigste Tugend im Team ist es, sich gegebenenfalls unterordnen zu können. Also: Ich sollte mir angewöhnen, gezielt auf Probleme mit der Unterordnung zu achten, nicht nur im Team. Falls ich selbst zu gerne über andere bestimme, muss ich gezielt üben, mich zurückzunehmen, wenn ein anderer Entscheidendes beitragen will oder kann.

21b. Die Aufgabe eines Teamleaders wird mit Konsensbildner charakterisiert. Er muss die Chancen an alle Mitglieder gerecht verteilen. Also: Natürlich mag ich nicht alle Menschen gleich gern. Bin ich gegenüber allen gerecht? Behandele ich alle gleich? Ich muss künftig gezielt auf mein Gerechtigkeitsgefühl achten und es schärfen.

22a. Das Taktgefühl warnt uns davor, den anderen „aus dem Takt zu bringen", in dem er selbst gut funktionierte, und in dem auch das Verhältnis zwischen ihm und mir harmonisch sein konnte. Meine Taktlosigkeit würde diese Harmonie stören. Nicht immer, aber häufig ist Rücksichtnahme die bessere Strategie. Also: Ich sollte meine entsprechende Sensitivität und meine Reaktionen prüfen. Ich werde nach Gelegenheiten suchen, mich wie ein wirklicher Gentleman zu verhalten.

22b. Der Mensch ist zu Toleranz befähigt, weil er ein angeborenes Bedürfnis nach Menschenverständnis hat. Das gleiche Verständnis ermöglicht ihm auch, das voraussichtliche Verhalten anderer zu kalkulieren. Also: Lehnen Sie sich viel öfter innerlich zurück und beobachten Sie die anderen. Reagieren Sie nicht sofort auf störende Eigenheiten. Konzentrieren Sie sich auf wichtige Entwicklungen. Das muss man sehr lange üben.

C. Literatur

Literaturnachweis

Cohn, R. (1979). Interview in *Psychologie heute*, 1979, 3.

Czikszentmihalyi, M., & Czikszentmihalyi, I. (1995). *Die außerge-wöhnliche Erfahrung im Alltag. Die Psychologie des flow-Erlebnis-ses.* Stuttgart: Klett-Cotta.

Damasio, A. R. (1994). *Descartes' Irrtum.* München: List.

Edwards, A. L. (1959). *Edwards Personal Preference Schedule.* New York: The Psychological Corporation.

Fromm, E. (2001). *Die Kunst des Liebens.* München: Econ.

Frommer, H. (1976). *Lernpsychologie und Methodik beruflicher Bildung.* In Bonz, B. (Hrsg.): Beiträge zur Methodik beruflicher Bildung. Stutt-gart: Holland und Josenhans.

Gardener, H. (1999). *Vielerlei Intelligenzen.* Spektrum der Wissen-schaft Spezial, 3.

Goleman, D. (1996). *Emotionale Intelligenz.* Hanser: München.

Gottfried, A. E. (1990). *Academic Intrinsic Motivation in Young Ele-mentary School Children.* In: Journal of Educational Psychology, 82, No. 3.

Hamburg, D. (1992). *Today's children: Creating a Future for a Gene-ration in Crisis.* New York: Times Books.

Haris Educational Research Council (1991). Soloman et al.: *Enhances Children's Prosocial Behavior in the Classroom.*

Jennings, W. (1996). *A Corporate Conscience Must Start at the Top.* New York Times, 29.12.1996.

Krystek, U., Becherer, D., & Deichelmann, K.-H. (1995). *Innere Kün-digung. Ursachen, Wirkungen und Lösungsansätze auf Basis einer empirischen Untersuchung* Mering: Hampp.

Krystek, U. (2000). *Innere Kündigung.* In: Der Rotarier 5, 2000.

Levinson, H. (1992). Addendum to the Levinson Letter, 1992.

Locke, E. A., & Latham, G. P. (1990). *A Theory of Goal Setting and Task Performance.* Englewood Cliffs, NJ: Prentice Hall.

Lorenz, K. (1978). *Das Wirkungsgefüge der Natur und das Schicksal des Menschen.* München: Piper.

McClelland, D. C. (1973). *Testing for Competence rather than Intelli-gence.* American Psychologist 28, S. 1–14.

Murray, H. A. (1943). *The Thematic Apperception Test.* Cambridge, Mass.: Harvard University Press.

National Center for Clinical Infant Programs (1992). Hier: Brazelton, T. B.: Vorwort zu: *Heart Start: The Emotional Foundations of School Readyness.*

Prescott, D. A. (1938). *Emotion and the Educative Process.* Washington, D. C.: American Council on Education. (Zit. n. Zimbardo.)

Ryan, R. M., Deci, E. L., Grolnick, W. S. (1995). *Autonomy, Relatedness and the Self: Their Relation to Development and Psychopathology.* In: Cicchetti, D. (Hrsg.): Manual of Developmental Psychopathology, New York: Wiley.

Salovey, P., Mayer, J. D. (1990). *Emotional Intelligence.* Imagination, Cognition and Personality, 1990.

Schulz, F. v. Thun (1981). *Miteinander Reden.* Rowohlt TB-V.

Seligman, M. (1991). *Learned Optimism.* New York: Knopf.

Spitzer, M. (1996). *Geist im Netz.* Heidelberg: Spektrum Akademischer Verlag.

Tubbs, M. E. (1986). *Goal Setting: A Meta-Analytic Examination of the Empirical Evidence.* In: Journal of Applied Psychology 3, 71.

Zimbardo, P. G. (1983). *Psychologie.* Vierte, neu bearbeitete Aufl. Berlin u. a.: Springer.

Weiterführende Literatur

Carsten **Bresch**
Zwischenstufen
Fischer
Taschenbuchverlag
Frankfurt 1980
ISBN 3-596-26802-8

Das Selbst- und Weltverständnis des Menschen steht im Mittelpunkt dieser ungewöhnlich souveränen Zusammenstellung der einschlägigen wissenschaftlichen Fakten. Die Evolution wird nicht auf das Lebendige begrenzt. Sie wird als Wachstum von Information begriffen. Die Entwicklung von physikalischen und biologischen Funktionen bis hin zur Soziologie wird analysiert, um unsere Sicht auf künftige Entwicklungschancen des Menschen zu schärfen.

Fridjof **Capra**
Lebensnetz
Scherz Verlag
Bern München
Wien 1996
ISBN 3-502-17108-4

Ungewöhnlich umfassende, vermutlich epochemachende Sicht auf die Mechanismen, die Leben ermöglichen und unterhalten. Als Grundprinzipien des Lebens erweisen sich autopoetische Netzwerke, naturinhärente Bildung von Mustern und die Erkennung der Umwelt und ihrer Konditionen. Emotionalität findet der Leser (noch?) nur am Rande berücksichtigt, aber die fortschrittliche Darstellung bildet eine wichtige Grundlage, uns selbst als Teil dieser Welt besser und richtiger zu sehen.

Ronald J. **Comer**
Klinische Psychologie
Spektrum Akademischer Verlag
Heidelberg Berlin 1995
ISBN 3-8274-0008-2

Auch ein Fachbuch kann man so schreiben, dass jeder Interessierte die für ihn wichtigen Informationen versteht. Wer über den Tellerrand der emotionalen Intelligenz hinaus Zusammenhänge der Psychologie nachlesen möchte, findet hier einen weiten, sachlichen, modernen Überblick.

Antonio R. **Damasio**
Descartes' Irrtum
Paul List Verlag
München 1995
ISBN 3-471-77342-8

Der erfahrene Neurologe und Neuropathologe ist führend in der Erforschung der Rolle der Emotionen. Ausgehend von klinischen Beispielen wird offenbar, dass viele wichtige Funktionen des sozialen Zusammenlebens ohne Gefühle nicht funktionieren. Für das Verständnis der emotionalen Intelligenz sind die Schlussfolgerungen über Erinnerungsbilder und ihre emotionalen Marker und deren Konsequenz auf die Entscheidungsfindung von besonderem Interesse.

Irenäus **Eibl-Eibesfeldt**
Der Mensch –
das riskierte Wesen
Piper
München Zürich 1988
ISBN 3-492-03014-9
Der Mensch ist das Resultat seiner Entwicklungsgeschichte, ohne sie kein Verständnis seines komplizierten Verhaltens. Die ständige Reaktion auf das Umfeld war und ist dabei eine entscheidende Komponente. Der Optimierung von Überlebensstrategien gilt das Interesse der Verhaltenspsychologen, aber mehr noch unser Erbe an unvernünftigen Verhaltensformen muss man studieren, um es verändern zu können. Beides ist mit vielen Beispielen belegt.

Daniel **Goleman**
Emotionale Intelligenz
Carl Hanser Verlag
Wien 1996
ISBN 3-446-18526-7
Erste und bis heute beste Darstellung der Ergebnisse zur emotionalen Intelligenz. In dem weltweiten Bestseller weist Goleman ferner nach, dass die wachsenden Probleme mit der psychosozialen Gesundheit der Menschheit nur auf emotionalem Gebiet in den Griff zu kriegen sein werden. Darstellung der ermutigenden Erfolge im Schulbereich.

Daniel **Goleman**
Der Erfolgsquotient
Carl Hanser Verlag
Wien 1999
ISBN 3-446-19652-8
Ausgehend von den zahlreichen Feldern der emotionalen Intelligenz werden deren Konsequenzen für den Erfolg in der Wirtschaft dargestellt. Goleman besitzt größte Erfahrungen aus seiner Beratungstätigkeit bei den größten Firmen der USA. Zahllose Beispiele belegen, dass man emotionale Kompetenz erwerben oder trainieren kann, und dass ihr gezielter Einsatz die geeigneten Persönlichkeiten an die Weltspitze gebracht hat.

Daniel **Harp** &
N. **Feldmann**
Meditieren in
drei Minuten
Rowohlt
Taschenbuchverlag
Reinbek bei Hamburg
1993
ISBN 3-499 19581
Einführung in das Meditieren ohne Riten und ohne Hilfsmittel, offenbar auf dem Boden großer persönlicher Erfahrung. Leicht verständliche Erklärung einiger einfacher Übungen, die auch dem „eiligen" Laien einen Zugang zu wirksamen Entspannungstechniken ermöglichen und trotz geringem Zeitaufwand zu rascher Beruhigung und Souveränität verhelfen. Hinweise auf den Umgang mit Angst- und Trauerzuständen.

Hermann **Haken**
& M. **Haken-Krell**
Gehirn und Verhalten
Deutsche
Verlagsanstalt
Stuttgart 1997
ISBN 3-421-02774-9

Die wichtigsten Ergebnisse in der modernen Hirnforschung werden verständlich erklärt. Von den komplizierten mathematischen Grundlagen der Mustererkennung, der Bildung von Netzwerken und von kognitiven Karten gewinnt der Laie anschauliche Vorstellungen. Es eröffnen sich die modernen Einsichten in menschliches Denken im Vergleich zum Computer, aber auch wertende Ausblicke auf das Verhältnis von Leib und Seele.

Mathias **Horx**
Die acht Sphären
der Zukunft
Signum Verlag
Wien 1999
ISBN 3-85436-299-4

Vielseitige zusammenfassende Darstellung der neuesten Erkenntnisse des bekannten Zukunftsforschers und seines Teams. Die kleineren und großen Trends der gesellschaftlichen Entwicklung werden vorgezeichnet und gewertet. Die Rolle der Emotionen ist nicht ausdrücklich herausgestellt, aber der sensibilisierte Leser findet ein überzeugendes Panorama, in das er seine Pläne für die persönliche zukünftige Entwicklung einpassen kann.

Samuel P. **Huntington**
Kampf der Kulturen
Europaverlag
München 1997
ISBN 3-203-78001-1

Welche Kultur wird in Zukunft dominieren? Aus seiner überwältigenden Faktensammlung folgert Huntington, dass letztlich Systeme wie das chinesische oder japanische weniger störanfällig sind, weil das Individuum dem Ganzen untergeordnet bleibt. H. hat wohl Recht – bezüglich des Istzustandes. Jetzt sind Optimisten gefragt, die künftig die aufgelisteten Fehler des Individualismus ernst nehmen und zu Erfolgsfaktoren umformen.

Hans **Küng**
Projekt Weltethos
Piper
München 1990
ISBN 3-492-03426-8

Die menschliche Gesellschaft braucht Regeln für das Zusammenleben, braucht auch ethische Gesetze. Es gibt davon genug, aber die Weltanschauungen sind uneins, streiten deswegen. Einigung ist dringlich, und Küng kämpft dafür. Er ist Optimist: Er sieht auch die Fehler des eigenen Lagers, studiert die Vorteile anderer. Was er braucht, ist die Einsicht der Mächtigen und die Mithilfe der Vielen.

Gerhard **Roth**
Fühlen, Denken,
Handeln
Suhrkamp 2001
ISBN 3-518-58313-1

Wie das Gehirn unser Verhalten steuert. Die Funktionen der Hirnzentren werden verständlich und doch in Einzelheiten dargestellt, soweit sie für das Verhalten wichtig sind. Persönlichkeit, Charakter, Antriebe, Wille sind spezielle Themen.

Friedemann
Schulz von Thun
Miteinander reden
Rowohlt TB-V
3 Bd. 1981
ISBN 3-499-17489-8

Einführung in die Kommunikationspsychologie, viele Beispiele der sich ergebenden Möglichkeiten. Ratschläge für die persönliche Fortbildung in Kursform, grafische Darstellungen.

Manfred **Spitzer**
Geist im Netz
Spektrum
Akademischer Verlag
Heidelberg Berlin 1996
ISBN 3-8274-0109-7

Der Hirnforscher und Psychiater führt zunächst in moderne Erkenntnisse der Hirnfunktion ein unter besonderer Berücksichtigung der Unterschiede zum Computer. Herausgearbeitet wird die Bedeutung der Hirnfunktionen, die sich durch soziale Interaktion entwickelt haben. Wörter als soziale Werkzeuge, Kreativität als mentales Spielen werden so verständlich, aber auch die Bedeutung der Erinnerung als einem Teil des Ichs.

Axel **Uhl**
Motivation
durch Ziele, Anreize
und Führung
Univers. Hohenheim
Stuttgart 1998

Der Erfolg eines Unternehmens hängt von Können und Engagement seiner Mitarbeiter ab. Dafür müssen sie richtig eingesetzt und geführt werden. Die Motivation zur Leistung war seit Jahrzehnten Gegenstand wissenschaftlicher Untersuchungen. Die nahezu unüberschaubare Literatur ist übersichtlich abgehandelt und kommentiert.

Index